"十三五"高等职业教育核心课程规划教材·机电大类

机械设计基础

主　编　王宏臣　刘永利

副主编　冯金冰　万苏文　张月平

西安交通大学出版社
XI'AN JIAOTONG UNIVERSITY PRESS

内容简介

本书是根据教育部高职高专教育机械设计基础课程教学基本要求编写而成的。

本书主要介绍与机械设计相关的机构和传动的组成、工作原理、运动特性、设计方法、应用场合与选择；通用零件在一般条件下工作原理、结构特点、使用要求、设计原理与选用等内容。全书共5个项目，每个项目包括多个任务，每个任务后附有适量的习题。

本书考虑目前高职教育的现况，根据学生的就业需求，从培养学生具有初步的工程实践技能出发，结合工程实际和日常生活选取实例进行分析，实施项目化教学，着力提高学生的应用能力和设计能力；大量使用插图，文字简练，有些内容用图形替代文字，形象直观，生动易懂。

本书可作为高等职业技术学院、高等专科学校、成人高校及本科院校举办的二级职业技术学院等机械、机电及相关专业的教学用书，也可供相关专业工程技术人员参考。

图书在版编目(CIP)数据

机械设计基础/王宏臣,刘永利主编. —西安：
西安交通大学出版社,2017.11(2020.8 重印)
 ISBN 978 - 7 - 5605 - 8800 - 1

Ⅰ.①机… Ⅱ.①王… ②刘… Ⅲ.①机械设计-
高等职业教育-教材 Ⅳ.①TH122

中国版本图书馆 CIP 数据核字(2017)第 270305 号

书　　名	机械设计基础
主　　编	王宏臣　　刘永利
责任编辑	郭鹏飞
出版发行	西安交通大学出版社
	（西安市兴庆南路 1 号　邮政编码 710048）
网　　址	http://www.xjtupress.com
电　　话	(029)82668357　82667874（发行中心）
	(029)82668315（总编办）
传　　真	(029)82668280
印　　刷	西安日报社印务中心
开　　本	787mm×1092mm　1/16　印张 16.875　字数 412 千字
版次印次	2018 年 1 月第 1 版　2020 年 8 月第 4 次印刷
书　　号	ISBN 978 - 7 - 5605 - 8800 - 1
定　　价	39.80 元

如发现印装质量问题,请与本社发行中心联系、调换。
订购热线：(029)82665248　(029)82665249
投稿QQ：850905347
读者信箱：850905347@qq.com

前　言

高等职业教育作为高等教育的一个类型,是职业教育的重要组成部分,是以培养具有一定理论知识和较强实践能力,面向基层、面向生产、面向服务和管理第一线职业岗位的实用型、技能型专门人才为目的的职业教育。所以,高等职业院校培养出来的人才不但具有某一专业的实践技能,而且还应该具有与某一专业相关的其他专业技能和具有一定的研究和创新能力,以便适应企业对人才的需要。

针对企业对人才需要发生了重大转变的特点,在课程建设上注重适应高技能人才可持续发展的要求,突出职业能力培养,体现基于职业岗位分析和具体工作过程的课程设计理念,以实物为载体组织课程教学内容,加强教师与学生的互动,教学中以学生为中心,使学生学中做,做中学,体会到学习就是工作,工作也是学习,实现"项目化教学",全面提升学生的综合素质。

课程建设离不开教材建设,教材编写组成员根据高职教育的特点和课程建设的要求安排教材的内容和重新进行教材结构设计。本书具有以下特点:

1.本书以实物为载体,安排教材内容,打破了传统的教材体系,以我们常见的机器或机构为载体进行拆装与测绘,实现了理论知识与实践融合,培养学生的工程实践能力。

2.在结构上,按照以项目化教学来进行教材编写。全书总共包含了平面机构及自由度计算、平面机构设计、传动机构设计、支撑零部件设计、联接件设计等5个教学项目,每个项目中含有若干个任务。

3.在形式上,每个任务中都有"知识点""技能点""知识链接"等形式,引导学生明确各任务需要掌握的知识点和技能点,并适当拓展相关知识,强调在做中学和学中做,便于学生在做计划和实施过程中进行自学,符合项目化教学的需要。

参加本书修订的人员有:淮安信息职业技术学院王宏臣(项目二、三、四),刘永利(项目一任务1),万苏文、黄银花(项目五任务1),张月平(项目一任务2),冯金冰、张彦明(项目五任务2),张香圃、张静(项目五任务3)。本书由王宏臣、刘永利任主编并统稿,冯金冰、万苏文、张月平任副主编。本书由淮安信息职业技术学院何时剑审阅,对本书提出了许多宝贵的修改意见和建议,编者对此谨致诚挚的谢意!

本书内容简练、结构合理、和工程实际结合紧密,适用于高等职业教育机械类基础课的教学。虽然我们在本教材建设的特色突破方面做出了许多的努力,但是教材中难免出现疏漏,不妥之处,敬请读者不吝指正。编者邮箱:6781147@qq.com.

编　者

2017 年 1 月

目　录

项目一　平面机构及自由度计算

平面机构:组成机构的所有构件都在同一平面或平行平面中运动的机构。判断平面机构运动是否确定需要计算其自由度并根据运动确定条件来判断。项目一主要介绍这方面内容。

任务一　绘制颚式破碎机主体机构的运动简图

知识点

    1.机构的组成;

    2.平面机构运动简图与绘制。

技能点

    1.分析平面运动副的类型及特点;

    2.绘制颚式破碎机主体机构的运动简图。

 知识链接

一、机构的组成、运动副及其分类

机械一般由若干常用机构组成,而机构是由两个或两个以上具有确定相对运动的构件组成的。实际机械的外形和结构往往比较复杂,为便于分析研究,常常需要用简单线条和符号绘制出机构的运动简图,作为机械设计的一种工程语言。若组成机构的所有构件都在同一平面或平行平面中运动,则称该机构为平面机构。工程中常见的机构大多属于平面机构,本章仅讨论平面机构。

1.构件

机构中的构件有三类,固定不动的构件称为机架;按给定的运动规律独立运动的构件称为原动件;机构中其他活动构件称为从动件。从动件的运动规律取决于原动件的运动规律及运动副的结构和构件尺寸。

如图1-1-1所示,构件1是机架,它支承着曲柄2和摇杆4等可动构件。在机构图中,机架上常标有斜线以示区别。构件2是原动件,它接受电动机给定的运动规律。机构通过原动件从外部输入运动,所以原动件又称输入构件。在机构图中,原动件上常标有箭头以示区别。构件4和3都是从动件,它们随原动件2而运动。当从动件输出运动或实现机构功能时,便称其为输出构

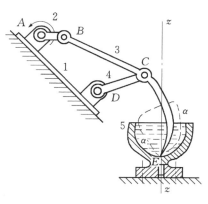

图1-1-1　搅拌机

件或执行件。

构件的受力状况及运动特点与构件结构尺寸有关,下面介绍几种常见的构件结构。

(1)带有转动副元素的杆状构件

如图1-1-2所示,图中(a)~(c)为含有两个转动副元素的杆状构件,图中(d)~(f)为含有三个转动副元素的杆状构件。杆件的形状主要取决于机构的结构设计,保证运动时不发生干涉。

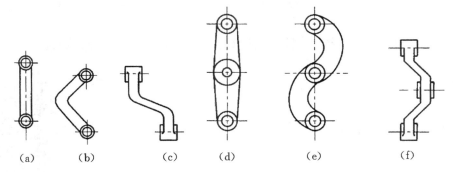

(a)　　　(b)　　　(c)　　　(d)　　　(e)　　　(f)

图1-1-2　具有转动副的杆状构件

设计时为了保证杆件受力时具有足够的强度和刚度,其截面形状可以设计成不同形式,常见的有以下几种,如图1-1-3所示。

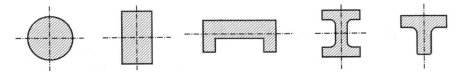

图1-1-3　杆状构件截面形状

(2)具有移动副元素和转动副元素的构件

如图1-1-4所示为单杠内燃机构造简图。在燃烧气体的膨胀力作用下,活塞C被推动下移,并通过连杆BC使曲轴AB旋转而作功。这里的活塞既与缸体组成移动副,又与连杆组成转动副。像活塞C这样的构件,在机构中常称之为滑块。

2. 运动副作用与分类

机构是具有确定相对运动的多构件组合体,为了传递运动和动力,各构件之间必须以一定的方式连接起来,并且具有确定的相对运动。两构件之间直接接触并能产生一定相对运动的连接称为运动副,如轴与轴承、活塞与汽缸、车轮与钢轨以及一对轮齿啮合形成的联接,都构成了运动副。构件上参与接触的点、线、面,称为运动副元素。运动副限制了两构件间某些独立的运动,这种限制构件独立运动的作用称为约束。

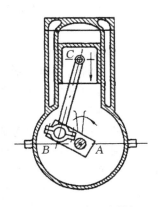

图1-1-4　单缸内燃机

平面机构中,由于运动副将各构件的运动限制在同一平面或相互平行的平面内,故这种运动副也称为平面运动副。根据运动副接触形式的不同,平面运动副又可分为低副和高副。参见表 $1-1-1$,以下做简要说明。

（1）低副

两构件通过面接触构成的运动副称为低副。平面低副按两构件间相对运动形式的不同,还可分为转动副和移动副。

1）转动副 两构件间只能产生相对转动的运动副称为转动副,也称铰链。

2）移动副 两构件间只能产生相对移动的运动副称为移动副。

（2）高副

两个构件通过点或线接触形成的运动副称为高副。参见表 $4-1$ 中的附图,这类运动副允许两构件在接触点 A 绕垂直平面的轴线作相对转动和沿接触点公切线 $t-t$ 方向的相对移动,而只约束掉沿接触点公法线 $n-n$ 方向的相对移动（因为必须始终保持接触）。例如两轮齿接触、凸轮与其从动件接触、车轮与导轨接触等。

表 $1-1-1$　平面运动副的类型、特性和表示符号

运动副的类型		实　例	运动简图中的表示符号①	自由度	约束数
低副	转动副	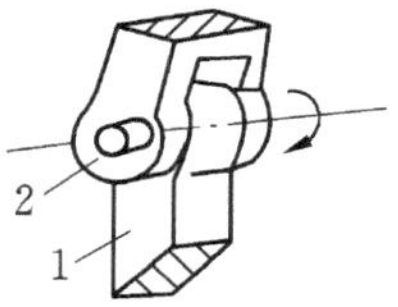	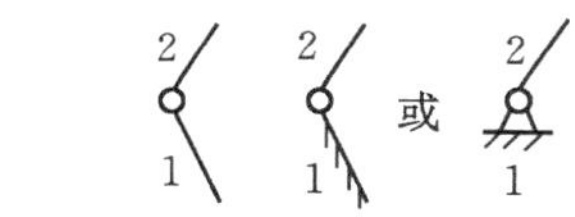	1	2
	移动副	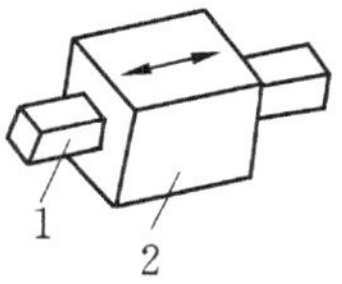	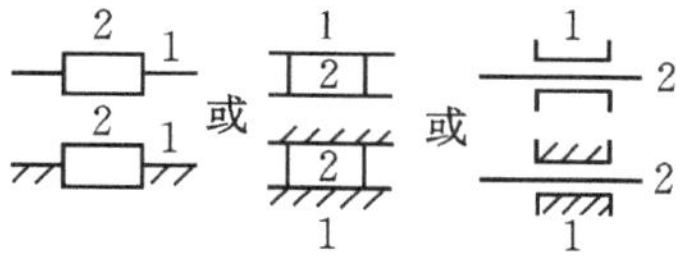	1	2
高副		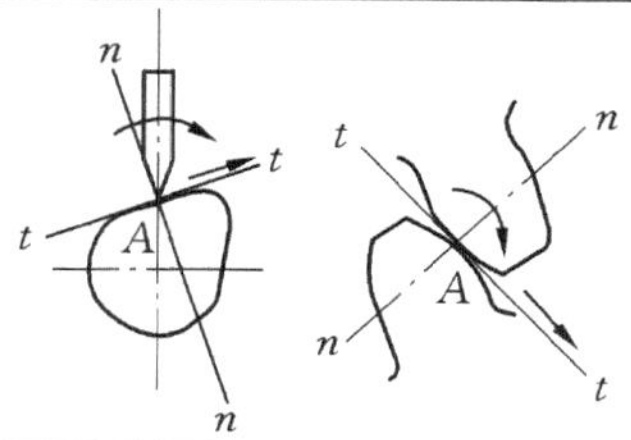		2	1

①小圆圈表示转动副,画斜线的构件表示该构件为固定件。当明确是齿轮机构或凸轮机构时,可直接按这些机构的简图画出。

3. 自由度和约束

由上述可知,两个构件用不同的方式进行连接,就可以得到不同形式的相对运动。为了进一步分析两构件之间的相对运动关系,现引入自由度和约束条件的概念。图 $1-1-5$ 所示作平面运动的构件,在尚未与其他构件组成运动副之前,可以具有三个独立运动,即随任意点 A 沿 x 轴方向和 y 轴方向的两个移动以及绕点 A 的转动。构件所具有的这种独立运动称为自由度。所以作平面运动的自由构件具有 3 个自由度。

但如图 $1-1-6$ 所示,当构件 2 与固联在坐标轴上的构件 1 在 A 点铰接而形成运动副时,

构件 2 沿 x 轴方向和沿 y 轴方向的独立运动则受到限制。对构件某一独立运动的限制称为约束,每加上一个约束,构件便失去一个自由度。图 1-1-6 中铰链 A 对构件 2 施加两个约束,因而构件 2 失去两个自由度,只剩一个自由度。即绕点 A 的转动。由此可见,运动副对构件相对运动所产生的作用是:在两构件间施加约束,减少与约束数量相等的自由度;限定两构件间相对运动的形式。两构件间所受约束的多少和约束特性,完全取决于运动副的类型。

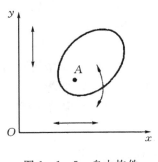
图 1-1-5 自由构件

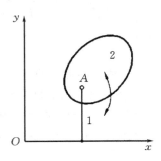
图 1-1-6 受约束构件

二、平面机构的运动简图

1. 机构运动简图的概念

在研究机构运动特性时,为使问题简化,可不考虑构件和运动副的实际结构,只考虑与运动有关的构件数目、运动副类型及相对位置。用规定的线条和符号表示构件和运动副,并按一定的比例确定运动副的相对位置及与运动有关的尺寸,这种表明机构的组成和各构件间运动关系的简单图形,称为机构运动简图。不严格按比例绘制的机构运动简图,称为机构示意图。

2. 平面机构运动简图的绘制

(1)运动副和构件的表示法

各类平面运动副在机构运动简图中的表示符号见表 1-1-1。构件的表示说明如下:

图 1-1-7(a)与(b)所示为参与形成两个转回副的杆状构件。图(a)为内燃机连杆,下端大孔与曲轴形成转动副,而上端小孔与活塞销形成转动副。从制造观点看,它是由分别加工的连杆体 1、连杆头 2、轴承套 3、轴瓦 4、螺栓 5 和螺母 6 等许多零件固联在一起组成的。但从运动观点看,它是一个构件。图(b)是为了避免该活动构件在运动过程中与其他构件相碰,而把构件做成弯曲形状的。这两个构件尽管外形和结构大不相同,但因为与运动有关的仅是构件上两转动副中心连线的长度和运动副类型,故都可用转动副符号及其几何中心所连直线来表示。如图 1-4-7(c)所示。

一般情况下,参与形成三个转动副的构件,可用三角形表示(见图 1-1-8(a));若同一构件上的三个转动副位于一直线上,则用图 1-1-8(b)表示。图 1-1-8(c)所示为参与形成一个转动副和一个移动副构件的表示法。其他可依此类推。

对于机械中常用机构及其构件还可直接按 GB/T 4460—2013 规定的简图形式绘制,例如用点划线或用细实线画出一对相切的节圆表示相互啮合的齿轮,用曲线轮廓线表示凸轮等等。

(2)机构运动简图的绘制

绘制平面机构运动简图时,首先,要观察和分析机构的构造和运动情况,明确三类构件:固定构件(即机架)——机构中支承活动构件的构件,任何一个机构中必定有一个构件为机架;原

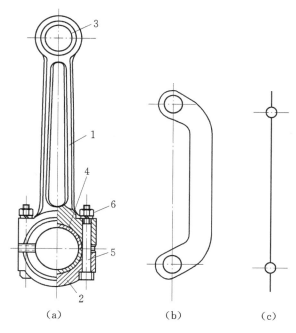

图 1-1-7 构件结构与简图

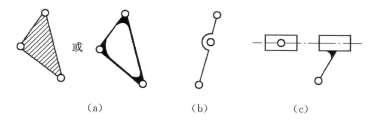

图 1-1-8 杆、块状构件的简图

动件——机构中作用有驱动力(力矩)或已知运动规律的构件,一般与机架相连;从动件——机构中除了原动件以外的所有活动构件。其次,还需弄清该机构由多少个构件组成,各构件间组成运动副的类型,然后按规定的符号和一定的比例尺绘图。

绘制机械的机构运动简图时,通常可按下列步骤进行:

1)分析机构的组成,确定机架、原动件和从动件。

2)由原动件开始,依次分析构件间的相对运动形式,确定运动副的类型和数目。

3)选择适当的视图平面和原动件位置,以便清楚地表达各构件间的运动关系。通常选择与构件运动平面平行的平面作为投影面。

4)选择适当的比例尺$\left(\mu_1 = \dfrac{实际尺寸(\mathrm{m})}{图上尺寸(\mathrm{mm})}\right)$,按照各运动副间的距离和相对位置,以规定的线条和符号绘出机构运动简图。

有时仅为了表示机械的组成和运动情况,而不需用图解法具体确定出运动参数值时,也可以不严格按比例绘图。

下面举例说明机构运动简图的画法。

例 1-1-1 图 1-1-9(a)所示为一颚式破碎机。当动颚 3 作周期性平面复杂运动时,它与固定颚 6 时而靠近,时而离开。靠近时将工作空间内的物料 7 轧碎,离开时物料靠自重自由落出。试绘制该机构的运动简图。

解:该机由电动机通过带传动(图中未示出)的大带轮 1 驱动偏心轴 2 绕轴线 A 转动时,驱使动颚 3 周期性摆动。动颚 3 是输出件。这里若略去电动机和带传动,则由于带轮 1 与偏心轴 2 固联在一起成为一个构件,可将偏心轴 2 视为原动件。这样,该机的主体机构是由偏心轴(或称曲轴)2、动颚 3、肘板 4 和机架 5 组成的铰链四杆机构,共有四个转动副。其中偏心轴 2 绕轴线 A 相对于机架 5 转动,形成以 A 为中心的固定转动副;动颚与偏心轴 2 绕轴线 B 相对转动,形成以 B 为中心的转动副;其他两个转动副是 C 和 D,其中 D 也是固定转动副。曲柄的长度是偏心轴 2 的偏心距 AB,构件 3 的长度为 BC,等等。机构运动简图如图 1-1-9(b)所示。

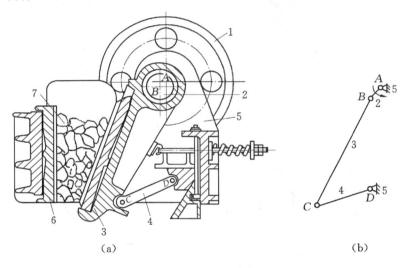

图 1-1-9 颚式破碎机

例 1-1-2 图 1-1-10(a)所示为一小型插床。当原动曲轴 1 连续转动时,输出插刀杆 8 可按预期的运动规律上下往复运动,满足工作要求。试绘制该机构的运动简图。

解:杆 8 为输出件,曲轴 1 为原动件。该机构原动件的运动分两路传出:一路由曲轴 1 经过连杆 2 和构件 3 传至构件 4;另一路由齿轮 10 与 11 啮合通过凸轮 6 和滚子 5 传至构件 4。最后通过滑块 7 将两个运动合成到杆 8 上。因此,该机构系由曲轴 1、构件 2、3、4、滚子 5、凸轮 6、滑块 7、杆 8 和机架 9 等 9 个构件组成。而曲轴 1 和凸轮 6 的运动又通过一对齿轮的啮合联接起来(注意,曲轴 1 与轴上所装齿轮 10,凸轮 6 与凸轮轴上所装另一齿轮 11,各应作为一个构件)。可见该机为连杆机构、凸轮机构和齿轮机构的组合应用。各构件之间形成的运动副为:曲轴 1 与机架 9 和构件 2 分别在 O_1 点和 A 点形成转动副,构件 3 与构件 4 分别在 B 和 C 两点形成转动副,还与机架 9 形成移动副;构件 4 还与滚子 5 形成转动副,与滑块 7 形成移动副;杆 8 与滑块 7 形成转动副,又与机架 9 形成移动副;凸轮 6 与机架 9 形成转动副,又与滚子 5 形成平面高副;两齿轮啮合也形成平面高副。该机构的运动简图如图 1-1-10(b)所示。

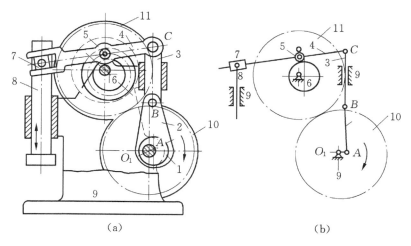

（a） （b）

图 1-1-10 小型插床

练 习 题

1-1-1 什么是运动副？平面高副与平面低副各有什么特点？

1-1-2 机构运动简图有什么作用？如何绘制机构运动简图？

1-1-3 画出题 1-1-3 图所示机构的运动简图。

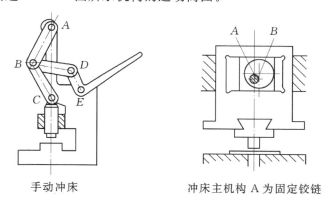

手动冲床   冲床主机构 A 为固定铰链

题 1-1-3 图

任务二 计算筛料机构的自由度

知识点

平面机构自由度的计算及机构运动确定性的判定方法。

技能点

1.分析低副和高副对平面机构自由度的影响；

2.判断计算机构自由度应注意的三种特殊情况及处理方法；

3. 计算平面机构自由度,判断机构运动的确定性。

知识链接

任何一个机构工作时,在原动件的驱动下,各个从动件都按一定规律运动。但是并不是随意拼凑的构件组合都能具有确定运动而成为机构。下面讨论机构的自由度和机构具有确定运动的条件。

一、平面机构自由度的计算

决定机构具有确定运动的独立运动参数称为机构的自由度。

前面已经知道,每个作平面运动的自由构件具有 3 个自由度。设一个平面机构由 N 个构件组成,其中必有一个构件为机架,则活动构件数为 $n=N-1$。它们在未组成运动副之前,共有 $3n$ 个自由度。用运动副连接后便引入了约束,减少了自由度。每引入一个活动构件,就增加 3 个自由度,每引入一个低副就约束掉二个自由度;同理,每引入一个高副就约束掉一个自由度。由各个构件通过平面运动副连接所组成的平面机构的自由度应该等于机构中所有活动构件的总自由度数减去该机构所包括的各运动副所提供的总约束条件数。若机构中共有 P_L 个低副、P_H 个高副,则平面机构的自由度 F 的计算公式为:

$$F = 3n - 2P_L - P_H \tag{1-2-1}$$

式中 n——活动构件数;

P_L——低副数;

P_H——高副数。

由式(1-2-1)可知,机构自由度的数目取决于活动构件数和运动副类型与数目。

如图 1-2-1 所示,构件 1、2、3、4 彼此用铰链连接。取构件 4 为机架,因此该机构包括三个活动构件和四个转动副(平面低副)。因此,平面机构的自由度为:

$$F=3n-2P_L-P_H=3\times3-2\times4-0=1$$

由图 1-2-1 可以看出,在该机构中只要给定一个独立参数 φ_1,用以确定的构件 1 的相对位置后,则机构中其它活动构件 2 和 3 的相对位置也即确定。因此,当构件 1 的运动规律已知时(即取构件 1 为原动件),则其他活动构件 2 和 3 的运动规律也随之确定。所以,该机构具有确定的相对运动。

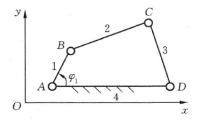

图 1-2-1 机构自由度分析

如图 1-2-2 所示,活动构件数 $n=4$,低副数 $P_L=5$,高副数 $P_H=0$,自由度 $F=3\times4-2\times5=2$,即要求有二个原动件。否则,只用一个原动件时,诸从动件的运动将不确定。图 1-2-3(a)所示的机构,显然不能动,其 $F=3\times2-2\times3=0$。图 1-2-3(b)所示的机构,其 $F=3\times4-2\times6=0$。这些都不是机构而是刚性桁架。图 1-2-3(c)所示的机构,$F=3\times3-2\times5=-1$,意味着根本不能运动,有附加约束,这是受预载的桁架。

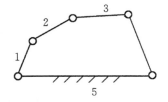

图 1-2-2 铰链五杆封闭杆系

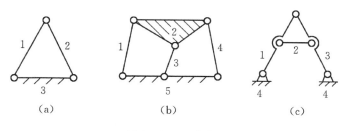

图 1-2-3　桁架

综上所述,机构具有确定运动条件是,原动件的数目和机构自由度的数目相等,因而机构具有确定的运动。若机构中原动件的数目多于机构的自由度数目,将导致机构中最薄弱的构件损坏;若机构中原动件的数目少于机构的自由度数目,则机构的运动不确定,首先沿阻力最小的方向运动。

利用式(1-2-1)可以计算或验算连杆机构、凸轮机构、齿轮机构和它们的组合机构的自由度,尤其在设计新的机构或拟定复杂的运动方案时具有指导意义。但式(1-2-1)不适用于带传动、链传动等具有挠性件的机构;对于这些机构至少不能简单地直接应用。一般情况下,也没有必要计算这些机构的自由度。

例 1-2-3　计算图 1-2-4 所示翻台机构的自由度。

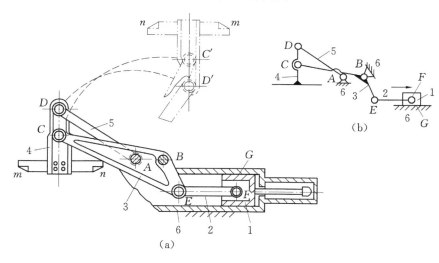

图 1-2-4　翻台机构

解:由机构运动简图得知,机构活动构件数 $n=5$,低副数 $P_L=7$,没有高副。因此,自由度为:

$$F=3n-2P_L-P_H=3\times5-2\times7-0=1$$

说明原动件只需 1 个,即滑块(活塞)1。

二、计算平面机构自由度应注意的特殊情况

在利用式(1-2-1)计算机构自由度时,不能忽视下述几种特殊情况,否则将得不到正确

的结果。这些特殊情况是：

（1）复合铰链

两个以上的构件在同一处以转动副相联就形成复合铰链。如图1-2-5所示为三个构件在 A 点形成的复合铰链，由其俯视图可见，这三个构件共形成两个转动副。依此类推，K 个构件形成的复合铰链应具有 $(K-1)$ 个转动副。统计转动副数目时应注意这一情况，以免遗漏。

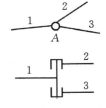

（2）局部自由度

机构中常出现一种与机构的主要运动无关的自由度，称为局部自由度。在计算机构自由度时应予以排除。

例如图1-2-6(a)所示凸轮机构，初看起来，机构自由度 $F=3n-2P_L-P_H=3\times3-2\times3-1=2$。但实际上该机构的自由度为1，亦即只

图1-2-5　复合铰链

要给凸轮1以确定的转动，从动件2的往复移动规律就是完全确定的。两者不符的原因何在？原来在该机构中，不难看出，不论滚子3绕自身几何轴线 C 转动快慢或转动与否，都不影响从动件2的运动。因此滚子绕其中心的转动是一局部自由度。为了在计算时排除这种自由度，可设想将滚子与从动件2焊成一体，变成如图1-2-6(b)所示形式，即去掉滚子3和转动副 C。这样，按图(b)计算，$n=2$，$P_L=2$，$P_H=1$，则机构的自由度为

$$F=3n-2P_L-P_H=3\times2-2\times2-1=1$$

就与实际相符了。

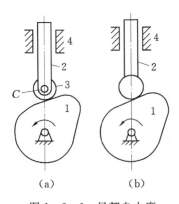

图1-2-6　局部自由度

局部自由度虽然不影响机构的主要运动，但滚子可使高副接触的滑动摩擦变成滚动摩擦，并减轻磨损，所以机械设计中常利用局部自由度。

（3）虚约束

机构中与其他约束重复而对机构运动不起新的限制作用的约束，称为虚约束。计算机构自由度时，应除去不计。虚约束常出现在下列场合：

1）两构件之间形成多个相同运动副。图1-2-7(a)表示转动构件1的轴在固定件2的两个轴承中转动。从纯运动角度看，这两个转动副只起一个转动副的约束作用，因为一个轴承就足以使构件1的轴绕轴线 $a-a$ 转动。引入另一轴承是为了改善轴和轴承的受力情况。因此计算自由度时应只算作一个转动副，否则，$F=-1$ 显然与实际不符。又如图1-2-7(b)所示

的凸轮机构,为改善从动件 2 在导路 3 中的受力情况,也采用两个导路,形成两个移动副,计算时也只算作一个移动副。值得注意的是,两者都必须满足一定的几何条件:前者左右两轴承必须共轴线;后者两导路必须平行。这样,两个运动副才算是完全相同的重复约束,其中一个才可作为虚约束而除去不计。否则,例如若右轴承不与左轴承共轴线,而处于图 1-2-7(a)中虚线所示位置,则这两个约束都是真约束,显然轴将不能转动。前面按公式计算自度 $F=-1$ 正意味着这种情况。

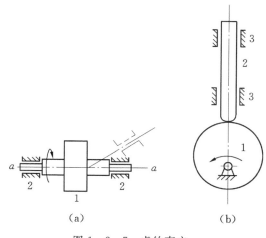

图 1-2-7　虚约束之一

总之,两构件之间形成多个完全重复的运动副时,只算一个运动副,其余的作为虚约束去掉不计。

2)两构件上两点间的距离始终保持不变。例如在图 1-2-8(a)所示的平行四边形机构中,连杆 2 始终与机架 4 保持平行并作平移运动。该机构的自由度 $F=1$。连杆 2 上各点的轨迹均为圆心在 AD 线上半径等于 $AB(CD=AB)$ 的圆弧。例如连杆上任一点 E 的轨迹为圆心在 F 点的圆弧,连线 EF 始终等于并平行于 AB 和 CD。因此,可以用一附加构件 5 与 E 和 F 两点铰接,形成五杆机构,如图 1-2-8(b)所示。新机构中点 E 的轨迹与原机构点 E 的轨迹重合,因而不影响机构原有的运动。然而,若忽视了这种情况,按式(1-2-1)计算,该五杆机构的自由度时却变为 $F=3\times4-2\times6=0$。这是因为引入构件 5,增加了三个自由度,但同时引入了两个转动副,增加了四个约束,即多引入了一个约束。但这个约束的作用仍是使动点 E 和定点 F 之间的距离保持不变,使点 E 的轨迹为圆心在 F 点的圆弧。显然,由于前后两个轨迹圆弧完全重合,从运动角度来看这个约束是不必要的、重复的,即虚约束。因此,在计算机构

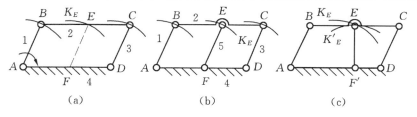

图 1-2-8　虚约束之二

自由度时应去掉这个虚约束，即去掉一个构件5(或构件1或3)及其带入的两个转动副。该机构的自由度仍为1，与实际相符。但若不满足上述几何条件($EF/\!/AB$ 或 CD)，如图1-2-8(c)所示的任加一构件5和转动副 E 以及 F' 的情况，则由于点 E 的圆弧轨迹 kE' 和 kE 不相重合而成为真约束，机构不能运动，$F=0$。

3)机构中具有对运动不起作用的对称部分。例如图1-2-9所示，中心齿轮1通过两个对称布置的小齿轮2和3驱动内轮4。仅从运动的传递来看，使用一个小齿轮就行了，这时机构的自由度为1($n=3,P_L=3,P_H=2$)。加入第二个小齿轮，使机构增加了一个约束(增加一个活动构件，一个转动副和两个高副)，但对机构的运动没有影响，故为虚约束。计算自由度时应去掉不计。这里，能成为虚约束的几何条件是两个小齿轮大小必须相同。为了改善受力情况，实际机构常使用均布的两个或两个以上的小齿轮，但在计算自由度时只计入一个小齿轮。

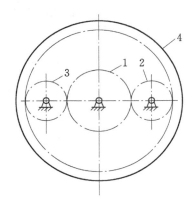

图1-2-9 虚约束之三

总之，机构中的虚约束都是在一些特定几何条件下出现的。为保证实现这些几何条件，对制造和装配提出了必要的精度要求。若这些几何条件不能满足，则引入的虚约束就是真约束，"机构"将不能运动。使用虚约束时必须注意到这一点。在没有必要时应少用虚约束。

例1-2-4 计算图1-1-10所示小型插床机构的自由度。

解：由于滚子5绕其自身轴线的转动为一局部自由度，除去不计。此外，由图1-1-10(a)可看出，该滚子被嵌在凸轮6的环形槽内运动，可与槽两侧面接触，形成两个高副。这是为了当凸轮转动时靠不同侧面接触来保证驱使构件4上摆或下摆。从运动角度看，同一时间只有一个高副起作用，另一高副可视为虚约束。所以机构运动简图绘制成图1-1-10(b)所示那样。由图(b)知，$n=7,P_L=9,P_H=2$，由式(1-2-1)得机构的自由度为

$$F=3n-2P_L-P_H=3\times7-2\times9-2=1$$

例1-2-5 图1-2-10所示为一筛料机机构，试计算该机构的自由度。

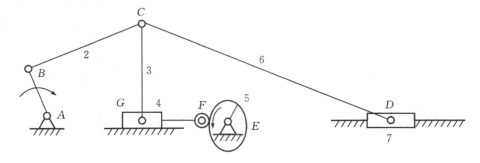

图1-2-10 筛料机机构

解:经过分析找出,找出 C 为复合铰链、F 为局部自由度,没有虚约束。这样,活动构件数 $n=7$,低副数 $P_L=9$,高副数 $P_H=1$。按式(1-2-1)计算机构的自由度为

$$F=3n-2\,P_L-P_H=3\times7-2\times9-1=2$$

即该机构需要两个原动件运动才确定。

三、机器机构的观察和分析

（一）实验目的

1.建立对机构、机械、机器的感性认识,增加空间想象力;

2.了解常用平面机构的类型、组成原理;

3.了解平面机构运动简图的绘制方法;

4.掌握平面机构自由度的计算方法,分析平面机构运动的确定性,并比较与实物(或模型)是否相符。

（二）实验设备

常用机构电动演示板一套,各种典型机构的实物或模型。

（三）实验原理

任何机器和机构都是由若干构件和运动副组合而成的。从运动学的观点看,机构运动特性仅与构件的数目、运动副的数目、运动副的种类、构件的相对位置及原动件数目有关。因此,可以撇开构件的实际外形和运动副的具体构造,而用规定的符号表示构件和运动副,按一定的顺序表示运动副的相对位置,绘制出机构的运动示意图。

（四）实验步骤

1.观察、分析各个机构的特征和构件数

分析平面机构的实物(或模型),观察并判断平面机构中哪些为原动件,哪些为连接构件,哪些是工作构件,哪些是固定构件,同时确定构件的数目。

2.判别各构件之间运动副的类别

按照运动的传递路线,依次判断相邻两构件之间组成运动副的类别。从中确定哪些是低副,哪些高副,低副中哪些是转动副,哪些是移动副。

3.判断机构中的复合铰链、局部自由度和虚约束

分清机构中哪些是复合铰链,哪些是局部自由度,哪些是虚约束,这对正确计算机构自由度尤为重要。

4.绘制平面机构运动的示意图

正确选择投影面和原动件位置,按照运动的传递路线及代表运动副、构件的规定符号绘制出机构的示意图,并对机构中的每一构件进行编号,在原动件上标注箭头。绘制机构示意图可供定性分析机构运动特性时使用。

5.计算平面机构的自由度

平面机构的自由度 F 的计算公式为:

$$F=3n-2P_L-P_H$$

式中，n 为活动构件的数目；P_L 为低副数目；P_H 为高副数目。

6.校验计算结果是否与实物(或模型)相符，分析机构运动的确定性。

比较所测的平面机构自由度与计算结果是否一致，若计算结果准确无误，再核对其自由度数是否与机构原动件数目相等，两者相等，则说明该平面机构具有运动的确定性。

(五)实验报告

1.绘制机构运动示意图(至少选择两个机构)、计算机构自由度并分析运动的确定性。

2.实验报告格式如表 1-2-1 所示。

表 1-2-1 实验报告格式

机构名称	机构运动示意图	机构自由度计算	原动件数目	分析运动的确定性

练 习 题

1-2-1 在计算机构的自由度时，要注意哪三种特殊情况，如何处理？

1-2-2 什么是虚约束？什么是局部自由度？有人说虚约束就是实际上不存在的约束，局部自由度就是不存在的自由度，这种说法对吗？为什么？

1-2-3 机构具有确定运动的条件是什么？

1-2-4 指出题 1-2-4 图所示机构中的复合铰链、局部自由度和虚约束,并计算机构的自由度,确定原动件数目,判断机构运动的确定性(图中有箭头表示转向者为原动件)。

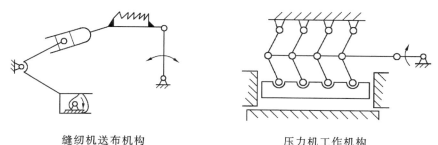

缝纫机送布机构　　　　　　　　　　压力机工作机构

题 1-2-4 图

1-2-5 题 1-2-5 图所示为一简易冲床。设想动力由齿轮 1 输入,使轴 A 连续转动;固联在轴 A 上的凸轮 2 与摆杆 3 组成的凸轮机构将使冲头 4 上下往复运动,达到冲压的目的。试分析其能否运动,并提出修改措施,以获得确定的运动(画运动简图)。

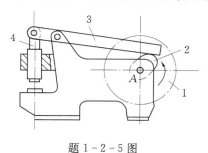

题 1-2-5 图

项目二　平面机构设计

　　机构是人为的实物组合,其各个部分之间具有确定的相对运动。平面机构应用广泛,类型也很多,常用的有连杆机构、凸轮机构以及各种间歇运动机构等。

任务一　平面四杆机构设计

知识点

　　1.铰链四杆机构的基本形式及平面四杆机构演化;

　　2.掌握铰链四杆机构存在曲柄的条件;

　　3.能分析铰链四杆机构的运动特性和传力特性;

　　4.平面四杆机构的设计。

技能点

　　1.能根据铰链四杆机构各构件长度和机架判断铰链四杆机构类型;

　　2.分析在对心曲柄滑块机构的基础上,通过以不同构件为机架,可以得到哪些含有一个移动副的四杆机构;

　　3.分析平面四杆机构的急回特性,举例说明哪些机构有急回特性;

　　4.掌握机构的压力角和传动角的概念,分析它们对机构的传力性能的影响和如何控制这种影响;

　　5.能够采用图解法设计平面四杆机构。

知识链接

一、铰链四杆机构的基本形式及应用

　　铰链四杆机构是由转动低副连接起来的封闭四杆系统,如图2-1-1所示,其中,被固定的杆4称为机架,不直接与机架4相连的构件2称为连杆,与机架4相连的构件1和3称为连架杆。连架杆相对于机架能做360°整周回转的称为曲柄,不能做360°整周回转的称为摇杆。根据两连架杆中的曲柄数目,铰链四杆机构分为三种基本形式。

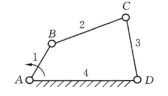

图2-1-1　铰链四杆机构

1.曲柄摇杆机构

　　两连架杆分别为曲柄和摇杆的铰链四杆机构,称为曲柄摇杆机构(见图2-1-1)。它可将主动曲柄的连续转动,转换成从动摇杆的往复摆动,如图2-1-2,2-1-3所示汽车前窗的刮雨器、摄影机的抓片机构;也可将主动摇杆的往复摆动,转换为从动

曲柄的连续转动,如图2-1-4所示缝纫机的踏板机构。

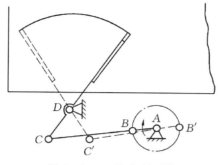

图 2-1-2　汽车刮雨器

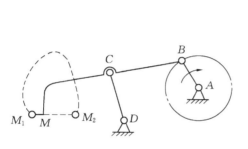

图 2-1-3　摄影机抓片机构

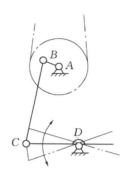

2-1-4　缝纫机踏板机构

2.双曲柄机构

两连架杆均为曲柄的铰链四杆机构,称为双曲柄机构。若主动曲柄等速转动,从动曲柄一般为变速转动,如图 2-1-5 所示插床的主机构,它是以双曲柄机构为基础扩展而成的。连杆与机架的长度、两个曲柄长度相等且转向相同的双曲柄机构,称为平行四边形机构。该机构的从动曲柄和主动曲柄转速相同,连杆作平动,平行四边形机构常用于多个平行轴之间的传动,如多头铣、多头钻等机械加工装置,如图 2-1-6 所示为同步偏心多轴钻机机构及其运动简图。

在平行四边形中,当曲柄和连杆共线时,虽然主动曲柄的转向不变,从动曲柄却可能正、反两个方向转动。为了使从动曲柄保持曲柄原来的转向,防止反转,通常可用下述方法来解决:(1)靠从动件本身质量或在从动件上加装飞轮,利用飞轮的惯性来导向;(2)在机构中添加辅助构件(见图 2-1-7),如机车轮联动机构的中间曲柄,可以看做是一个添加的铺助曲柄);(3)采用若干组相同机构错位。

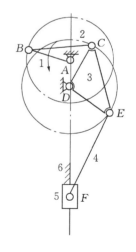

图 2-1-5　插床的主机构

17

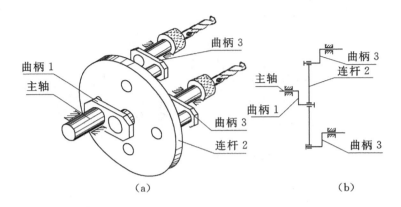

图 2-1-6　同步偏心多轴钻机机构及其运动简图

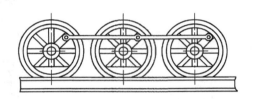

图 2-1-7　机车车轮联动机构

　　连杆与机架的长度相等、两个曲柄长度相等但转向相反的双曲柄机构,称为逆平行四边形机构(见图 2-1-8),该机构的从动曲柄作变速运动,连杆作平面运动,可代替椭圆齿轮机构,也可用于图 2-1-9 所示的车门启闭机构。

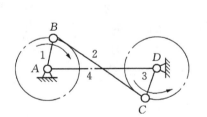

图 2-1-8　逆平行四边形机构

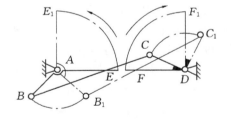

图 2-1-9　车门启闭机构

3．双摇杆机构

　　两个连架杆都是摇杆的铰链四杆机构,称为双摇杆机构。它可将主动摇杆的往复摆动,经连杆转变为从动摇杆的往复摆动,如图 2-1-10 所示的港口起重机的变幅机构可实现货物的水平移动,以减少功率消耗;也可将主动连杆的整周转动,转变为两从动摇杆的往复摆动,如图 2-1-11 所示的电扇摇头机构。

　　在双摇杆机构中,若两摇杆的长度相等时,称为等腰梯形机构(见图 2-1-12),如图 2-1-13 所示为汽车前轮转向机构,该机构的两个摇杆 AB 和 CD 在摆动时,其转角 φ_1 和 φ_2 的大小不相等。当汽车转弯时,两前轮的轴线相交,且其交点近似位于后轴延长线的某点 P,使汽车以点

P 为瞬心转动,各轮相对地面近似于纯滚动,以保证汽车转弯平稳,减少轮胎磨损。

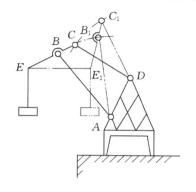

图 2-1-10　起重机变幅机构

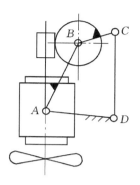

图 2-1-11　电扇摇头装置

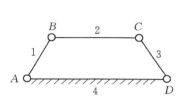

图 2-1-12　等腰梯形机构

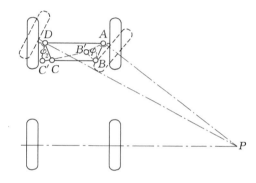

图 2-1-13　汽车前轮转向机构

二、铰链四杆机构形式的判别

由上述可知,铰链四杆机构运动形式的不同,主要在于机构中是否存在曲柄。而机构什么条件下存在曲柄,则与其各构件相对尺寸大小以及取哪个构件作机架有关。下面首先分析各杆的相对尺寸与曲柄存在的关系。

在图 2-1-14 所示的铰链四杆机构中,以 a、b、c、d 分别表示杆1、2、3、4的长度。当曲柄与连杆位于同一直线上,即图中所示的两虚线位置时,摇杆 CD 处于两个极限位置 C_1D 和 C_2D,分别构成两个三角线 AC_1D 和 AC_2D。

因为三角形中两边之和必大于第三边,所以由 $\triangle AC_2D$ 得:

$$a+b \leqslant c+d \tag{2-1-2}$$

由 $\triangle AC_1D$ 得:

$$d \leqslant c+(b-a) \quad \text{或} \quad a+c \leqslant b+d \tag{2-1-3}$$

$$c \leqslant d+(b-a) \quad \text{或} \quad a+c \leqslant b+d \tag{2-1-4}$$

把以上各不等式分别两两相加并整理后可得:

$$a \leqslant b$$
$$a \leqslant c \tag{2-1-5}$$
$$a \leqslant d$$

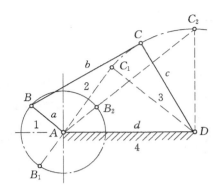

图 2-1-14 曲柄摇杆机构

由不等式(2-1-5)可知,杆 1 应为四杆中的最短杆。又由于在其余三杆中至少有一个最长杆,所以根据不等式(2-1-2)~(2-1-5),可以得到铰链四杆机构中存在曲柄时各杆的相对长度关系是:最短杆与最长杆的长度之和小于或等于其余两杆的长度之和。我们把这一关系简称为杆长之和条件。

下面来讨论曲柄存在与机架交换的关系。图 2-1-14 所示的铰链四杆机构满足杆长之和的条件,最短的杆 1 能作整周转动。故它和杆 2、杆 4 之间的夹角变化为 0°~360°,而杆 3 相对杆 2、杆 4 都只能在一定角度内摆动。由于用低副连接的两构件不管固定其中哪一个,它们之间的相对运动不变。所以

1)若固定与最短杆相邻的杆 2 或 4 为机架时,则连架杆中最短杆是曲柄,另一连架杆 3 为摇杆,该机构是曲柄摇杆机构。

2)若固定最短杆为机架时,则杆 2 和杆 4 是连架杆,它们相对最短杆(机架)都能作整周回转,该机构是双曲柄机构。

3)若固定与最短杆相对的杆 3 为机架时,则两连架杆(杆 2 和杆 4)相对杆 3(机架)都只能在一定角度内摆动,故均为摇杆,该机构为双摇杆机构。

由此可见,满足杆长之和条件的四杆系统,在固定不同杆作机架时,只有当连架杆中有一个最短杆或机架是最短杆的情况下,机构中才能出现曲柄。

综上所述,铰链四杆机构形式的判别:

1)最短杆与最长杆的长度之和小于或等于其余两杆的长度之和。

• 以最短杆为机架时——必为双曲柄机构。

• 以最短杆的相邻杆为机架时——必为曲杆摇杆机构。

• 以最短杆的对面杆为机架时——必为双摇杆机构。

2)当最短杆与最长杆的长度之和大于其余两杆的长度之和时,以任何杆为机架,皆为双摇杆机构。

例 2-1-6 已知各构件的尺寸如图 2-1-15 所示,若分别以构件 AB、BC、CD、DA 为机架,相应得到何种机构?

解: AB 为最短杆,BC 为最长杆,因 $L_{AB} + L_{BC} = 800 \text{ mm} + 1300 \text{ mm} = 2100 \text{ mm} < L_{CD} + L_{AD} = 1000 \text{ mm} + 1200 \text{ mm} = 2200 \text{ mm}$,满足杆长和条件。

若以 AB 为机架,因最短杆为机架,两连架杆均为曲柄,所以得到双曲柄机构。

项目二　平面机构设计

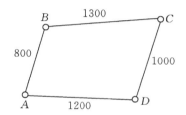

图 2-1-15　铰链四杆机构型式判别

若以 BC 或 AD 为机架，因最短杆为连架杆，且为曲柄，所以得到曲柄摇杆机构。

若以 CD 为机架，因最短杆为连杆，无曲柄，所以得到双摇杆机构。

三、平面四杆机构的演化

通过用移动副取代转动副、改变构件的长度、选择不同的构件作为机架和扩大转动副等途径，还可以得到铰接四杆机构的其他的演化型式。

1. 曲柄滑块机构

由曲柄、连杆、滑块和机架组成的机构，称为曲柄滑块机构。这种机构结构简单，应用很广。当滑块为主动件时，此机构可将滑块的往复移动转变为曲柄的连续转动。内燃机、蒸汽机中由活塞、连杆与曲柄组成主传动机构即为其实例。当曲柄为主动件时，此机构可将曲柄的连续转动转变为滑块的往复转动。空气压缩机、活塞式水泵、冲床等机器中所应用的主传动机构即为其实例。曲柄滑块机构可看作由曲柄摇杆机构演化而来。对照图 2-1-16 来说明其演化过程。

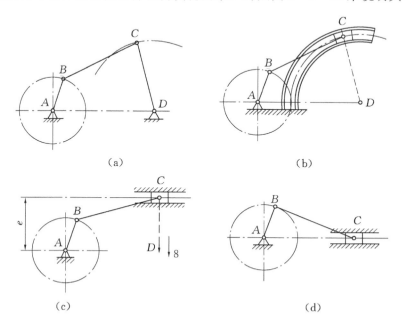

图 2-1-16　曲柄摇杆机构演化为曲柄滑块机构的过程

在曲柄滑块机构中，根据滑块上转动副中心的移动方位线是否通过曲柄转动中心，可分为对心曲柄滑块机构（见图 2-1-17）和偏置曲柄滑块机构（见图 2-1-18，图中 e 称为偏心距）。

21

H 为滑块行程。为了使机构能正常工作,曲柄长度 r 应小于连杆的长度 L,通常取 $L/r=3\sim$ 12,机构尺寸要求紧凑时取小值;要求受力情况较好时取较大值。

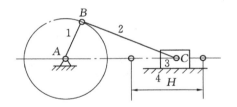

图 2-1-17 对心曲柄滑块机构

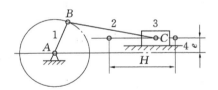

图 2-1-18 偏置曲柄滑块机构

2. 偏心轮机构

由偏心轮、连杆、滑块和机架组成的机构,称为偏心轮机构(见图 2-1-19)。偏心轮机构可看成由曲柄滑块机构演化而来,常用于曲柄的长度较小,而且销轴受力较大的场合。图 2-1-20 所示是颚式破碎机简图。

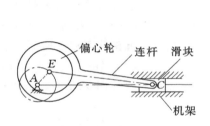

图 2-1-19 偏心轮机构

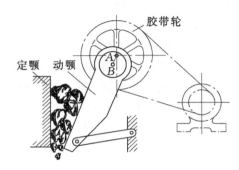

图 2-1-20 颚式破碎机

3. 导杆机构

若将图 2-1-37 的构件 AB 作为机架,构件 BC 成为曲柄,滑块沿连架杆(又称导杆)移动并作平面运动,就得到导杆机构(见图 2-1-21)。若 $L_{AB}\leqslant L_{BC}$(图 2-1-21(a)),导杆能作整周转动,称为转动导杆机构,常与其他构件组合,用于如简易刨床(图 2-1-22)、插床以及回转泵、转动式发动机等机械中。若 $L_{AB}>L_{BC}$(图 2-1-21(b)),导杆只能作摆动,称为摆动导

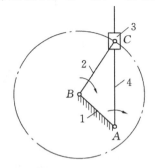

(a)转动导杆机构

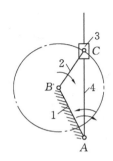

(b)摆动导杆机构

图 2-1-21 导杆机构

杆机构,常与其他机构组合,用于如牛头刨床(图2-1-23)和插床等机械中。

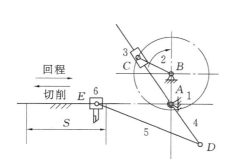

图2-1-22　简易刨床的转动导杆机构

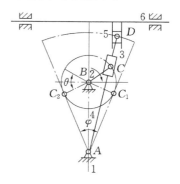

图2-1-23　牛头刨床的摆动导杆机构

4.摇块机构和定块机构

若将图2-1-17中的连杆2作为机架,滑块只能绕C点摆动,就得到了摇块机构(见图2-1-24),图2-1-25是摇块机构在汽车吊车等摆动式气、液动机构中应用。

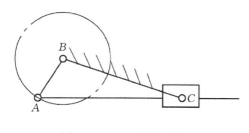

图2-1-24　摇块机构

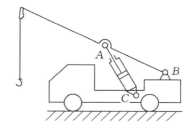

图2-1-25　汽车吊车液动装置

若将摇块机构的固定件改为摇块(见图2-1-26),这种机构称为定块机构。图2-1-27是定块机构在手动抽水机中的应用。

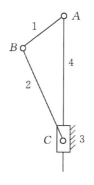

图2-1-26　定块机构

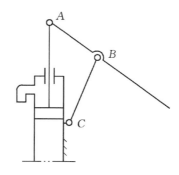

图2-1-27　手动抽水机

四、平面四杆机构的基本特性

1.急回特性

对于插床、刨床等单向工作的机械,为了缩短刀具非切削时间,提高生产率,要求刀具快速返回。这种工作时慢些,返回时快些特性称为急回特性。具有急回特性机构要满足 3 个条件:原动件作整周转动、从动件作往返运动、极位夹角大于零。某些平面四杆机构能实现这一要求,下面分析曲柄摇杆机构和摆动导杆机构的急回特性。

(1)曲柄摇杆机构的急回特性

图 2-1-28 所示的曲柄摇杆机构中,设曲柄 AB 为主动件,以等角速度 ω_1 作顺时针转动;摇杆 CD 为从动件,向右摆动为工作行程,向左为空行程。当曲柄转至 AB_1 时,连杆位于 B_1C_1,与曲柄重叠共线,摇杆处于左极限位置 C_1D;当曲柄由 AB_1 转过 $(180°+\theta)$ 到达 AB_2 时,连杆位于 B_2C_2,与曲柄的延长线共线,摇杆则向右摆动 ψ 角,到达右极限位置 C_2D,完成了工作行程。工作行程所用时间 $t_1=\dfrac{180°+\theta}{\omega_1}$,摇杆上 C 点的平均速度 $v_1=C_1C_2/t_1$。不难看出,θ 为从动件摇杆处于两极限时曲柄与连杆两共线位置之间所夹的锐角,称为极位夹角。曲柄由 AB_2 继续转过 $(180°-\theta)$ 回到 AB_1 时,摇杆则向左摆动 ψ 角,到达左极限位置 C_1D,完成了返回行程。返回行程所用时间 $t_2=\dfrac{180°-\theta}{\omega_1}$,摇杆上 C 点的平均速度 $v_2=C_2C_1/t_2$。

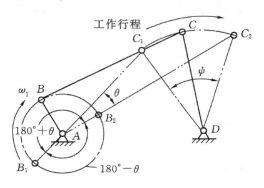

图 2-1-28 急回特性分析

因为 $(180°+\theta)>(180°-\theta)$,即 $t_1<t_2$,所以摇杆的 $v_2>v_1$。这种当主动件等速转动时,作往复运动的从动件在返回行程中的平均速度大于工作行程中的平均速度的特性,称为急回特性。急回特性的程度,可用 v_2 和 v_1 的比值 K 来表达。K 称为行程速度变化系数(或急回特性系数),即:

$$K=\frac{v_2}{v_1}=\frac{C_2C_1/t_2}{C_1C_2/t_1}=\frac{t_1}{t_2}=\frac{(180°+\theta)/\omega_1}{(180°-\theta)/\omega_1}=\frac{180°+\theta}{180°-\theta} \qquad (2-1-6)$$

可见,行程速度变化系数 K 与极位夹角 θ 有关。若 $\theta=0°$,说明机构没有急回作用。当 $\theta>0°$,则 $K>1$,机构具有急回作用。θ 越大,K 值愈大,则急回作用愈大。但机构的传动平稳性下降。在设计具有急回特性的连杆机构时,一般先根据工作要求预先选定 K 值,然后算出极位夹角 θ,再设计机构尺寸。θ 值可由式(2-1-6)推得

$$\theta=180°\frac{K-1}{K+1} \qquad (2-1-7)$$

通常取 $K=1.2\sim2.0$。

(2)摆动导杆机构的急回特性

与上述方法相似,做出图 2-1-29 所示的摆动导杆机构中导杆的两个极限位置。当曲柄

AB 按图示转向由 AB_1 转过 $\varphi_1=180°+\theta$，至 AB_2 时，导杆 CD 由左极限位置 CD_1 到达右极限位置 CD_2，此为工作行程。当曲柄继续转过 $\varphi_2=180°-\theta$，即由 AB_2 转回到 AB_1 时，导杆由 CD_2 回到 CD_1，此时为空行程。由于 $\varphi_1>\varphi_2$，曲柄又作匀速转动，所以回程所需的时间较短，机构具有急回特性。

若机构应用于牛头刨床，则工作行程中刨刀进行切削，空回行程时刨刀急回，正符合生产要求，节省非生产时间。

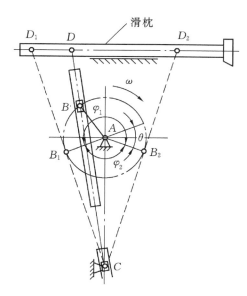

图 2-1-29 导杆机构的急回特性分析

摆动导杆机构的急回特性系数 K 和极位夹角 θ 之间的关系，仍由式（2-1-6）或式（2-1-7）表达。对于摆动导杆机构，极位夹角 θ 是当导杆处于两极限位置时，曲柄两对应位置间所夹的锐角。极限位置时曲柄与导杆相垂直，这一几何条件决定了极位夹角不可能等于零。所以，摆动导杆机构必有急回作用。具有急回特性的机构还有偏置曲柄滑块机构。

例 2-1-7 图 2-1-23 所示的牛头刨床的导杆机构中，已知机架 $L_{AB}=700$ mm，曲柄 $L_{BC}=350$ mm，试求：①滑枕 6 的行程速度变化系数 K；②若要求 $K=1.4$，曲柄长度应调整为多少？

解：摆动导杆机构由左极限位置 AC_2 到右极限位置 AC_1，又回到 AC_2 往返一次，即为滑枕 6 往复一次。因此，摆动导杆机构的行程速度变化系数即为滑枕的 K。由图中的虚线可知，极位夹角 θ 等于摆角 ψ，因此

（1）$\sin(\psi/2)=l_{BC}/l_{AB}=350/700=0.5 \qquad \psi/2=30°$

$$\theta=\psi=60°$$

$$K=\frac{180°+\theta}{180°-\theta}=\frac{180°+60°}{180°-60°}=2$$

（2）由式（2-1-6）变换得 $\theta=\dfrac{K-1}{K+1}\times180°=\dfrac{1.4-1}{1.4+1}\times180°=30°$

$$l_{BC}=l_{AB}\sin(\psi/2)=700\times\sin(30°/2)=181.2\ \text{mm}$$

2.传力特性

实际使用的连杆机构,不但要保证实现预定的运动,而且要求传动时轻便省力,效率高,即要求具有良好的传动性能。因此需要分析压力角和死点的问题。

(1)压力角与传动角

在图 2-1-30 所示的曲柄摇杆机构中,设曲柄 AB 为主动件,摇杆 CD 为从动件。若不考虑构件的重力、惯性力和构件间的摩擦力等因素影响,可将连杆 BC 看成是二力构件,那么,主动件曲柄经连杆传递到从动件摇杆上 C 点的力 F,与受力点 C 点的运动速度 v_C 之间所夹的锐角 α,称为压力角。

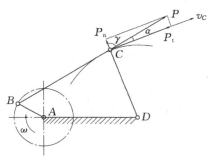

图 2-1-30　压力角与传动角

将力 F 沿速度 v_C 方向分解,分力 $F_t = F\cos\alpha$ 是推动摇杆 D 转动的有效分力,这个力愈大,对传动愈有利。为了度量方便,常用力 F 与分力 F_x 之间的夹角 γ 来衡量机构的传动性能,γ 称为传动角。它与压力角互为余角,即 $\gamma + \alpha = 90°$。分力 $F_x = F\sin\alpha$ 不能推动摇杆转动,反而使铰链 C、D 的径向压力增大,磨损加剧,降低机构传动效率。因此,希望压力角不能太大或传动角不能太小,为使机构具有良好的传动性能,要求机构在工作行程中的最小传动角 γ_{min} 满足下列条件:

$$\gamma_{min} \geqslant 40°$$

式中的角度,轻载时取小值,重载时取大值。

为便于检验,必须找出机构在什么位置可能出现最小传动角 γ_{min}。分析图 2-1-50 可知,一般地,曲柄摇杆机构的 γ_{min} 将出现在曲柄与机架共线的两个位置之一。

对于图 2-1-23 以曲柄为主动件的导杆机构,在不考虑摩擦时,由于滑块对导杆的作用力总是与导杆垂直,而导杆上力作用点的速度方向总是垂直于导杆,因此压力角 α 总是等于零,传动角 γ 总等于 90°。所以导杆机构的传动性能很好。

(2)死点位置

曲柄摇杆机构中,若摇杆为主动件(图 2-1-31(a)),当摇杆处于两个极限位置 C_1D 和 C_2D 时,连杆传给曲柄的作用力 P 通过曲柄的转动中心 A,压力角 α 等于 90°(这里是不可避免的),因而不能产生力矩,此时,机构将不能驱动;同时,曲柄 AB 转向也不能确定,即不一定按需要的方向转动。出现"顶死"现象,机构的这种极限位置称为死点位置。此外,机构在死点位置时由偶然外力的影响,也可能使曲柄转向不定。

四杆机构中是否存在死点,决定于从动件是否与连杆共线。例如图 2-1-31(b)所示的曲柄滑块机构,如果以滑块作主动件时,则从动曲柄与连杆有两个共线位置,因此该机构存在

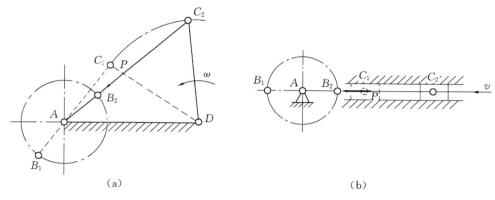

图 2-1-31 死点位置分析

死点位置。但是以上两例如果均以曲柄为主动件时,则两机构都不存在死点位置。

机构的死点位置常使机构的从动件无法运动或出现运动不确定现象。对于传动机构是不利的,为使机构能顺利通过死点位置而正常运转,一般采用安装飞轮的办法,利用惯性通过死点。也可采用机构错位排列的方法,图 2-1-32 所示为蒸汽机车车轮联动机构,它是使两组机构的死点位置相互错开,靠位置差的作用通过各自的死点位置。

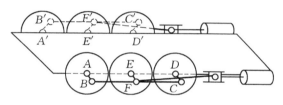

图 2-1-32 机构错位排列

在工程实践中,有时还要利用死点位置来实现一定的工作要求。如图 2-1-33 所示的工件夹紧装置,就是利用死点位置进行工作的。当工件被夹紧时,BCD 成一条直线,机构处于死点位置。此时移去手柄上的力 F 时,不论工件的反作用力有多大,机构都不可能运动。从而保证了机构的夹紧作用。欲使工件松开,则必须在手柄 2 上施加一个与 F 力反向的力。

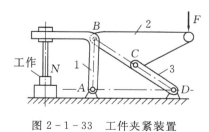

图 2-1-33 工件夹紧装置

五、平面四杆机构的运动设计

平面四杆机构运动设计的基本问题是:根据机构工作要求,结合附加限定条件,确定绘制机构运动简图所必需的参数,包括各构件的长度尺寸及运动副之间相对位置。

平面四杆机构运动设计的方法有图解法、实验法和解析法。图解法几何关系清晰;实验法直观简便,其精度可以满足工程需要;解析法精确,但设计繁杂。本节介绍图解法。

1. 按给定的连杆位置设计平面四杆机构

这类设计问题按给定条件分为两种情况:

(1)按给定的连杆三个位置设计平面四杆机构

已知铰链四杆机构中连杆的长度及三个预定位置,要求确定四杆机构的其余构件尺寸。

分析 问题的关键是确定两连架杆与机架组成转动副的中心 A、D。

由于连杆在依次通过预定位置的过程中,B、C 点轨迹为圆弧,此圆弧的圆心即为连架杆与机架组成转动副的中心。由此可见本设计的实质是已知圆弧上三点求圆心。如图 2-1-53 所示。设计步骤如下:

1)选择适当的比例尺 μ_L,绘出连杆三个预定位置:B_1C_1、B_2C_2、B_3C_3;

2)求铰链点 A、D。连接 B_1B_2 和 B_2B_3,分别作中垂线 b_{12} 和 b_{34},交点即为铰链 A 的中心。同理可得铰链 D 的中心。

3)连接 AB_1、C_1D 和 AD,则 AB_1C_1D 即为所求的四杆机构。各构件实际长度分别为 $L_{AB}=\mu_L AB_1$,$L_{CD}=\mu_L C_1D$,$L_{AD}=\mu_L \cdot AD$。

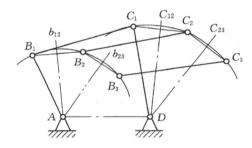

图 2-1-34 按给定的连杆三个位置设计四杆机构

有时仅给连杆的两个预定位置,这样,铰链 A、D 的中心可分别在 b_{12} 或 c_{12} 上取任意点,得到无数解。实际上,要结合结构、最小传动角、铰链四杆机构的形式所限定的相对尺寸条件等方面的要求,综合考虑确定。

(2)按照给定的两连架杆的对应位置进行设计

在图 2-1-35 的铰链四杆机构中,已知连架杆 AB 与机架 AD 的长度,以及两连架杆的两组对应位置;当连架杆 AB 处于 AB_1、AB_2 位置(角度 ψ_1 和 ψ_2)时,另一连架杆 CD 应在 DE_1 和 DE_2 两个位置(角度 ψ_1 和 ψ_2),要求确定该四杆机构各构件的尺寸。

分析 首先我们假定机构已作出,如图 2-1-35(b)所示。为求得解法,我们先分析已有机构,在机构的第二位置想将 B_2 与 D 连接起来,并与连杆 B_2C_2、连架杆 C_2D 组成一不变的三角形 B_2DC_2,然后令这个不变形的三角形绕 D 点转动,使边 C_2D 与 C_1D 重合,转动后,三角形的 B_2 点移至 B_2'。由于 B_1C_1 与 $B_2'C_1$ 均代表着同一连杆的长度,故 C_1 点必位于 B_1B_2' 连线的中垂线上。于是只要找出 B_1、B_2' 两点,就可确定 C_1 的位置。而 B_1 已知,可借助 $\alpha=\psi$ 与 $B_2'D=B_2D$ 两个关系来找出 B_2',从而解决四杆机构 AB_1C_1D 的尺度综合问题。

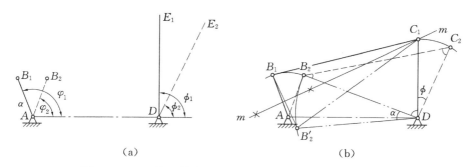

图 2-1-35　按照给定的两连架杆的对应位置设计四杆机构

例 2-4-3　如图 2-1-36 所示自动线上有一机械手,用回转油缸(图中未画出)并通过铰链四杆机构 $ABCD$ 来控制该机械手的位置。工作时要求:当油缸使 AB 杆处于 AB_1 和 AB_2 两位置时机械手应在对应的两位置 C_1D 和 C_2D(各角度如图)。现按照结构要求选定 AD 的长度 $d=400$ mm, AB 的长度 $a=200$ mm,试确定连杆 BC 和连架杆 CD 的长度 b 和 c。铰链中心取在机械手轴线位置上。

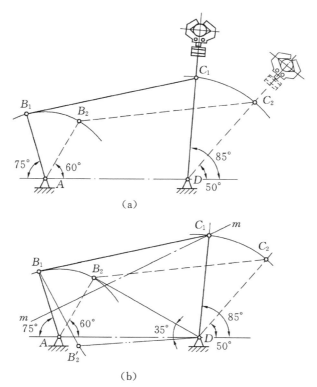

图 2-1-36　控制机械手两组对应位置的机构的设计

解:(1) 选取比例尺 $\mu_L=10$ mm/mm,作出两连架杆的两组对应位置 AB_1、AB_2 和 C_1D、C_2D,如图所示。

(2)作 $\angle B_2DB'_2=\angle C_1DC_2=85-50=35$,并量取 $DB'_2=DB_2$ 得 B'_2 点。

(3)作 B_1、B'_2 连线的中垂线 mm,它与机械手轴线的交点 C_1,就是连杆 BC 与连架杆 CD

的铰链中心，AB_1C_1D 便是所要求的铰链四杆机构。

（4）由图上量得

$$B_1C_1 = 50 \text{ mm}, C_1D = 30 \text{ mm}$$

按比例尺换算出连杆 BC 和连架杆 CD 的长度 b、c 为

$$b = \mu_L \cdot B_1C_1 = 10 \times 50 \text{ mm} = 500 \text{ mm}$$
$$c = \mu_L \cdot C_1D = 10 \times 30 \text{ mm} = 300 \text{ mm}$$

2.按照行程速度系数设计平面四杆机构

已知曲柄摇杆机构的行程速度变化系数 K、摇杆的长度 L_{CD} 及摆角 ψ，要求确定机构中其余构件尺寸。

分析：如图 2-1-37 所示，曲柄铰链中心 A 应在弦 C_1C_2 的圆周角为 θ 的辅助圆 m 上，求出 A 后，曲柄和连杆长度可根据摇杆处于极限位置时的尺寸关系求解。

设计步骤如下：

（1）求得 $\theta = 180° \times \dfrac{K-1}{K+1}$；

（2）任选转动副 D 的位置，选择比例尺 μ_L，绘出摇杆的两个极限位置 C_1D 和 C_2D；

（3）连接 C_1C_2，作 $\angle C_1C_2O = \angle C_2C_1O = 90° - \theta$，得交点 O；

（4）以 O 为圆心，OC_1 为半径作圆 m，该圆周上任一点对弦 C_1G_2 所对的圆周角均为 θ，因此，结合考虑从动件工作行程方向和曲柄转向，在 C_1E 和 C_2E 上任选一点为曲柄 AB 的固定铰链中心 A。显然，位置 A 的解有无数个，可根据曲柄长、连杆长、机架长以及 $\gamma_{\min}$ 等附加条件确定。

（5）连接 C_1A 和 C_2A，C_1A 和 C_2A 分别为曲柄与连杆重叠和其延长线共线位置，$AC_1 = B_1C_{2-1} - AB_1$，$AC_2 = B_2C_2 + AB_2$，经整理求得曲柄与连杆的长度，由图上量得机架 AD 长度，换算后得各构件实长 L_{AB}、L_{BC}、L_{AD}。

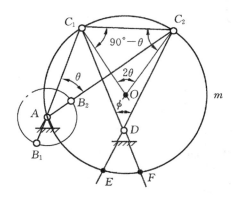

图 2-1-37　按 K 设计曲柄摇杆机构

练 习 题

2-1-1　举例说明铰链四杆机构的基本形式有哪几种？各自的运动特性是什么？

2-1-2　在对心曲柄滑块机构的基础上，通过以不同构件为机架，可以得到哪些含有一

个移动副的四杆机构?

2-1-3 具有急回特性的条件是什么?哪些机构具有急回特性?

2-1-4 机构的压力角和传动角是确定值还是变化值?它们对机构的传力性能有何影响?如何控制这种影响?

2-1-5 有曲柄的机构必有死点位置吗?在什么情况下可能存在平面四杆机构的死点位置?举出生产和生活中利用或克服死点的实例。

2-1-6 如题 2-1-6 图所示的铰链四杆机构中,已知 $L_{BC}=50$ mm,$L_{CD}=35$ mm,$L_{AD}=30$ mm,AD 为机架。求:①若此机构为曲柄摇杆机构,且 AB 杆为曲柄,求 L_{AB} 的最大值;②若此机构为双曲柄机构,求 L_{AB} 的最小值;③若此机构为双摇杆机构,求 L_{AB} 的数值。

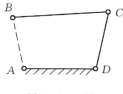

题 2-1-6 图

2-1-7 试根据题 2-1-7 图中所标明的各构件尺寸判定它们为何种类型的铰链四杆机构?可否采用不同构件为机架的方法,由图(b)和(c)所示的机构演化出双曲柄机构?

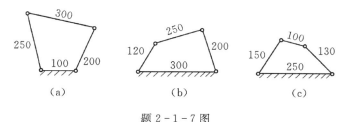

（a）　　　　　　　　（b）　　　　　　　　（c）

题 2-1-7 图

2-1-8 如题 2-1-8 图所示的压力机,构件 $AB=20$ mm,$BC=265$ mm,$CD=CE=150$ mm,$l_2=150$ mm,$l_1=300$ mm。要求:(1)按适当的比例画出机构简图;(2)作出冲头 E 的两极限位置,并从图中量出冲头的行程。

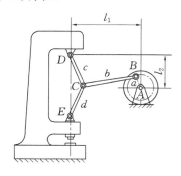

题 2-1-8 图

任务二　凸轮机构设计

知识点

　　1.凸轮机构的类型及应用；

　　2.凸轮机构的从动件常用运动规律；

　　3.盘形凸轮轮廓设计。

技能点

　　1.比较分析不同类型从动件运动规律的冲击类型及发生的位置；

　　2.举出一些机器中采用凸轮机构的实例；

　　3.能绘制从动件的运动曲线图，会图解法设计盘形凸轮轮廓曲线。

📖 知识链接

　　在工程实际中，经常要求某些机械的从动件按照预定的运动规律变化，采用凸轮机构可精确地实现所要求的运动，如内燃机配气机构。如果采用平面连杆机构，一般只能近似地实现预定的运动规律，难以满足要求，而且设计较为困难和复杂。

一、凸轮机构的分类及应用

　　在某些机械中，为获得比较复杂的运动规律，常应用凸轮机构。如图 $2-2-1$ 所示内燃机配气机构，凸轮1以等角速度 ω 回转，驱动从动件2作上下运动，从而有规律地开启或关闭气阀。凸轮轮廓的形状决定了气阀开启或关闭的时间长短及其速度、加速度的变化规律。

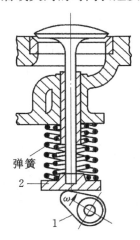

图 $2-2-1$　盘状凸轮机构（内燃机配气机构）

　　凸轮机构由凸轮、从动件和机架三个基本构件组成。凸轮与从动件间的运动副为高副，由此可将主动件凸轮的连续转动或移动转换为从动件的移动或摆动。

　　凸轮机构的类型很多，通常按凸轮和从动件的形状、运动形式分类。

1. 按凸轮的形状和运动分类

1）盘形凸轮 它是绕固定轴转动且变化向径的盘形零件（图2-2-1中的凸轮1），是凸轮最基本的形式。

2）移动凸轮 这种凸轮外形通常呈平板状（图2-2-2中的凸轮1），可视作回转中心趋于无穷远时的盘形凸轮。

3）圆柱凸轮 将移动凸轮卷成圆柱体即成圆柱凸轮（图2-2-3中的凸轮1）。

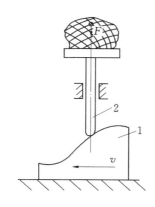
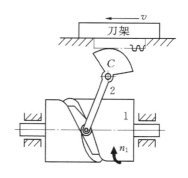

图2-2-2 移动凸轮机构　　　　图2-2-3 圆柱凸轮机构（进刀机构）

2. 按从动件端部结构分类

1）尖顶从动件 如图2-2-2所示，从动件2的端部为尖顶。这种从动件构造最简单，其尖顶能与外凸或内凹轮廓接触，可以实现复杂的运动规律。但尖顶易磨损，用于低速、轻载场合。

2）滚子从动件 如图2-2-3所示，从动件2的端部装有可自由转动的滚子，它与凸轮相对运动时为滚动摩擦，因此阻力、磨损均较小，可以承受较大的载荷，应用较广。

3）平底从动件 如图2-2-1所示，从动件2的端部为一平底。这种从动件与凸轮轮廓接触处在一定条件下可形成油膜，利于润滑，传动效率较高，且传力性能较好，常用于高速凸轮机构中。

3. 按从动件运动形式分类

按从动件运动形式分类，可分为直动从动件（见图2-2-1,图2-2-2）和摆动从动件（见图2-2-3）两种。凸轮机构中，采用重力（见图2-2-2）、弹簧力（见图2-2-1）使从动件端部与凸轮始终相接触的方式称力锁合；采用特殊几何形状实现从动件端部与凸轮相接触的方式称为形锁合（见图2-2-3）。

凸轮机构简单、紧凑，能方便地设计凸轮轮廓以实现从动件预期运动规律，广泛用于自动化和半自动化机械中作为控制机构。但因凸轮轮廓与从动件间为点、线接触而易磨损，因而不宜承受重载或冲击载荷。

二、凸轮和滚子的材料

凸轮机构的主要失效形式是磨损和疲劳点蚀，这就要求凸轮和滚子的工作表面硬度高、耐磨并且有足够的表面接触强度，对于经常受到冲击的凸轮机构要求凸轮芯部有较大的韧性。

低速、中小载荷的一般场合,凸轮常用 45 钢、40Cr 表面淬火(硬度 40~50HRC),亦可采用 15 钢、20Cr、20CrMnTi,经渗碳淬火,硬度达 56~62HRC。

滚子材料可采用 20Cr,经渗碳淬火,表面硬度达 56~62HRC;也可用滚动轴承作为滚子。

三、凸轮的结构与安装

除尺寸较小的凸轮与轴制成一体的情况外,结构设计应考虑安装时便于调整凸轮与轴相对位置的需要。凸轮的常用结构有:

1)凸轮轴　凸轮和轴做成一体(见图 2-2-4)。这种凸轮结构紧凑,工作可靠。

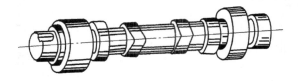

图 2-2-4　凸轮轴

2)整体式　图 2-2-5 所示为整体凸轮,用于尺寸无特殊要求的场合。轮毂尺寸推荐值为:$d_1=(1.5\sim2.0)d_0$,$L=(1.2\sim1.6)d_0$,式中 d_0 为凸轮孔径。

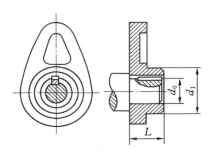

图 2-2-5　整体式凸轮轴

3)镶块式　如图 2-2-6 所示为镶块式凸轮,由若干镶块拼接,固定在鼓轮上。鼓轮上制有许多螺纹孔,供固定镶块时灵活选用。这种凸轮可以按使用要求更换不同轮廓的镶块以适应工作情况的变化,适用于需要常变换从动件运动规律的场合。

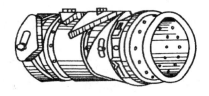

图 2-2-6　镶块式凸轮

4)组合式　如图 2-2-7 所示,组合式凸轮用螺栓将凸轮与轮毂连成一体,可以方便地调整凸轮与从动件起始的相对位置。

凸轮在轴上的固定,除采用键连接外,也可采用紧定螺钉和圆锥销固定,如图 2-2-8(a)

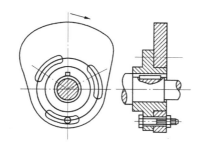

图 2-2-7　组合式凸轮

所示,初调用紧定螺钉定位,然后用圆锥销固定;图 2-2-8(b)所示采用开槽锥形套固定,调整灵活,但传递转矩不能太大。

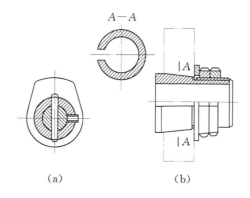

（a）　　　　　　　（b）

图 2-2-8　盘状凸轮在轴上的固定

凸轮的常用制造公差和表面粗糙度可参考表 2-2-1 选取。

表 2-2-1　凸轮公差及轮廓表面粗糙度

凸轮精度	极　限　偏　差			表面粗糙度 $Ra/\mu m$	
	向径/mm	基准孔	槽式凸轮槽宽	盘形凸轮	槽式凸轮
高精度	±（0.05~0.10）	H8	H7(H8)	0.4	0.8
一般精度	±（0.10~0.20）	H7(H8)	H8	0.8	1.6
低精度	±（0.20~0.50）	H8	H8(H9)	1.6	1.6

三、凸轮机构的运动分析

凸轮机构中,从动件的运动由凸轮轮廓决定。根据凸轮轮廓分析从动件的位移、速度、加速度,称为凸轮机构的运动分析。以图 2-2-9 所示的对心直动尖顶从动件盘形凸轮机构为例,以凸轮的最小向径为半径所作的圆称为基圆,基圆半径用 r_b 表示。图示位置是从动件处于上升的起始位置,其尖顶与凸轮在 B_0 点接触。当凸轮以角速度 ω 逆时针回转 θ_{01} 时,从动件被凸轮推动,以一定运动规律到达最高点位置 B,从动件在这一过程中经过的距离 h 称为推程,对应的凸轮转角 θ_{01} 称为推程角。当凸轮继续转过角度 θ_{fd} 时,以 O 为圆心的圆弧 BD 与尖顶接触,从动件在最高位置静止不动,θ_{fd} 称为远停程角。凸轮再继续回转,从动件以一定运动规律下降到最低位置,这段行程称为回程,对应的凸轮转角 θ_{02} 称为回程角。凸轮继续回转,圆弧 D_0B_0 与尖顶接触,从动件停留不动,对应的转角 θ_{nd} 为近停程角。凸轮继续回转,从动件重复上述运动。

从动件的位移 s 与凸轮的转角 θ 间的关系可用直角坐标 $s-\theta$ 图表示。当凸轮转过 θ_1(横坐标 1 位置)时,从动件对应自 B_0 点上移动到 B_1 点,即 $s_1=11'$;当凸轮转过 θ_2(横坐标 2 位置)时,从动件上移到 B_2 点,即 $s_2=22'$,$\cdots$,$s_6=66'$ 等等。显然,依此规律可以逐点画出从动件运动的位移曲线。

位移线图($s-\theta$)也可用"反转法"原理作出:设想给整个凸轮机构加上绕凸轮轴心 O 的反向角速度($-\omega$),这样,机构各构件间的相对运动仍不变,但凸轮变为不动,而从动件则以 $-\omega$ 绕 O 点转动,同时受凸轮轮廓的作用又在导路中移动。反转中尖顶的运动轨迹($1'$、$2'$、$3'$、$\cdots$)就是凸轮轮廓,尖顶离开基圆的距离即是从动件的位移。位移线图的作图步骤可概括如下:

1)将图 2-2-9(a)的推程角和回程角沿 $-\omega$ 方向分成若干等分,在基圆上得 1、2、$\cdots$ 等点;

2)从凸轮轴心 O 向各等分点作连线并将其延长,得各连线与凸轮轮廓的交点 $1'$、$2'$、$\cdots$

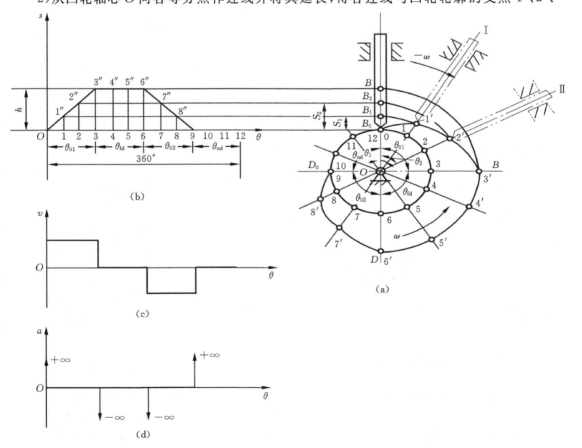

图 2-2-9 对心直动尖顶从动件盘形凸轮机构运动分析

等点；

3）以从动件的位移 s 为纵坐标，凸轮的转角 θ（或对应时间 t）为横坐标，并将横坐标分成与图 2-2-9(a)对应的区间和等分。过各等分点 1、2、…作横坐标的垂线，在这些垂线上量取各个位移量，即取 $11''=11'$、$22''=22'$、…得 $1''$、$2''$、…等点；

4）用圆滑曲线连接 0、$1''$、$2''$、…等点即得位移线图，即 $s-\theta$ 图（见图 2-2-9(b)）。

根据位移线图($s-\theta$ 图)的每一行程区间的曲线图形，运用数学知识，可以画出速度线图($v-\theta$ 图)和加速度线图($a-\theta$)。

图 2-2-9 示例中，凸轮角速度 ω 为常数，推程时位移线图为一斜直线，可以推知，从动件的速度是恒定值，故这一段运动规律称为等速运动规律。同理，回程亦为等速运动规律，只是速度方向相反，停程时速度为零，据此可画出速度线图(图 2-2-9(c))。

加速度是速度的导数。由于速度 v 为常数，因此等速运动过程中加速度 $a=0$，但在等速运动起动瞬时，要立即使速度达到某常数值，理论上加速度 a 将趋于无穷大，从而引起冲击；从动件终止工作瞬时，也有这种情况发生。将加速度 a 趋于无穷大时引起的冲击称为刚性冲击。根据以上分析可画出加速度线图(图 2-2-9(d))。

位移、速度、加速度线图统称为运动线图，它们是凸轮机构运动分析的简明表达形式，是凸轮轮廓曲线设计和深入进行凸轮机构动力分析的依据。

四、从动件的常用运动规律

从动件运动规律指在推程和回程中从动件位移 s、速度 v、加速度 a 随凸轮转角变化的规律。根据凸轮机构的运动分析，从动件的常用运动规律如下。

1. 等速运动规律

凸轮角速度 ω 为常数时，从动件速度 v 不变，称为等速运动规律。位移方程可表达为

$$s = \frac{h}{\theta_0}\theta \qquad (2-2-1)$$

图 2-2-10 为等速运动规律的位移、速度、加速度线图。

对于等速运动规律，运动起点和终点从动件的瞬时加速度 a 为无穷大，将产生刚性冲击。因此，应用于中、小功率和低速场合。为了避免刚性冲击，实际应用时常用圆弧或其他曲线修正位移线图的始、末两端，如图 2-2-10(d)所示。修正后的加速度 a 为有限值，此时引起的有限冲击称为柔性冲击。

2. 等加速、等减速运动规律

对于等加速、等减速运动规律，通常是指从动件在一个行程中，前半程作等加速运动，后半程作等减速运动，两部分加速度绝对值相等。前半程位移方程为

$$S = \frac{2h}{\theta_0^2}\theta^2 \qquad (2-2-2)$$

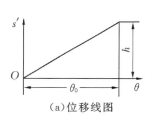

(a)位移线图

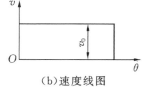

(b)速度线图

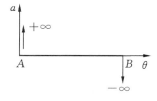

(c)加速度线图

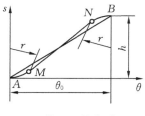

（d)修正后的位移

图 2-2-10　等速运动规律线图

图 2-2-11 为等加速、等减速运动规律的位移、速度、加速度线图。等加速、等减速运动规律在运动起点 A、中点 B、终点 C 从动件的加速度突变为有限值,产生柔性冲击,用于中速场合。等加速、等减速运动规律的位移线图的作法如图 2-2-11(a)所示。

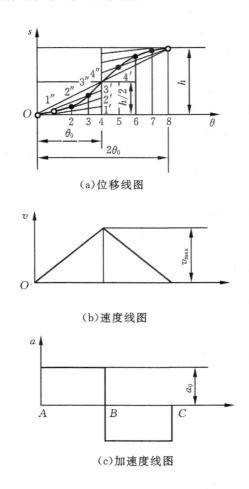

(a)位移线图

(b)速度线图

(c)加速度线图

图 2-2-11　等加速等减速运动规律线图

3.余弦加速度运动规律

余弦加速度运动规律的加速度曲线为 1/2 个周期的余弦曲线,位移曲线为简谐运动曲线(又称简谐运动规律),位移方程为:

$$s = \frac{h}{2}\Big[1 - \cos\Big(\frac{\pi}{\theta_0}\theta\Big)\Big] \tag{2-2-3}$$

位移线图($s-\theta$ 图)的作法可参见图 2-2-12(a)。速度线图和加速度线图见图 2-2-12(b)和(c)。余弦加速度运动规律在运动起始和终止位置,加速度曲线不连续,存在柔性冲击,用于中速场合。但对于升→降→升型运动的凸轮机构,加速度曲线变成连续曲线,则无柔性冲击,可用于较高速场合。

除以上介绍的三种常见的从动件运动规律外,按从动件的工作要求还有正弦加速度运动

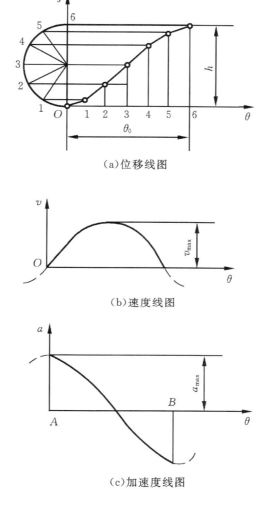

（a）位移线图

（b）速度线图

（c）加速度线图

图 2-2-12 余弦加速度运动规律线图

规律等。必要时可参阅有关资料。

在设计中，单一使用上述运动规律，往往难以同时满足机器对从动件运动特性的要求，此时，可以对这几种常用规律进行修正和组合使用，以保证凸轮机构能获得良好的运动及动力性能。

五、图解法设计盘形凸轮轮廓曲线

根据工作条件要求，确定从动件的运动规律；选定凸轮的转向、基圆半径等，进而可以对凸轮轮廓曲线进行设计。凸轮轮廓曲线的设计方法有图解法和解析法。图解法简便易行、直观，但精度较低，可用于设计一般要求的凸轮机构。解析法精度高，但计算量大，多用于设计要求较高的凸轮机构。

凸轮机构工作时，主动凸轮以等角速度 ω_1 转动。用图解法设计盘形凸轮轮廓曲线时，给整个凸轮机构加上一个公共的角速度($-\omega_1$)。根据相对运动原理,凸轮静止不动;从动件一方面随导路(即机架)以角速度($-\omega_1$)绕轴 O 转动,另一方面又在导路中按预期的运动规律作往复移动。此时,凸轮机构中各构件间的相对运动并没有改变。由于从动件尖顶始终与凸轮轮廓相接触,从动件在这种复合运动中,其尖顶的运动轨迹即是凸轮轮廓曲线。这种利用与凸轮转向相反的方向逐点按位移曲线绘制出凸轮轮廓曲线的方法称为反转法,如图 2-2-13所示。

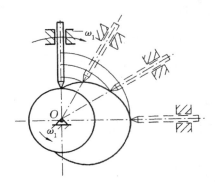

图 2-2-13 反转法原理

当从动件的运动规律给定后,按前述"反转法"作位移线图的逆过程,可以方便地绘出凸轮轮廓。

1. 尖顶对心直动从动件盘形凸轮轮廓的绘制

设凸轮逆时针转动,基圆半径 $R_b = 40$ mm,从动件运动规律如表 2-2-2 所示。

表 2-2-2 从动件运动规律

凸轮转角 θ	0°～120°	120°～180°	180°～300°	300°～360°
从动件运动规律	余弦加速度上升 20 mm	停止不动	等加速等减速下降至原位	停止不动

凸轮轮廓的绘制步骤如下:

1)选择比例尺 μ_s、μ_θ,作位移线图。取位移比例尺 $\mu_s = 2$ mm/mm,角度比例尺 $\mu_\theta = 6°$/mm。

按比例尺画出的位移图如图 2-2-14(a)所示,沿横坐标轴将推程运动角和回程运动角分别分成若干等分,得 1、2、3、…、13、14 诸点。于是,获得与各转角相应的从动件位移,即 $s_1 = 11'$,$s_2 = 22'$,$s_3 = 33'$,…

2)选取长度比例尺 μ_l 画基圆。本题取 $\mu_l = \mu_s$,以 O 为圆心,以 $OA_0 = r_b/\mu_1 = 40/2 = 20$ mm 为半径作基圆。确定从动件尖顶起始位置为 A_0,沿顺时针($-\omega$)方向按 $s-\theta$ 图划分的角度将基圆分成相应的等分,得 A_1、A_2、A_3、…等点。

3)连接 OA、OA_2、OA_3、…并延长各向径,取 $A_1A_1' = s_1$,$A_2A_2' = s_2$,$A_3A_3' = s_3$,…,得 A_1'、A_2'、A_3'、…点。

4)圆滑连接 A_0、A_1'、A_2'、A_3'、…、A_{14}' 等点,其中 A_6' 至 A_7' 及 A_{13}' 到 A_{14}'(即 A_0)为停程,故只需以对应向径画圆弧。所得曲线即为所求凸轮轮廓(见图 2-2-14(b))。

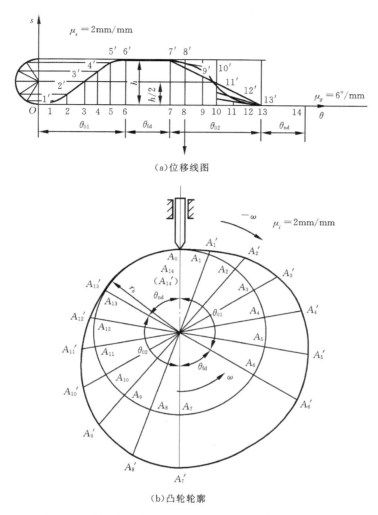

（a）位移线图

（b）凸轮轮廓

图 2-2-14 对心直动尖顶从动件盘形凸轮轮廓的绘制

2. 滚子对心直动从动件盘形凸轮轮廓的绘制

如果将图 2-2-14 中的尖顶改成 r_T 为 10 mm 的滚子，绘制凸轮轮廓时，需先将滚子中心 A 看做尖顶从动件的尖顶，按前述方法作出廓线 β_0，β_0 称为理论轮廓。如图 2-2-15 所示，在曲线 β_0 上选取一系列的点作为圆心，以 $r_T/\mu_l=10/2=5$ mm 为半径作一系列的圆，再作这些圆的内包络线 β，β 即为所求凸轮的实际轮廓（工作轮廓）。

3. 对心直动平底从动件盘形凸轮轮廓的绘制

如果图 2-2-14 中从动件端部改为与导路垂直的平底，绘制凸轮轮廓时，可将导路与平底从动件的交点视作尖顶从动件的尖顶，按反转法原理依照 1 中作图步骤（1）、（2）、（3）得端点 A_1'、A_2'、A_3'、…，显然这只是平底从动件在导路方向上的高度位置，由于平底与导路垂直，因此步骤（4）应为：过 A_1'、A_2'、A_3'、…作与 OA_1'、OA_2'、OA_3'、…相垂直的直线（平底）系列，作这些直线的包络线（该直线系列的内公切线），即得凸轮的实际轮廓 β，如图 2-2-16 所示。显然，只要选点足够多，包络线就越趋圆滑，因而绘制出的实际轮廓亦越准确。

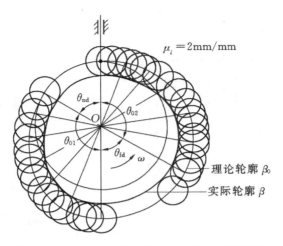

图 2-2-15　滚子从动件盘形凸轮轮廓的绘制

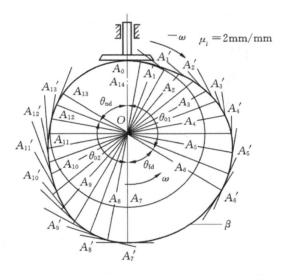

图 2-2-16　平底从动件盘形凸轮轮廓的绘制

4. 摆动从动件盘形凸轮轮廓的绘制

摆动从动件的位移是角位移 φ，故其位移线图为 $\varphi-\theta$ 图。凸轮轮廓的绘制方法仍依据反转法原理。设已知凸轮基圆半径 $r_b=30$ mm，位移图如图 2-2-17(a)所示；摆动从动件的长度 $L=50$ mm，摆动从动件的回转中心与凸轮轴心的中心距 $L_{oa}=70$ mm，凸轮顺时针转动，则作图步骤如下：

(1)选取长度比例尺 $\mu_l=2$ mm/mm，任选一点 O 为圆心，以 $r_b/\mu_l=30/2=15$ mm 为半径作基圆；再以 $L_{oa}/\mu_l=70/2=35$ mm 为半径作从动件 A 铰链的中心圆，并在中心圆上选定始点 A_0（习惯取水平位置）；以 $L/\mu_l=50/2=25$ mm 为半径作圆弧交基圆于 $A_0{}'$ 点，则 $\angle OA_0A_0{}'=\varphi_0$ 为初相角（摆动从动件在最低位置时与连心线 OA_0 的夹角）。

(2)用反转法，从 A_0 开始，沿逆时针 $(-\omega)$ 方向在中心圆上取与图 2-2-17(a)横坐标相对应的等分，得 A_1、A_2、A_3、…，这些点是反转时从动件回转中心 A 的各个对应位置。

（3）作$\angle OA_1A_1' = \varphi_0 + \varphi_1$、$\angle OA_2A_2' = \varphi_0 + \varphi_2$、$\angle OA_3A_3' = \varphi_0 + \varphi_3$、…且使$A_1A_1' = A_2A_2'$ $= A_3A_3'\cdots = A_0A_0'$（$\varphi_1$、$\varphi_2$、$\varphi_3$、…等可用相应纵坐标乘以角度比例尺$\mu_\varphi$求得），得$A_1'$、$A_2'$、$A_3'$、…等点。

（4）圆滑连接A_0'、A_1'、A_2'、A_3'、…点，所得光滑曲线即为所求凸轮轮廓（见图$2-2-17$（b））。当从动件端部结构为滚子或平底时，只需将以上步骤所得之曲线视为理论轮廓，并仿照直动滚子或平底从动件作图方法求出实际轮廓。

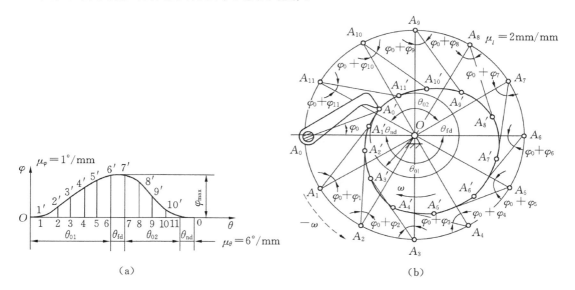

图$2-2-17$　摆动从动件盘形凸轮轮廓的绘制

5.用图解法绘制凸轮轮廓应注意的事项

1）由于应用反转法绘制轮廓曲线，所以一定要沿$-\omega$方向在基圆周上按位移线图的顺序截取分点，否则将不符合给定的运动规律。

2）从动件位移、基圆半径、偏距、滚子半径等，凡绘制同一轮廓的有关长度尺寸必须用同一长度比例尺画出。

3）取分点越多所得的凸轮轮廓越准确，实际作图时取分点的多少可根据对凸轮工作准确度的要求适当决定。

4）联接各分点的曲线必须圆滑。

六、凸轮机构设计中的几个问题

1.滚子半径的确定

滚子从动件由于摩擦小而应用广泛。设计时若从强度和耐用性考虑，滚子和它的心轴直径尺寸宜大些。但滚子半径的大小受到凸轮轮廓曲率半径的限制。

滚子半径对凸轮实际轮廓的形状影响很大。如图$2-2-18$所示，设凸轮理论轮廓上某处的曲率半径为ρ，实际轮廓的曲率半径$\rho' = \rho - r_T$。当滚子半径$r_T < \rho$时，实际轮廓的曲率半径$\rho' > 0$，即比较圆滑（见图$2-2-18$（a））；当滚子半径$r_T = \rho$时，实际轮廓的曲率半径$\rho' = 0$，出现尖点（见图$2-2-18$（b））；当滚子半径$r_T > \rho$时，实际轮廓的曲率半径$\rho' < 0$，轮廓线发生叠交

(见图图 2 - 2 - 18(c)),叠交阴影部分在实际加工过程中将被切去。工作时,这一部分的运运规律无法实现,这种现象称为运动失真为了避免实际轮廓变尖或运动失真,一般要求 $r_T <$ $0.8\rho_{min}$,凸轮轮廓的最小曲率半径 ρ_{min} 一般不小于 $1\sim5$ mm。

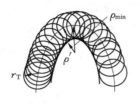 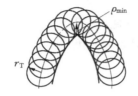 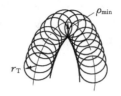

(a)圆滑廓线($\rho_{min} > r_T$)   (b)出现尖点($\rho_{min} = r_T$)   (c)发生干涉($\rho_{min} < r_T$)

图 2 - 2 - 18 滚子半径的选择

2.压力角与许用值

如图 2 - 2 - 19 所示,为对心直动尖顶从动件盘形凸轮机构。F_Q 为作用在从动件上的载荷,凸轮以等角速度 ω 转动,他们之间所夹的锐角称之为凸轮机构的压力角 α。作用在从动件上的 F 力可分解为两个力。一个是延从动件运动方向的有效力 F';另一个是使从动件压紧导

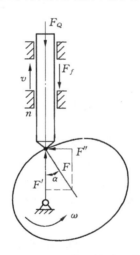

图 2 - 2 - 19 凸轮机构的压力角

路的有害分力 F''。根据受理分析得:$F' = F\cos\alpha$;$F'' = F\sin\alpha$。由此可见,F' 及 F'' 的大小与压力角 α 有关。当 α 越大时有效分力 F' 越小,有害分力 F'' 越大,也就是说 F'' 所产生的从动件与导路之间的摩擦阻力越大,凸轮推动从动件越费力,因而凸轮机构运动不灵活、效率低。当 α 增大到某一数值时,由 F'' 引起的摩擦阻力超过了 F'。这时无论凸轮对从动件施加多大的驱动力,都不能推动从动件运动。此时,即称为凸轮机构的自锁。开始出现自锁时候的压力角称为极限压力角 α_{lim}。在设计中为安全起见,规定了压力角的许用数值。一般情况下:

直动从动件许用压力角$[\alpha] = 30° \sim 38°$;

摆动从动件许用压力角$[\alpha] = 40° \sim 45°$。

当从动件处于回程时,由于受载较小(一般仅受弹簧力或重力作用)同时希望从动件得到较大速度以节省回程时间。因此许用压力角$[\alpha] = 70° \sim 80°$。

由以上分析可知:从凸轮机构传力性能的观点看来,压力角 α 越小越好。

3.基圆半径的确定

当凸轮机构的运动规律确定之后,α 越小,基圆半径 r_b 越大,从而使整个机构的尺寸加大。欲使机构紧凑,则基圆半径就要小些,此时压力角 α 就要增大。但压力角的最大值不允许超过压力角的许用值 $[\alpha]$。因此在设计凸轮时,应兼顾机构受力情况好及机构紧凑这两个方面。一般可根据设计条件,先确定凸轮基圆半径。如果对凸轮机构的结构尺寸没有严格要求,则凸轮基圆半径可取大一些,使机构受力情况好一些,如果对凸轮机构结构尺寸有严格控制,则在压力角不超过许用压力角的原则下,尽可能采用较小的基圆半径。通常可根据结构要求用下述经验公式确定凸轮基圆半径的最小值:

$$r_b \geqslant 0.9 d_s + (7 \sim 10) \ \text{mm}$$

式中,d_s 为安装凸轮处轴的直径。

按此经验公式确定基圆直径后,在设计凸轮轮廓时,应检验压力角是否满足 $\alpha_{\min} \leqslant [\alpha]$ 这个条件。若不满足则应加大基圆半径,重新绘制凸轮轮廓,直至满足上述条件。

如果结构允许,应适当增大凸轮基圆半径,以利于改善凸轮机构的受力状况,并能减小凸轮轮廓曲线制造误差的影响。

练 习 题

2-2-1 试选择下述工作情况下凸轮机构从动件的运动方式和端部结构,并简要说明理由:①高速内燃机配气机构;②缝纫机中的挑线机构;③靠模法加工控制刀具进给运动的凸轮机构。

2-2-2 何谓理论轮廓?何谓实际轮廓?用实际轮廓线最小半径所作的圆是否一定是基圆?

2-2-3 凸轮机构从动件常见的运动规律有哪些?说明各自的冲击类型和冲击发生的位置。

2-2-4 影响压力角大小的因素有哪些?一般选择何处校验凸轮机构的压力角大小?

2-2-5 用图解法求解下列问题,并在题 2-2-5 图中标出:

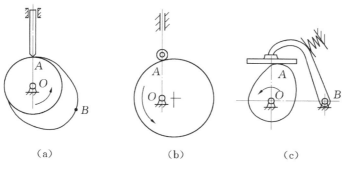

(a)   (b)   (c)

题 2-2-5 图

(1)如图(a)所示,分别作出从动件在 A 和 B 处凸轮接触时机构的压力角 α_A、α_B,并求出位

移 s_A、s_B。

(2)如图(b)示,作出凸轮从图示位置转动 45°时的机构压力角 $\alpha_A{}'$,及从动件的位移 $s_A{}'$。

(3)试作出图(c)所示位置的机构压力角 α_A。

2-2-6 如题 2-2-6 图所示为液压泵原理图,凸轮实际轮廓为一个圆,半径 $r=60$ mm,圆心与凸轮回转中心 O 的偏心距 $e=20$ mm,试选择适当比例尺,作出位移线图,并标明推程、回程运动角。

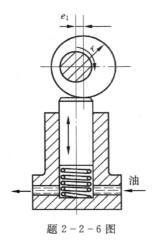

题 2-2-6 图

2-2-7 试设计一对心直动滚子从动件盘形凸轮。已知:凸轮以顺时针回转,从动件推程 $h=32$ mm,位移线图($s-\theta$)如图所示,基圆半径 $r_b=35$ mm,滚子半径 $r_T=15$ mm。

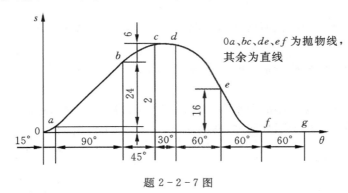

题 2-2-7 图

2-2-8 一尖顶摆动从动件盘形凸轮机构,已知:凸轮以顺时针回转,基圆半径 $r_b=80$ mm。摆杆长 $l_{AB}=150$ mm,两轴心中心距 $l_{OA}=200$ mm,从动件的运动规律如下表,试用作图法设计该凸轮轮廓。

凸轮转角 θ	0°~120°	120°~180°	180°~270°	270°~360°
摆杆摆角 φ	等角速逆时针摆动 45°	停程	等角速顺时针摆动 45°	停程

任务三 间歇运动机构设计

知识点

1. 棘轮机构的类型、组成、工作原理，了解棘轮机构运动特性；
2. 槽轮机构的类型、特点、工作原理。

技能点

1. 举例说明棘轮机构和槽轮机构的应用；
3. 会分析棘轮和棘爪的正确位置；
4. 能正确选择槽轮机构的主要参数。

知识链接

在机械中，有时需要将原动件的等速连续转动变为从动件的周期性停歇间隔单向运动（又称步进运动）或者是时停时动的间歇运动，如牛头刨床上的横向进给运动，自动机床中的刀架转位和进给，成品输送及自动化生产线中的运输机构和自行车的飞轮旋转运动等的运动都是间歇性的运动。能实现间歇运动的机构称为间歇运动机构。间歇运动机构很多，如凸轮机构，不完全齿轮机构和恰当设计的连杆机构都可实现间歇运动。本章介绍在生产中广泛应用的两种间歇运动机构：棘轮机构和槽轮机构。

一、棘轮机构的工作原理及应用

如图 2-3-1 所示，典型的棘轮机构由棘轮 1、棘爪 2、摇杆 3、止回爪 4 和机架等组成。弹簧 5 用来使止回爪 4 与棘轮保持接触。棘轮装在轴上，用键连接。棘爪 2 铰接于摇杆 3 上，摇杆 3 可绕轮轴自由摆动。当摇杆 3 顺时针方向摆动时，棘爪在棘轮齿顶滑过；当摇杆 3 逆时针方向摆动时，棘爪插入棘轮齿间推动棘轮转过一定角度。这样，摇杆 3 连续往复摆动，棘轮 1 实现单向的间歇运动。

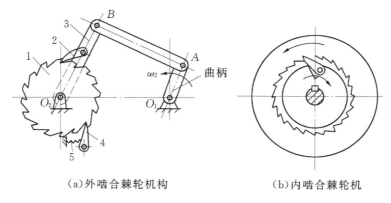

（a）外啮合棘轮机构　　　　　　（b）内啮合棘轮机

图 2-3-1 棘轮机构

　　如果棘轮需要作双向的间歇运动,可把棘轮的齿制成矩形,而棘爪制成可翻转的结构,如图 2-3-2 所示。当棘爪位于位置 B 时,棘轮可获逆时针的单向间歇运动;而当把棘爪绕其销轴 A 翻转到双点划线所示位置时,棘轮则可获得顺时针的单向间歇运动。

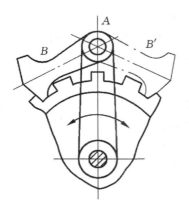

图 2-3-2　双向棘轮机构

　　棘轮的棘齿既可以做在棘轮的外缘(外啮合棘轮,图 2-3-1(a)),也可以做在棘轮的内缘(内啮合棘轮,图 2-3-1(b))。棘齿的常用齿形有锯齿形(见图 2-3-1)、矩形(见图 2-3-2)等。

　　棘轮的转角可以调节。常用的调节方法如下:

　　(1)改变摇杆摆角　如改变图 2-3-1 中曲柄的长度和改变图 2-3-3 浇注输送传动装置中活塞 1 的行程,均可以改变摇杆的摆角,从而调节棘轮转角。

　　(2)利用棘轮覆盖罩调节棘轮的转角　如图 2-3-4 所示,改变覆盖罩位置以遮住棘爪行程的部分棘齿,从而改变棘爪推动棘轮的实际转角。

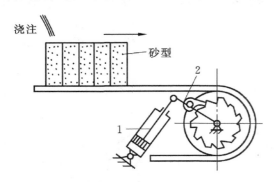

图 2-3-3　浇注输送装置图

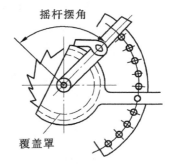

图 2-3-4　改变覆盖罩位置调节棘轮转角

　　棘轮机构结构简单,制造方便,棘轮的转角可以在一定范围内调节,但运转时易产生冲击或噪声,适用于低速和转角要求不大的场合。棘轮机构常用于各种机床和自动化的进给机构、转位机构中。如自动线上的浇注输送装置(见图 2-3-3)和牛头刨床的横向进给机构(见图 2-3-5)。偏心销 1 装在齿轮上,齿轮转动时,通过连杆 2 带动摇杆 3 摆动,装在摇杆 3 上的棘爪 4 推动棘轮 5 作间歇转动。棘轮 5 和丝杠 6 装在同一轴上,工作台 7 装有与丝杠配合的螺母,丝杠(棘轮)的间歇转动转变为工作台的横向进给运动。

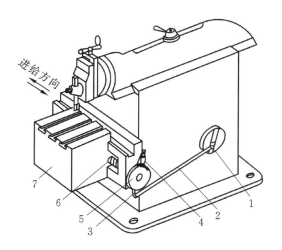

图 2 - 3 - 5　牛头刨床横向进给机构

棘轮还常用作防止机构逆转的停止器,这类棘轮停止器广泛用于卷扬机、提升机以及运输机构中。图 2 - 3 - 6 为提升机的棘轮停止器。

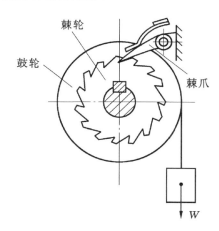

图 2 - 3 - 6　提升机棘轮停止器

二、棘轮和棘爪的正确位置及主要几何尺寸

1. 棘轮和棘爪的正确位置

棘轮在工作时受到棘爪推力的作用,同时,棘爪也受到棘轮反作用力的作用,由于棘爪可视为二力杆(见图 2 - 3 - 7),所以棘爪对棘轮的推力作用线通过棘爪的轴心 O_2,直线 O_2A 即为作用线。在相同推力下,为了使棘轮获得最大的转矩,应使推力作用线 O_2A 垂直于 O_1A,即 $\angle O_2AO_1 = 90°$。

2. 棘轮的齿面位置应能使棘爪顺利进入齿面

如图 2 - 3 - 7 所示,设齿面与半径 O_1A 的夹角为 φ,φ 称为齿面倾角。棘爪顺利进入齿面的前提是法向反力 F_x 对棘爪轴心 O_2 的主动力矩大于摩擦力 F_f 以棘爪轴心 O_2 的摩擦力矩,由

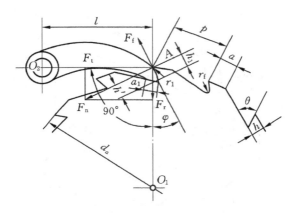

图 2-3-7　棘轮、棘爪的位置及尺寸

此可得

$$\varphi > \rho \qquad\qquad (2-3-1)$$

式中，ρ 为摩擦角，钢对钢的摩擦因数 $f=0.2$ 时，$\rho=\arctan f=\arctan 0.2=11°19'$，所以一般取棘轮齿面倾角 $\varphi=20°$。

3. 主要参数及几何尺寸计算

（1）棘轮齿数 z 根据工作要求选定。轻载时齿数可取多些，可达 250 齿；载荷较大时，齿数取少些，通常取 $z=8\sim 30$ 齿。例如，牛头刨床横向进给机构中的丝杠，其导程 $L=6$ mm，要求最小进给量为 0.2 mm，若棘爪每次拨过一个齿，则棘轮的最小转角为：

$$\delta=\frac{0.2}{L}\times 360°=\frac{0.2}{6}\times 360°=12°$$

所以棘轮的最少齿数 $z=360°/12°=30°$。

（2）棘轮齿距 p　相领两齿齿顶圆周上对应点间的弧长（mm）。

（3）棘轮模数 m　棘轮齿距 p 与 π 之比，即 $p=\pi m$。模数为标准值，常用模数为 1mm、1.5mm、2mm、2.5mm、3mm、3.5mm、4mm、5mm、6mm、7mm、8mm、10mm。

齿数 z 和模数 m 确定后，棘轮机构的其他几何尺寸可由表 2-3-1 所列公式算出。

表 2-3-1　棘轮机构的几何尺寸计算

名称	符号	计算公式
棘轮齿高	h	一般取 $h=0.75\ m$
棘轮齿顶厚	a	一般取 $a=m$
棘轮齿顶圆直径	d_a	$d_a=mz$
棘轮根圆直径	d_f	$d_f=d_a-2h=d_a-1.5m$
棘轮齿槽夹角	θ	$\theta=60°$ 或 $\theta=55°$（视铣刀角度而定）
棘轮齿槽圆角半径	r	一般取 $r=1.5$ mm
棘轮厚度	b	$b=1.5\sim 4$ mm；锻钢 $b=1\sim 2$ mm
棘爪工作长度	l	$l=2p=2\pi m$

名称	符号	计算公式
棘爪高度	h_1	$m \leqslant 2.5$ 时，$h_1 = h + (2 \sim 3)$ mm；$m = 3 \sim 5$ 时，$h_1 = (1.2 \sim 1.7)m$
棘爪尖顶圆角半径	r_1	一般取 $r_1 = 2$ mm
棘爪底长度	a_1	$a_1 = (0.8 \sim 1)m$

三、槽轮机构的工作原理及应用

如图 2-3-8 所示，槽轮机构由带圆销的拨盘 1、具有径向槽的槽轮 2 和机架组成。拨盘 1 以等角速度 ω_1 作连续回转，槽轮 2 作间歇运动。圆销 A 未进入槽轮的径向槽时，槽轮的内凹锁住弧 efg 被拨盘的外凸锁住弧卡住，槽轮静止不动；当圆销 A 进入槽轮的径向槽时（见图 2-3-8(a)），内外锁住弧所处位置对槽轮无锁止作用，槽轮因圆销的拨动而转动；当圆销 A 在另一边离开径向槽时（见图 2-3-8(b)），凹凸锁住弧 efg 又起作用，槽轮又被卡住不动。当拨盘继续转动时，槽轮重复上述运动，从而实现间歇运动。

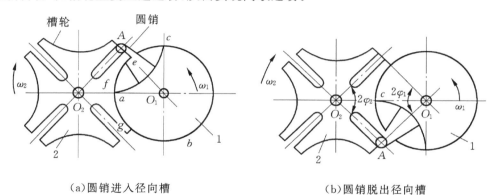

　（a）圆销进入径向槽　　　　　　　　　　　（b）圆销脱出径向槽

图 2-3-8　单圆销外啮合槽轮机构

槽轮机构也有内、外啮合之分。外啮合时，拨盘与槽轮的转向相反（图 2-3-8）；内啮合时，拨盘与槽轮转向相同（见图 2-3-9）。拨盘上的圆销可以是一个，也可以是多个。图 2-3-10 为双圆销外啮合槽轮机构，此时拨盘转动一周，槽轮转动两次。

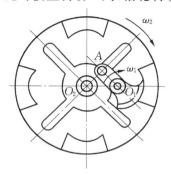

图 2-3-9　内啮合槽轮机构

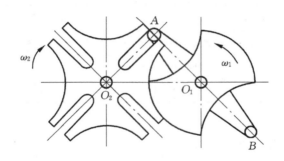

图 2-3-10 双圆销外啮合槽轮机构

槽轮机构结构简单,制造方便,转位迅速。但转角不能调节,当槽数 z 确定后,槽轮转角即被确定。由于槽数 z 不宜过多,所以槽轮机构不宜用于转角较小的场合。槽轮机构的定位精度不高,只适用于各种转速不太高的自动机械中作转位或分度机构。图 2-3-11 所示为槽轮机构在电影放映机中的应用情况。图 2-3-12 所示为 C1325 单轴转塔自动车床的转塔刀架及转位机构的立体图。其中拨盘、槽轮和机架组成一槽轮机构。

图 2-3-11 电影放映机上的槽轮机构

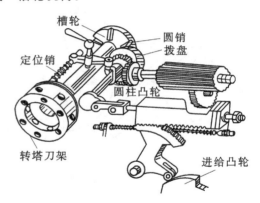

图 2-3-12 自动车床上的槽轮机构

四、槽轮机构的主要参数选择及几何尺寸计算

1. 槽轮槽数的选择

图 2-3-8 所示外槽轮机构中,为了避免圆销 A 与径向槽发生冲击,圆销进入径向槽或自径向槽脱出时,径向槽的中心线应与圆销速度方向一致,即有 $O_1A \perp O_2A$、$O_1A' \perp O_2A'$,由此可得圆销从进槽到出槽的转角 $2\varphi_1$ 与槽轮相应转过的角度 $2\varphi_2$ 的关系为

$$2\varphi_1 + 2\varphi_2 = \pi$$

槽轮转角 $2\varphi_2$ 与槽数 z 的关系为

$$2\varphi_2 = \frac{2\pi}{z}$$

两式联立得

$$2\varphi_1 = \pi - 2\varphi_2 = \pi - \frac{2\pi}{z}$$

对于单圆销的外槽轮机构,拨盘转一周的时间为一个工作循环的时间,用 T 表示。设一

个工作循环中槽轮的运动时间为 t_m，定义 $\tau = t_m/T$，τ 称为槽轮机构运动系数。要实现间歇运动，机构应满足：$0 < \tau < 1$。由于 $t_m = 2\varphi_1/\omega_1$ 及 $T = 2\pi/\omega_1$，因此，单圆销外槽轮机构的运动系数

$$\tau = \frac{t_m}{T} = \frac{2\varphi_1/\omega_1}{2\pi/\omega_1} = \frac{2\varphi_1}{2\pi} = \frac{z-2}{2z} \tag{2-3-2}$$

分析式（2-3-2）可知：

（1）由于槽轮机构运动系数必须大于零，可得槽轮的槽数 $z \geqslant 3$。

（2）对于单圆销外槽轮机构，由于 $z \geqslant 3$，所以 $\tau < 1/2$，即槽轮运动时间总是小于静止时间，且 z 较小时 τ 也较小。槽轮回转时机器一般不进行加工，所以 τ 愈小，槽轮运动时间愈少，即缩短了机器非加工时间，提高了生产效率。

但是，圆销刚进入径向槽时，槽轮的角速度 ω_2 为零，然后角速度逐渐增大，当圆销转过 φ_1（槽轮转过 φ_2）时，槽轮角速度 ω_2 达到最大值。由于角加速度 ε 的存在，故必有冲击，且槽轮槽数愈少，角加速度愈大，如三槽槽轮的最大角加速度为四槽的 5.8 倍，为六槽的 23.5 倍。

2．圆销数的选择

若要使拨盘转一周而槽轮转几次，可采用多圆销槽轮机构。若设圆销数为 k，运动系数 τ 由式（2-3-2）改写为

$$\tau = k\frac{z-2}{2z}$$

由于 $\tau < 1$，推导得

$$k < \frac{2z}{z-2} \tag{2-3-3}$$

由式（2-3-3）可知，圆销数与槽轮的槽数有关：当 $z = 3$ 时，$k < 6$（即可取 1～5）；当 $z = 4$ 或 5 时，k 可取 1～3；当 $z \geqslant 6$ 时，k 可取 1 或 2。

3．槽轮机构的几何尺寸计算

槽轮机构的中心距 a 是根据槽轮机构的应用场合来选定的。槽轮的轮槽数 z 和圆销数是根据具体工作要求，并参考前述分析确定的。如果中心距 a、轮槽数 z 和圆销数 k 已知，则其他几何尺寸可相应算出。如图 2-3-13 所示，单圆销外啮合槽轮机构的基本尺寸可按照表 2-3-2 中所列计算公式求得。

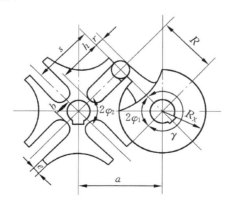

图 2-3-13　槽轮机构的基本尺寸

表 2 - 3 - 2　单圆销外啮合槽轮机构的计算公式

名称	符号	计算公式
圆销回转半径	R	$R=a\sin(\pi/z)$
圆销半径	r	$r=R/6$
槽顶高	s	$s=a\cos(\pi/z)$
槽底高	b	$b=a-(R+r)-(3\sim5)$ mm
槽深	h	$h=s-b$
锁住弧半径	R_x	$R_x=R-r-e$，e 为槽顶一侧壁厚，推荐 $e=(0.6\sim0.8)r$，但 $e\geqslant3\sim5$mm 或 $R_x=K_x\cdot2S$，其中

z	3	4	5	6	8
K_x	0.7	0.35	0.24	0.17	0.10

锁住弧张开角	γ	$\gamma=2\pi-2\varphi_1=\pi(1+2/z)$

练　习　题

2-3-1　如图题 2-3-1 所示棘轮齿面倾角 $\varphi=0°$，若要满足棘爪顺利进入齿槽底，则该棘爪轴心位置 O_2 应如何考虑？

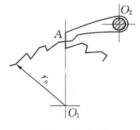

题 2 - 3 - 1 图

2-3-2　内啮合槽轮机构能不能采用多圆销拨？

2-3-3　牛头刨床工作台的横向进给丝杠，其导程为 4 mm，与丝杠轴联动的棘轮齿数为 48 齿，问棘轮的最小转角 δ 和该刨床的最小横向进给量是多少？

2-3-4　已知一棘轮机构，棘轮模数，$m=5$ mm，齿数 $z=12$，试确定棘轮机构的几何尺寸并画出棘齿形。

2-3-5　已知槽轮的槽数 $z=5$，拨盘的圆销数 $k=1$，转速 $n_1=120$ r/min，求槽轮的运动时间 t_m 和静止时间 t_s。

2-3-6　某单轴转塔自动车床的转塔刀架中，外啮合槽轮机构的中心距 $a=100$ mm，槽数 $z=6$，圆角半径 $r=8$ mm，圆销数 $k=1$，试根据表 6-2 算出槽轮的几和尺寸。

项目三　传动机构设计

传动机构是把动力从机器的一部分传递到另一部分,使机器或机器部件运动或运转的构件或机构称为传动机构。分为两类:一是靠机件间的摩擦力传递动力与摩擦传动,比如带传动;二是靠主动件与从动件啮合或借助中间件啮合传递动力或运动的啮合传动,比如齿轮传动、链传动。

任务一　带传动设计

知识点

1. 带传动的类型与特点;
2. 带传动的受力分析与应力分析;
3. 带传动的弹性滑动、打滑及失效形式;
4. V带与V带轮;
5. 普通V带传动设计计算。

技能点

1. 举出一些机器中采用带传动的实例;
2. 进行V带传动的受力计算,比较弹性滑动与打滑区别与联系;
3. 根据V带传动设计准则和设计步骤进行带传动机构设计;
4. 分析V带的速度过大或过小、带的根数过多对传动的影响,提出解决方案;
5. 分析V带轮的槽角与V带的楔角之间的关系,并能正确选择带轮的槽角;
6. 分析小带轮基准直径$dd1$、中心α距的大小对带传动的影响,各应如何选择。

📚 知识链接

带传动是一种常用的机械传动装置,它的主要作用是传递转矩和改变转速。大部分带传动是依靠挠性传动带与带轮间的摩擦力来传递运动和动力的。

一、带传动概述

(一)带传动的结构

带传动是由主动带轮,从动带轮和传动带组成,如图3-1-1所示。带传动是靠摩擦力工作的,常用于减速装置。

(二)带传动的主要类型与应用

根据工作原理的不同,带传动分为摩擦型和啮合型两大类。带传动按照传动带截面形状及原理不同常分以下几类:

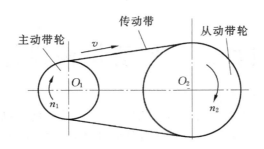

图 3-1-1　带传动的组成

1.平带传动

平带的截面为扁平矩形,带内面与带轮接触,即内面为工作面,如图 3-1-2(a)所示。平带有普通平带、编织平带和高速环形平带等多种,普通平带较常用。平带传动结构简单,带轮制造方便,平带质轻且挠曲性好,故应用于高速和中心距较大的传动。

2.V 带传动

V 带的横截面为等腰梯形,二侧面为工作面,如图 3-1-2(b)所示。

若 V 带和平带以相同的力 Q 压向带轮则两者所产生的摩擦力大小是不同的。

平带产生的摩擦力为:

$$F = fN = fQ \tag{3-1-1}$$

V 带产生的摩擦力为:

$$F' = (3.07 \sim 3.63) fQ \tag{3-1-2}$$

则在相同条件下,V 带传动比平带传动摩擦力大,故 V 带传动能传递较大的载荷,得到广泛应用,故在一般机械中已取代平带传动。多楔带可代替根数较多的 V 角带传动。

3.圆带传动

圆带的横截面呈圆形,常用皮革制成,也有圆绳带和圆锦纶带等,它们的横截面均为圆形,如图 3-1-2(c)所示。圆带传动只适用于低速、轻载的机械,如缝纫机、真空吸尘器和牙科医

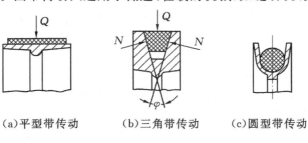

(a)平型带传动　　　　(b)三角带传动　　　　(c)圆型带传动

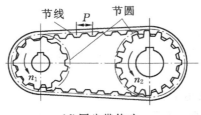

(d)同步带传动

图 3-1-2　带传动的类型

疗器械等。

4. 同步带传动

它是靠带内侧的齿与带轮的齿相啮合来传递运动和动力,如图 3-1-2(d)所示。在磨床、纺织机械等场合得到应用。

(三)传动的特点

(1)传动带具有良好的弹性,能够缓和冲击,吸收振动,因此传动平稳,无噪声;

(2)传动带与带轮是通过摩擦力传递运动和动力的。因此过载时,传动带在轮缘上会打滑,从而可以避免其他零件的损坏,起到安全保护的作用。但传动效率低,带的使用寿命短,轴、轴承承受的压力较大;

(3)结构简单,制造和安装精度要求低,使用维护方便;

(4)适宜用在两轴中心距较大的场合,但外廓尺寸较大。

(四)V 带的构造和标准

V 带为无接头环形带。带两侧工作面的夹角 α 称为带的楔角,$\alpha=40°$。

V 带由包布、顶胶、抗拉体和底胶等四部分组成,其结构如图 3-1-3 所示。V 带结构包布用胶帆布,顶胶和底胶材料为橡胶。抗拉体是 V 带工作时的主要承载部分,结构有绳芯和帘布芯两种。帘布芯结构的 V 带抗拉强度较高,制造方便;绳芯结构的 V 带柔韧性好,抗弯强度高,适用于转速较高、带轮直径较小的场合。现在,生产中越来越多地采用绳芯结构的 V 带。

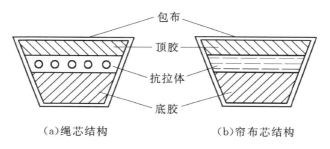

(a)绳芯结构　　　　　(b)帘布芯结构

图 3-1-3　V 带结构

V 带的尺寸已标准化(GB/T11544—1997),按截面尺寸自小至大,普通 V 带和窄 V 带共二大类型分十一种型号。普通 V 带分为 Y、Z、A、B、D C、E 七种型号,窄 V 带有 SPZ、SPA、SPB、SPC 四种型号,如表 3-1-1 所示。

表 3-1-1　带的截面尺寸、V 带轮轮槽尺寸(GB/T11544—2012、GB/T13575.1—2008)

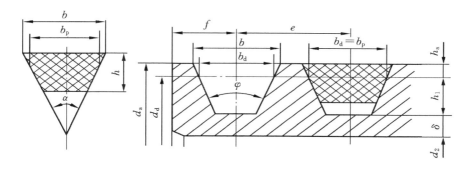

		V 带型号						
		Y	Z(SPZ)	A(SPA)	B(SPB)	C(SPC)	D	E
V带	节宽 b_p(mm)	5.3	8.5(8)	11.0	8.0	19.0	27.0	32.0
	顶宽 b(mm)	6.0	10.0	13.0	17.0	22.0	32.0	38.0
	高度 h(mm)	4.00	6.0(8)	8.0(10)	11.0(14)	14.0(18)	19.0	23.0
	楔角 α	40°						
	截面面积 A(mm²)	18	47(57)	81(94)	138(167)	230(278)	476	692
	每米带长质量 Q(kg/m)	0.023	0.06 (0.072)	0.105 (0.112)	0.17 (0.192)	0.30 (0.37)	0.63	0.97
V带轮	基准宽度 b_d(mm)	5.3	8.5	11.0	14.0	19.0	27.0	32.0
	槽顶 b(mm)	=6.3	=10.1	=13.2	=17.2	=23.0	=32.7	=38.7
	基准线至槽顶高 $h_{\min}$ (mm)	1.6	2.0	2.75	3.5	4.8	8.1	9.6
	基准线至槽底深 $h_{\min}$ (mm)	4.7	7.0 (9.0)	8.7 (11.0)	10.8 (14.0)	14.3 (19.0)	19.9	23.4
	第一槽对称面至端面距离 f(mm)	7±1	8±1	10^{+2}_{-1}	12.5^{+2}_{-1}	17^{+2}_{-1}	23^{+3}_{-1}	29^{+4}_{-1}
	槽间距 e(mm)	8±0.3	12±0.3	15±0.3	19±0.4	25.5±0.5	37±0.6	45.5±0.7
	最小轮缘厚度 δ(mm)	5	5.5	6	7.5	10	12	15
	轮缘宽 B(mm)	按 $B=(z-1)e+2f$ 计算（z—轮槽数） 或查 GB/T10412—2002						
	轮缘外径 da(mm)	$d_a=d_d+2h_a$						
	轮槽数 z 范围	1～3	1～4	1～5	1～6	3～10	3～10	3～10
	槽角 φ 32° 相对应的基准直径 d_d	≤60	——	——	——	——	——	——
	34°	——	≤80	≤118	≤190	≤315	——	——
	36°	>60	——	——	——	——	≤475	≤600
	38°	——	>80	>118	>190	>315	>475	>600

V 带为无接头环形带。V 带绕在带轮上产生弯曲变形，顶层部分受拉伸长，底层部分受压缩短，其中必有一层长度是不变的中性层。中性层面称为节面，节面的宽度称为节宽 bp（见表 3-1-1 中图示）。在 V 带轮上，与配用 V 带节面处于同一位置的槽形轮廓宽度称为基准宽度 b_d，基准宽度处的带轮直径称为基准直径 d_d。在规定的张紧力下，V 带必位于带轮基准直径上的周线长度称为带的基准长度 L_d。普通 V 带基准长度 L_d 的标准系列值和每种型号带的长度范围如表 3-1-2 所示。

表 3 - 1 - 2(a)　普通 V 带带长修正系数 K_L

Y L_d	K_L	Z L_d	K_L	A L_d	K_L	B L_d	K_L	C L_d	K_L	D L_d	K_L	E L_d	K_L
200	0.81	405	0.87	630	0.81	930	0.83	1565	0.82	2740	0.82	4660	0.91
224	0.82	475	0.90	700	0.83	1000	0.84	1760	0.85	3100	0.86	5040	0.92
250	0.84	530	0.93	790	0.85	1100	0.86	1950	0.87	3330	0.87	5420	0.94
280	0.87	625	0.96	890	0.87	1210	0.87	2195	0.90	3730	0.90	6100	0.96
315	0.89	700	0.99	990	0.89	1370	0.90	2420	0.92	4080	0.91	6850	0.99
355	0.92	780	1.00	1100	0.91	1560	0.92	2715	0.94	4620	0.94	7650	1.01
400	0.96	920	1.04	1250	0.93	1760	0.94	2880	0.95	5400	0.97	9150	1.05
450	1.00	1080	1.07	1430	0.96	1950	0.97	3080	0.97	6100	0.99	12230	1.11
500	1.02	1330	1.13	1550	0.98	2180	0.99	3520	0.99	6840	1.02	13750	1.15
		1420	1.14	1640	0.99	2300	1.01	4060	1.02	7620	1.05	15280	1.17
		1540	1.54	1750	1.00	2500	1.03	4600	1.05	9140	1.08	16800	1.19
				1940	1.02	2700	1.04	5380	1.08	10700	1.13		
				2050	1.04	1870	1.05	6100	1.11	12200	1.16		
				2200	1.06	3200	1.07	6815	1.14	13700	1.19		
				2300	1.07	3600	1.09	7600	1.17	15200	1.21		
				2480	1.09	4060	1.13	9100	1.21				
				2700	1.10	4430	1.15	10700	1.24				
						4820	1.17						
						5370	1.20						
						6070	1.24						

表 3 - 1 - 2(b)　普通 V 带带长修正系数

L_d	K_L			
	SPZ	SPA	SPB	SPC
630	0.82			
710	0.84			
800	0.86	0.81		
900	0.88	0.83		

L_d	K_L			
	SPZ	SPA	SPB	SPC
1000	0.90	0.85		
1120	0.93	0.87		
1250	0.94	0.89	0.82	
1400	0.96	0.91	0.84	
1600	1.00	0.93	0.86	
1800	1.01	0.95	0.88	
2000	1.02	0.96	0.90	0.81
2240	1.05	0.98	0.92	0.83
2500	1.07	1.00	0.94	0.86
2800	1.09	1.02	0.96	0.88
3150	1.11	1.04	0.98	0.90
3550	1.13	1.06	1.00	0.92
4000		1.08	1.02	0.94
4500		1.09	1.04	0.96
5000			1.06	0.98
5600			1.08	1.00
6300			1.10	1.02
7100			1.12	1.04
8000			1.14	1.06
9000				1.08
10000				1.10
11200				1.12
12500				1.14

V 带的高度 h 与其节宽 b_p 之比称为相对高度。普通 V 带的相对高度约为 0.7,窄 V 带的相对高度约为 0.9,窄 V 带截面形状不同于普通 V 带,传动功率大、具体形状见 GB/T11544—2008。普通 V 带的标记如:A2000 GB/T11544—2008 其含义为:A 型普通 V 带,基准长度 L_d＝2000 mm,标准号为 GB/T11544—2008。

V 带已标准化,因此每根 V 带顶面应有水洗不掉的标记,还包括制造厂名或商标、配组代号和制造年月等。

(五)带轮的结构

1.带轮的结构尺寸

V 带轮结构一般由轮缘、轮辐(腹板)和轮毂三部分组成。图 3-1-4 所示为 V 带轮的结构。

轮缘是带轮上具有轮槽的部分,截面尺寸按表 3-1-1 取定。

轮毂是带轮与轴配合的部分,它的外径 d_1 和长度 L 按经验公式计算,见图 3-1-4。

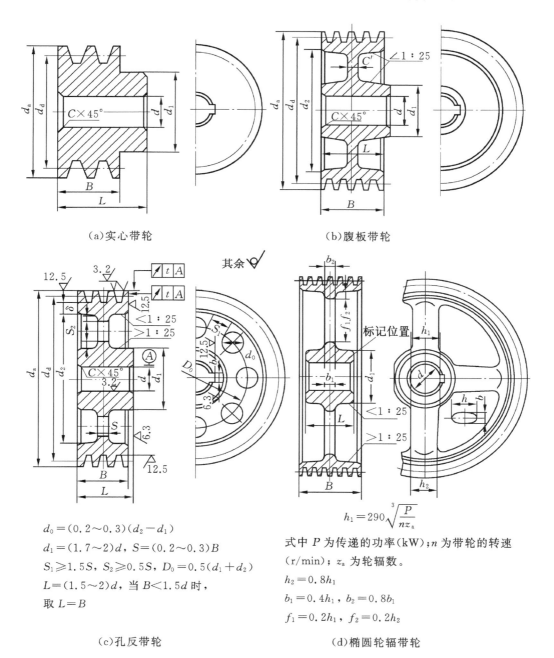

(a)实心带轮　　　　　　　　　　　　(b)腹板带轮

$d_0 = (0.2 \sim 0.3)(d_2 - d_1)$

$d_1 = (1.7 \sim 2)d$, $S = (0.2 \sim 0.3)B$

$S_1 \geqslant 1.5S$, $S_2 \geqslant 0.5S$, $D_0 = 0.5(d_1 + d_2)$

$L = (1.5 \sim 2)d$, 当 $B < 1.5d$ 时,

取 $L = B$

(c)孔反带轮

式中 P 为传递的功率(kW);n 为带轮的转速 (r/min); z_a 为轮辐数。

$h_1 = 290 \sqrt[3]{\dfrac{P}{n z_a}}$

$h_2 = 0.8 h_1$

$b_1 = 0.4 h_1$, $b_2 = 0.8 b_1$

$f_1 = 0.2 h_1$, $f_2 = 0.2 h_2$

(d)椭圆轮辐带轮

图 3-1-4　V 带轮的结构

轮辐是轮缘和轮毂联接部分,根据带轮基准直径 d_d 的不同可制成以下四种型式:

(1)实心带轮 S 型:$d_d \leqslant 2.5\ d$(d 为轴的直径),采用实心带轮,轮毂与轮缘连成一体,见图 3-1-4(a)。

(2)腹板带轮 P 型:$d_d \leqslant 250$ mm 时采用腹板带轮,见图 3-1-4(b)。

(3)孔板带轮 H 型:$d_d = 250$ mm,且轮缘与轮毂间距离$\geqslant 100$ mm 时,可在腹板上制出 4 个或 6 个均布孔,以减轻重量和便于加工时装夹,见图 3-1-4(c)。

(4)椭圆轮辐带轮 E 型:$d_d > 400$ mm 时,多采用椭圆轮辐带轮,见图 3-1-4(d)。

2. 带轮材料

带轮材料主要采用灰铸铁,有时也采用钢、铝合金或工程塑料等。带速 $v \leqslant 25$ m/s 时多用灰铸铁;$v > 25$ m/s 时,宜用铸钢(或用钢板冲压后焊接而成)和铝合金;低速或传递功率小时也可采用铸铝和工程塑料。

二、带传动的受力分析和应力分析

(一)带传动的受力分析

带传动未运转时,由于带紧套在带轮上,带在带轮两边所受的初拉力相等,均为 F_0,如图 3-1-5(a)所示。带传动工作时,主动轮 1 作用在带上的摩擦力使带运行,带又通过摩擦力驱动从动轮 2,由于带在主、从动轮上所受的摩擦力方向相反,使带在带轮两边的拉力发生变化,如图 3-1-5(b)所示。带绕进主动轮的拉力增大,被拉得更紧,称为紧边;绕出主动轮的那一边拉力减小,有所放松,称为松边。两边拉力的差值为有效拉力,以 F_t 表示,紧边拉力为 F_1,松边拉力为 F_2,则

$$F_t = F_1 - F_2 = \Sigma F_f \qquad (3-1-3)$$

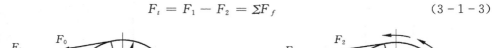

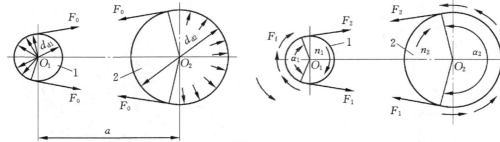

(a)工作前初拉力 F_0 (b)工作后紧边拉力 $F_1 >$ 松边拉力 F_2

图 3-1-5 带传动的受力分析(外侧箭头表示带在轮上相对滑动方向)

假定带工作时的总长度不变,则紧边拉力的增量$(F_1 - F_0)$近似等于松边拉力的减少量$(F_0 - F_2)$,即

$$F_1 - F_0 = F_0 - F_2$$
$$F_1 + F_2 = 2F_0$$

所以

$$F_1 = F_0 + \frac{F_t}{2} \qquad F_2 = F_0 - \frac{F_t}{2}$$

$$F_t = \Sigma F_f$$

如果,传递功率 $P(\text{kW})$,传动速度 $v(\text{m/s})$,则

$$F_t = \frac{1000P}{v}(\text{N}) \qquad (3-1-4)$$

(二)带传动的应力分析

传动带工作时,带所受应力有三种。

1.拉力引起的应力 σ_1 和 σ_2

由紧边拉力 F_1、松边拉力 F_2 所产生的拉应力分别为

紧边拉应力 $\qquad\qquad\qquad \sigma_1 = \dfrac{F_1}{A}$

松边拉应力 $\qquad\qquad\qquad \sigma_2 = \dfrac{F_2}{A}$

式中,A 为 V 带的横截面积(mm^2)见表 $3-1-1$,σ_1、σ_2 为拉应力(MPa)。

2.离心力引起的应力 σ_c

沿带轮轮缘弧面运动的传动带,由于具有一定的质量,受到离心力 F_c 的作用,产生的离心应力为

$$\sigma_c = \frac{F_c}{A} = \frac{qv^2}{A}$$

式中,q 为传动带单位长度的重量(N/m),见表 $3-1-1$;v 为传动带速度(m/s)。

3.传动带的弯曲应力 σ_b

V 带绕经带轮时变弯曲,产生的弯曲应力近似为

$$\sigma_b = \frac{2h_a E}{d_d}$$

式中,E 为弹性模量(MPa);h_a 为 V 带基准线至顶面的距离(mm);d_d 为带轮的基准直径(mm)。

由上式可知,当带轮直径越小,带越厚时,带的弯曲应力越大,寿命就越短。显然,V 带绕经小带轮时的弯曲应力 σ_{b1} 大于绕经大带轮时的弯曲应力 σ_{b2}。

综上所述,传动带应力分布情况如图 $3-1-6$ 所示。V 带在交变应力状态下工作。最大应力 $\sigma_{\max}$ 发生在紧边带与小带轮相切处,其值为

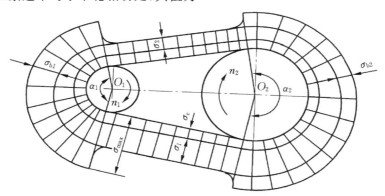

图 $3-1-6$ 传动带工作时的应力分布

$$\sigma_{max} = \sigma_1 + \sigma_c + \sigma_{b1} (\text{MPa})$$

带的疲劳强度条件是

$$\sigma_{max} = \sigma_1 + \sigma_c + \sigma_{b1} \leqslant [\sigma] \qquad (3-1-5)$$

式中，$[\sigma]$ 为带的许用应力。

因此，为了保证带传动能正常工作，V 带必须具有足够的疲劳强度。

例 3-1-1 已知 V 带传动所传递的功率 $P = 7.5$ kW，带速 $v = 10$ m/s，紧边拉力是松边拉力的两倍，即 $F_1 = 2F_2$，试求紧边拉力 F_1、松边拉力 F_2、有效拉力 F 和初拉力 F_0。

解:

$$F = \frac{1000P}{v} = \frac{1000 \times 7.5}{10} = 750 \text{ N}$$

$$F = F_1 - F_2 = 750 \text{ N}, \quad \text{又 } F_1 = 2F_2$$

所以解得: $F_1 = 1500$ N, $F_2 = 750$ N

$$F_0 = \frac{F_1 + F_2}{2} = 1125 \text{ N}$$

三、带传动的弹性滑动和打滑

在带传动中，如果不考虑传动带在带轮上的滑动，则传动带与两带轮的圆周速度相等。

若主动轮和从动轮的直径分别为 d_1 和 d_2(mm)，转速分别为 n_1 和 n_2(r/min)，则传动带的速度为:

$$v = \frac{\pi d_1 n_1}{60 \times 1000} = \frac{\pi d_2 n_2}{60 \times 1000} (\text{m/s}) \qquad (3-1-6)$$

因此可得理想传动比为

$$i = \frac{n_1}{n_2} = \frac{d_2}{d_1}$$

但带传动在工作时，传动带在带轮上不可避免要产生滑动，使从动轮的实际转速低于理论转速。如果滑动严重，还将影响传动的正常进行，因此有必要对带传动中的滑动现象进行分析研究。在带传动中，传动带在带轮上的滑动有以下两种:

1. 弹性滑动

传动带具有一定的弹性，受到拉力后要产生弹性伸长，拉力大伸长量也大。传动带工作时，紧边拉力 F_1 比松边拉力 F_2 大，所以紧边比松边产生的弹性变形量也大。当传动带绕入主动带轮时，轮上的 A 点和带上的 B 点重合见图 3-1-7，两者线速度相等。随着主动带轮的转动，带上 B 点所在截面的拉力由 F_1 逐渐减少到 F_2，因而带的伸长量也相应地逐渐减少。这样轮上的 A 点转到了 A_1 点时，带上的 B 点才到 B_1 点，B_1 点滞后于 A_1 点。由此可见，传动带随主动带轮运动的过程中，在轮缘表面上逐渐缩短，有向后的微小滑动，使带的线速 v 落后于主动轮的线速度 v_1。传动带绕入从动带轮时，带上的 C 点和轮上的 D 点重合。传动带是由松边过渡到紧边的，所以带所受的拉力 F_2 逐渐增大到 F_1，带的变形量也逐渐增加。因此，带上的 C 点已到 C_1 点时，轮上的 D 点才转到 D_1 点，D_1 点滞后于 C_1 点。可见传动带在从动带轮轮缘表面上有向前的微小滑动，使传动带的速度 v_1 大于从动带轮的线速度 v_2。

这种由于带内拉力变化造成弹性变形量改变而引起带与带轮间的相对滑动，称为带的弹性滑动。这是摩擦带传动中不可避免的。弹性滑动导致传动效率降低、带磨损、从动轮的圆周

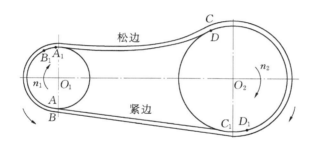

图 3-1-7 弹性滑动(外侧箭头表示带在轮上相对滑动方向)

速度低于主动轮的圆周速度、传动比不准确。从动轮圆周速度降低的相对值称为滑动率,用 ε 来表示。

$$\varepsilon = \frac{v_1 - v_2}{v_1} = 1 - \frac{d_{d2} n_2}{d_{d1} n_1} = 1 - \frac{d_{d2}}{d_{d1} i} \qquad (3-1-7)$$

式中,n_1、n_2 分别为主、从动轮的转速(r/min)。

从动轮转速 $\qquad\qquad\qquad n_2 = (1-\varepsilon)\frac{d_{d1} n_1}{d_{d2}}$

传动比 $\qquad\qquad\qquad i = \frac{n_1}{n_2} = \frac{d_{d2}}{d_{d1}(1-\varepsilon)}$

滑动率 ε 与带材料和载荷大小有关。在正常传动中 $\varepsilon = 1\% \sim 2\%$。对于输出转速要求不高的机械,$\varepsilon$ 可略去不计,于是传动比为

$$i = \frac{n_1}{n_2} = \frac{d_{d2}}{d_{d1}}$$

2. 打滑

带传动是靠传动带与带轮之间的摩擦力进行的,而摩擦力的最大值是有一定的限度的。当所需要的圆周力小于传动带与带轮之间所产生的摩擦力时,传动带与带轮间仅产生微小的滑动(弹性滑动);而当所需传递的圆周力大于传动带与带轮间产生的最大摩擦力时,传动带将在带轮上产生显著的相对滑动,这种滑动称为打滑。带传动产生打滑后,就不能继续正常工作,这是应当避免的。

例 3-1-2 已知普通 V 带传动,主动小带轮的直径 $d_{d1} = 140$ mm,转速 $n_1 = 1440$ r/min,从动轮直径 $d_{d2} = 315$ mm,滑动率 $\varepsilon = 2\%$。计算从动轮的转速 n_2,并求大带轮的转速损失。

解:(1) 滑动率 $\varepsilon = 2\%$

$$n_2 = (1-\varepsilon)\frac{d_{d1} n_1}{d_{d2}} = (1-0.02) \times \frac{140 \times 1440}{315} = 627.2 \text{ r/min}$$

不考虑弹性滑动

$$n_2 = \frac{d_{d1} n_1}{d_{d2}} = \frac{140 \times 1440}{315} = 640 \text{ (r/min)}$$

大带转转速损失

$$640 - 627.2 = 12.8 \text{ r/min}$$

答:从动轮的转速 n_2 为 627.2 r/min,大带轮的转速损失为 12.8 r/min。

四、V 带传动设计

设计 V 带传动时,原始数据和已知条件有:原动机种类,带传动的用途和工况条件;所需

传递的功率 P_1，小带轮转速 n_1，大带轮转速 n_2 或传动比 i；对传动外廓尺寸要求等。

设计需确定主要内容是：V 带型号、长度和根数；V 带传动的中心距；V 带作用于轴上的压力；V 带轮材料、结构尺寸、工作图等。

（一）带传动的设计准则

带传动的主要失效形式是打滑和带的疲劳破坏（如拉断、脱层、撕裂等），因此，带传动的设计准则应为：在保证带传动不打滑的前提下，具有一定的疲劳强度和使用寿命。

（二）单根 V 带的基本额定功率

单根 V 带所能传递的基本额定功率 P_1 可查表（见 GB/T13575.1—2008 和 GB/T 13575.2—2008）确定。表 3-1-3 摘列了 A、B、C 型单根普 V 带在规定条件（载荷平稳、包角 $\alpha = 180°$、传动比 $i = 1$、规定带长）下的基本额定功率。在尺寸和运转条件相同情况下，单根狭窄 V 带的基本额定功率要比普通 V 带大得多，暂未摘录。由表可以看出，小带轮基准直径越大转速越高，单根带所能传递的功率就越大。当传动比 $i \neq 1$ 时，由于带绕经大带轮时的弯曲应力较绕经小带轮时小，可使带的疲劳强度有所提高，即能传递的功率增大。其增大量称为额定功率增量 ΔP_1，见表 3-1-3。

表 3-1-3　普通 V 带的额定功率 P_1 和功率增量 ΔP_1（kW）（GB/T13575.1—2008）

型号	小带轮转速 n r/min	单根 V 带的额定功率 P_1								传动比 i					
										1.13 ~ 1.18	1.19 ~ 1.24	1.25 ~ 1.34	1.35 ~ 1.51	1.52 ~ 1.99	≥2.00
		小带轮基准直径 d_{d1} mm								额定功率增量 ΔP_1					
		75	90	100	112	125	80	160	180						
A	700	0.40	0.61	0.74	0.90	1.07	1.26	1.51	1.76	0.04	0.05	0.06	0.07	0.08	0.09
	800	0.45	0.68	0.83	1.00	1.19	1.41	1.69	1.97	0.04	0.05	0.06	0.08	0.09	0.10
	950	0.51	0.77	0.95	1.15	1.37	1.62	1.95	2.27	0.05	0.06	0.07	0.08	0.10	0.11
	1200	0.60	0.93	1.8	1.39	1.66	1.96	2.36	2.74	0.07	0.08	0.10	0.11	0.13	0.15
	850	0.68	1.07	1.32	1.61	1.92	2.28	2.73	3.16	0.08	0.09	0.11	0.13	0.15	0.17
	1600	0.73	1.15	1.42	1.74	2.07	2.45	2.54	3.40	0.09	0.11	0.13	0.15	0.17	0.19
	2000	0.84	1.34	1.66	2.04	2.44	2.87	3.42	3.93	0.11	0.13	0.16	0.19	0.22	0.24
		125	80	160	180	200	224	250	280						
B	400	0.84	1.05	1.32	1.59	1.85	2.17	2.50	2.89	0.06	0.07	0.08	0.10	0.11	0.13
	700	1.30	1.64	2.09	2.53	2.96	3.47	4.00	4.61	0.10	0.12	0.15	0.17	0.20	0.22
	800	1.44	1.82	2.32	2.81	3.30	3.86	4.46	5.13	0.11	0.14	0.17	0.20	0.23	0.25
	950	1.64	2.08	2.66	3.22	3.77	4.42	5.10	5.85	0.13	0.17	0.20	0.23	0.26	0.30
	1200	1.93	2.47	3.17	3.85	4.50	5.26	6.04	6.90	0.17	0.21	0.25	0.30	0.34	0.38
	850	2.19	2.82	3.62	4.39	5.13	5.79	6.82	7.76	0.20	0.25	0.31	0.36	0.40	0.46
	1600	2.33	3.00	3.86	4.68	5.46	6.33	7.20	8.13	0.23	0.28	0.34	0.39	0.45	0.51

型号	小带轮转速 n r/min	单根 V 带的额定功率 P_1								传动比 i					
										1.13 ~ 1.18	1.19 ~ 1.24	1.25 ~ 1.34	1.35 ~ 1.51	1.52 ~ 1.99	≥2.00
		小带轮基准直径 d_{d1} mm								额定功率增量 $\triangle P1$					
		200	224	250	280	315	355	400	450						
C	500	2.87	3.58	4.33	5.19	6.17	7.27	8.52	9.81	0.20	0.24	0.29	0.34	0.39	0.44
	600	3.30	4.12	5.00	6.00	7.8	8.45	9.82	11.29	0.24	0.29	0.35	0.41	0.47	0.53
	700	3.69	4.64	5.64	6.76	8.09	9.50	11.02	12.63	0.27	0.34	0.41	0.48	0.55	0.62
	800	4.07	5.12	6.23	7.52	8.92	10.46	12.10	13.80	0.31	0.39	0.47	0.55	0.63	0.71
	950	4.58	5.78	7.04	8.49	10.05	11.73	13.48	15.23	0.37	0.47	0.56	0.65	0.74	0.83
	1200	5.29	6.71	8.21	9.81	11.53	13.3	15.04	16.59	0.47	0.59	0.70	0.82	0.94	1.06
	850	5.84	7.45	9.04	10.72	12.46	18.12	15.53	16.47	0.58	0.71	0.85	0.99	1.8	1.27

若普通 V 带传动的包角 α_1 和带长 L_d 不符合上述规定条件,应对查出的 $\triangle P_1$ 和 $\triangle P_1$ 进行修正单根 V 带的许用功率为

$$[P_1] = (P_1 + \triangle P_1) K_a K_L \qquad (3-1-9)$$

式中,K_a 为包角修正系数,查表 3-1-4;K_L 为带长修正系数,查表 3-1-2。

表 3-1-4 包角修正系数 K_a (GB/T13575.1—2008)

包角 α_1(°)	180	175	170	165	160	155	150	85	80	135	130	125	120
K_a	1.00	0.99	0.98	0.96	0.95	0.93	0.92	0.91	0.89	0.88	0.86	0.84	0.82

(三)V 带传动的设计计算

1.确定计算功率 P_d

$$P_d = K_A P \text{（kW）}$$

式中,P 为所需传递的功率 kW;K_A 为工况系数查表 3-1-5。

表 3-1-5 工况系数工况 K_A

载荷性质	工作机	K_A					
		空、轻载启动			重载启动		
		每天工作小时数/h					
		<10	10~16	>16	<10	10~16	>16
载荷变动微小	液体搅拌机、通风机和鼓风机($P \leqslant 7.5$ kW)、离心式水泵、压缩机、轻负荷输送机	1.0	1.1	1.2	1.1	1.2	1.3

续表

载荷 性质	工作机	K_A					
		空、轻载启动			重载启动		
		每天工作小时数/h					
		<10	10~16	>16	<10	10~16	>16
载荷 变动微小	液体搅拌机、通风机和鼓风机($P \leqslant 7.5$ kW)、离心式水泵、压缩机、轻负荷输送机	1.0	1.1	1.2	1.1	1.2	1.3
载荷 变动小	带式输送机、通风机($P > 7.5$ kW)、旋转式水泵和压缩机(非离心式)、发电机、金属切削机床、印刷机等	1.1	1.2	1.3	1.2	1.3	1.4
载荷 变动较大	斗式提升起、往复式水泵和压缩机、起重机、冲剪机床、橡胶机械、纺织机械等	1.2	1.3	1.4	1.4	1.5	1.6
载荷 变动很大	破碎机、摩擦机、卷扬机、橡胶压延机、挖掘机等	1.3	1.4	1.5	1.5	1.6	1.7

注：①空、轻载启动——电动机（交流启动、△启动、直流并励）、四缸以上的内燃机。

②重载启动——电动机（联机交流起动、直流复励或串励）、四缸以下内燃机。

③在反复启动、正反转频繁等场合,将查出的系数乘以 1.2。

2.选择 V 带型号

V 带的型号根据传动的设计功率 P_d 和小带轮转速 n_1 按图 3-1-8 普通 V 带选型图选取。

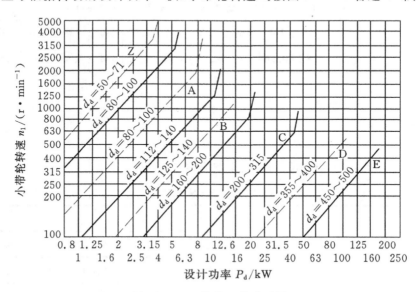

图 3-1-8 普通 V 带选型图

3.确定带轮的基准直径、验算带的速度

（1）选择小带轮的基准直径 d_{d1}

小带轮基准直径 d_{d1} 是最重要的自选参数。小带轮直径较小时,传动装置结构紧凑。但小

带轮直径小,弯曲应力大,寿命短,带轮圆周速度低,需用的 V 带根数就多。因此,小带轮基准直径不能太小,表 3-1-6 规定了小带轮的最小直径,要求 $d_{d1} \geqslant d_{d1min}$。同时要参照图 3-1-8 选择合适的 d_{d1}。

表 3-1-6 普通 V 带轮的基准直径 d_d 系列值(GB/T13575.1—2008)

槽型	Y	Z	A	B	C	D	E
d_{d1min}	20	50	75	125	200	355	500
d_d 的范围	20～125	50～630	75～800	125～1125	200～2000	355～2000	500～2500
d_d 标准系列值	50 56 71 75 80 (85) (95) 100 (106) (112) (118) 125 (132) 80 150 400 425 450 (475) 500 530 560 (600) 630 670 710 (750) 800 (900) 1000 1060 1120 1250 800 1500 1600 1800 2000 2240 2500						

(2)验算带的速度 ν

$$\nu = \frac{\pi d_{d1} n_1}{60 \times 1000} \text{ m/s} \qquad (3-1-9)$$

带的速度一般应在 5 m/s～25 m/s 范围内。当传递功率一定时,提高带速,有效拉力减小,可减少带的根数。但带速过高,离心力过大,使摩擦力减小,传动能力反而降低,并影响带的寿命。若带速不在此范围内,应增大或减小小带轮的基准直径。

(3)确定大带轮的基准直径

$$d_{d2} = i d_{d1} (1 - \varepsilon) \qquad (3-1-10)$$

计算出的 d_{d2} 应按表 3-1-6 圆整成相近的带轮基准直径系列值。

3. 确定中心距 α 和带的基准长度

(1)初定中心距 α_0

中心距 α 为一重要参数。α 太小,带的长度短,带应力循环频率高,寿命短,而且包角 α_1 小,传动能力低;α 过大,将引起带的抖动,传动结构也不紧凑。初定中心距时,若无安装尺寸要求,α_0 可在如下范围内选取

$$0.7(d_{d1} + d_{d2}) \leqslant \alpha_0 \leqslant 2(d_{d1} + d_{d2}) \qquad (3-1-11)$$

(2)确定带的基准长度 L_d

根据已定的带轮基准直径和初定的中心距 α_0,可按下式计算所需的基准直径 L_{d0}

$$L_{d0} = 2\alpha_0 + \frac{\pi}{2}(d_{d1} + d_{d2}) + \frac{(d_{d2} - d_{d1})^2}{4a_0} \text{ mm} \qquad (3-1-12)$$

根据 L_{d0} 由表 3-1-2 选取 L_d

(3)确定中心距 α

带传动的中心距 α 用下式计算

$$\alpha = A + \sqrt{A^2 + B} \text{ mm} \qquad (3-1-13)$$

式中,$A = \frac{L_d}{4} - \frac{\pi(d_{d1} + d_{d2})}{8}$;$B = \frac{(d_{d2} - d_{d1})^2}{8}$

也可以用近似计算

$$a = a_0 + \frac{L_d - L_{d0}}{2} \text{ mm} \qquad (3-1-14)$$

为便于安装和调整中心距,需留出一定的中心距调整余量,即

$$\begin{cases} a_{max} = a + 0.03L_d \\ a_{min} = a - 0.015L_d \end{cases}$$

(4)验算小带轮包角 α_1

$$\alpha_1 = 180° - 57.3° \times \frac{d_{d2} - d_{d1}}{a} \geqslant 120° \qquad (3-1-15)$$

若 α_1 太小,可增大中心距 a 或设置张紧轮。

4.确定 V 带的根数 z

$$z = \frac{P_d}{[P_1]} = \frac{P_d}{(P_1 + \Delta p_1)K_a K_L} \qquad (3-1-16)$$

将 z 圆整取整数。为了使各根带间受力均匀,z 不能太多。标准规定了各种类型所许用的带根数见表 3-1-1。

5.计算单根 V 带的初拉力 F_0

保证传动正常工作的单根 V 带合适的初拉力 F_0 为

$$F_0 = 500 \times \frac{(2.5 - K_a)P_d}{K_a z v} + q v^2$$

$$(3-1-17)$$

6.计算带作用于轴上的力 F_r

为了计算轴和选择轴承,需要确定带作用在带轮上的径向力 F_r(如图 3-1-9)。可近似按下式计算

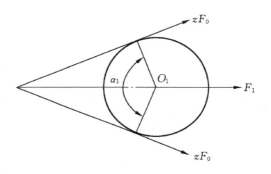

图 3-1-9 带作用于轴上的力

$$F_r = 2ZF_0 \sin\frac{\alpha_1}{2} \qquad (3-1-18)$$

(四)V 带轮的设计

对 V 带轮设计要求是:带轮重量轻,有足够的强度;结构工艺性好;质量分布均匀;转速高时(带速 $v > 25$ m/s)需要经过动平衡;应消除制造时产生的内应力;轮槽工作表面要精细加工(Ra 一般为 3.2 μm~6.3 μm)以减少带的磨损;各槽的尺寸和角度应保持一定的精度,以使载荷分布较为均匀等。

带轮的结构设计包括:根据带轮的基准直径选择结构形式;根据带的型号确定轮槽尺寸;根据经验公式确定带轮的腹板、轮毂等结构尺寸;然后绘出带轮工作图,并标注出技术要求等。

带轮的技术要求主要有:带轮工作面不应有砂眼、气孔,腹板及轮毂不应有缩孔和较大的凹陷。带轮外缘棱角要倒圆或倒钝。轮槽间距的累积误差不得超过 ±0.8 mm。带轮基准直径公差是其基本尺寸的 0.8%,轮毂孔公差为 H7 或 H8。带轮槽侧面和轮毂孔的表面粗糙度 $R_a = 3.2$ μm,位置公差为:当 $d_d = 120 \sim 250$ mm 时,取圆跳动 $t = 0.3$ mm;当 $d_d = 250 \sim 500$ mm 时,$t = 0.40$ mm。此外,带轮一般要进行静平衡,高速时要进行动平衡。

例 3-1-2 试设计带式运输机的普通 V 带传动,已知电动机功率 $P = 5.5$ kW,转速 $n_1 = 1\,440$ r/min,传动比 $i = 1.92$,要求两带轮轴中心距不大于 800 mm,每天工作 16 h。

解： 1. 设计计算项目、设计计算见下表

设计项目	设计计算	设计说明
1. 确定计算功率	$P_d = K_A P = 1.3 \times 5.5 = 7.15 \text{ kW}$	查表 3-1-5 取工况系数 $K_A = 1.3$
2. 选择 V 带型号	A 型	据 $n_1 = 840 \text{ r/min}$ $P_d = 7.15$ kW 查图 3-1-8
3. 确定带轮基准直径	$d_{d1} = 112 \text{ mm}$ $d_{d2} = i d_{d1}(1-\varepsilon) = 1.92 \times 112 \times (1-0.015) = 211.81$ mm 取 $d_{d2} = 212$ mm	d_{d1} 查表 3-1-6 d_{d2} 结合图 3-1-8 查表 3-1-6
4. 验算 V 带速度	$v = \dfrac{\pi d_{d1} n_1}{60 \times 1000} = 8.44 \text{ m/s}$	v 在 5 m/s～25 m/s 之间
5. 初定中心距	取 $a_0 = 700 \text{ mm}$	中心距<800 mm
6. 确定带的基准长度 L_{D0}	$L_{D0} = 2a_0 + \dfrac{\pi}{2}(d_{d1} + d_{d2}) + \dfrac{(d_{d2} - d_{d1})^2}{4a_0}$ $= 2 \times 700 + \dfrac{\pi}{2}(112 + 212) + \dfrac{(212 - 112)^2}{4 \times 700}$ $= 1912.5 \text{ mm}$ 取 $L_d = 2000 \text{ mm}$	由表 3-1-2 向接近的标准值圆整
7. 计算实际中心距	$A = \dfrac{L_d}{4} - \dfrac{\pi(d_{d1} + d_{d2})}{8} = \dfrac{2000}{4} - \dfrac{\pi(112 + 212)}{8}$ $= 372.77 \text{ mm}$ $B = \dfrac{(d_{d2} - d_{d1})^2}{8} = \dfrac{(212 - 112)^2}{8} = 1250 \text{ mm}$ $a = A + \sqrt{A^2 - B} = 372.77 + \sqrt{372.77^2 - 1250}$ $= 744 \text{ mm}$ $a_{\min} = a - 0.015L_d = 744 - 0.015 \times 2000 = 714 \text{ mm}$ $a_{\max} = a - 0.03L_d = 744 + 0.03 \times 2000 = 804 \text{ mm}$	计算 $a_{\max}$ 与 $a_{\min}$ 便于安装和调整中心距
8. 验算小带轮包角 α_1	$\alpha_1 = 180° - \dfrac{d_{d2} - d_{d1}}{a} \times 57.3° = 180° - \dfrac{212 - 112}{744} \times 57.3°$ $= 172.3°$	$\alpha_1 > 120°$ 合适
9. 确定 V 带的根数 Z	$z = \dfrac{P_d}{(P_1 + \Delta P_1)K_a K_L} = \dfrac{7.15}{(1.6 + 0.15) \times 0.985 \times 1.03}$ $= 4.027$ 取 $Z = 4$	由表 3-1-3 查得 $P_1 = 1.60$ kW $\Delta P_1 = 0.15$ kW 表 3-1-4 查得 $K_a = 0.985$ 表 3-1-2 得 $K_L = 1.03$

设计项目	设计计算	设计说明
10. 计算初拉力 F_0	$F_0 = 500 \times \dfrac{(2.5 - K_a)P_d}{K_a z v} + q v^2$ $= 500 \times \dfrac{(2.5 - 0.985) \times 7.15}{0.985 \times 4 \times 8.44} + 0.1 \times 8.44^2$ $= 170 \text{ N}$	查表 3-1-1 A 型带 $q = 0.10$ kg/m
11. 计算带作用在轴上的力 F_r	$F_r = 2 z F_0 \sin \dfrac{\alpha_1}{2} = 2 \times 4 \times 170 \times \sin \dfrac{172.3°}{2}$ $= 1357 \text{ N}$	设计轴及选择轴承时使用

设计结果:4 根 V 带 A2000GB/T11544—2008

2. 带轮设计

小带轮 $d_{d1} = 112$ mm,采用实心轮(结构设计略)。

大带轮 $d_{d2} = 212$ mm,采用腹板轮。按表 3-1-1 和图 3-1-3 公式确定结构尺寸,$h_{amin} = 2.75$ mm,取 $a = 3$ mm,轮缘外径 $d_{a2} = d_{d2} + 2h_a = 212 + 2 \times 3 = 218$ mm。取基准线至槽底深 $h_f = 9$ mm;取轮缘厚度 $\sigma = 12$ mm;基准宽度 $b_d = 11.0$ mm,槽楔角 $\varphi = 38°$,腹板厚度 $S = 18$ mm。

取轮缘宽度 $B = 65$ mm,轮毂长度 $L = 70$ mm,轴孔径 $d = 40$ mm。大带轮的工作图如图 3-1-10 所示。

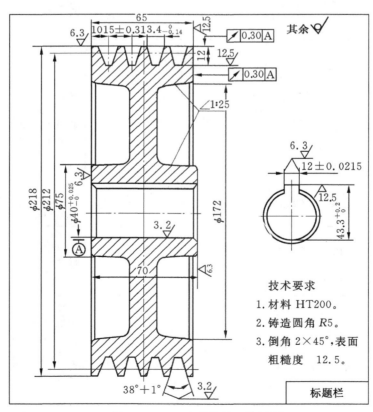

图 3-1-10 大带轮的工作图

五、V带传动的使用与维护

1. V带传动的张紧装置

为使带内具有一定的初拉力,新安装的带在套装后需张紧;V带运行一段时间后,会产生磨损和变形,使带松弛而初拉力减小,需将带重新张紧。常用的张紧方法见表3-1-7所示。

表3-1-7　带传动的张紧装置和方法

张紧方法		示意图	说明
用调节轴的位置张紧	定期张紧	摆动机座　销轴　调整螺母	用于垂直或接近垂直的传动。旋转调整螺母,使机座绕转轴转动,将带轮调到合适位置,使带获得需要的张紧力,然后固定机座位置
	定期张紧	调整螺钉　固定螺钉　导轨	用于水平或接近水平的传动。放松固定螺栓,旋转调节螺钉,可使带轮沿导轨移动,调节带的张紧力,当带轮调到合适位置时,即可拧紧固定螺栓
	自动张紧	摆动机座	用于小功率传动。利用自重自动张紧传动带

张紧方法		示意图	说明
用张紧轮张紧	定期张紧	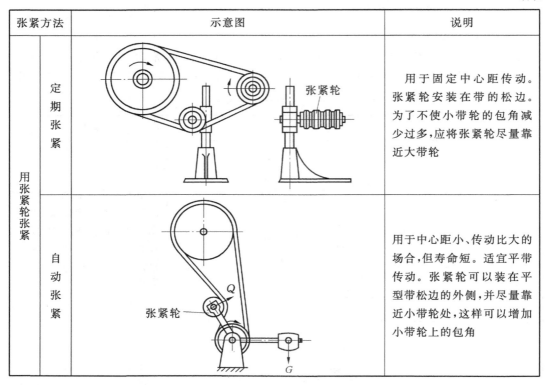	用于固定中心距传动。张紧轮安装在带的松边。为了不使小带轮的包角减少过多,应将张紧轮尽量靠近大带轮
	自动张紧		用于中心距小、传动比大的场合,但寿命短。适宜平带传动。张紧轮可以装在平型带松边的外侧,并尽量靠近小带轮处,这样可以增加小带轮上的包角

2. V带传动的使用与维护

为了保证传动能正常工作,延长带的使用寿命,应正确使用与维护带传动。

由于普通V带基准长度的极限偏差较大,对于多根V带传动,为使各根带受力均匀,应将带配组使用。即同一带传动中使用的V带除截型和基准长度 L_d 相同外,其配组代号也应相同,以使同组V带实际长度的误差在允许的配组公差范围内。配组代号是根据每根V带的实际偏差除以相应的配组公差而确定的,用带正负号的整数或"0"表示,如 -2、-1、0、$+1$、$+2$ 等。配组代号压印在带的顶面上。新旧不同V带不能同时使用,如发现有的V带出现过度松弛或疲劳损坏,应全部更换新带。

此外,在安装与维护带传动还注意以下事项:

(1)安装时,主动带轮与从动带轮的轮槽应对正。

(2)为了便于传动带的装拆,带轮应布置在轴的外伸端。

(3)传动带在带轮轮槽中有正确的位置,才能充分发挥带传动的传动能力。

(4)带传动装置应有防护罩,以免发生意外事故和保护带传动的工作环境。

(5)带传动不应和酸、碱、油接触,工作温度不宜超过 60℃。

六、带传动弹性滑动和效率测定

(一)实验目的

1.测定滑动率 ε 和传动效率 η,绘制 $\varepsilon-T_2$ 滑动曲线及 $\eta-T_2$ 效率曲线。

2.测定带传动的滑动功率。

3.观察带传动中的弹性滑动和打滑现象。

（二）实验设备的主要技术参数

1.直流电机功率:2 台×50 W

2.主动电机调速范围:500~2000 转/分

3.额定转矩:$T=0.24$ N·m=2450 g·cm

4.实验台尺寸:长×宽×高=600 mm×280 mm×300 mm

5.电源:220 V 交流

（三）实验设备的结构特点

1.机械结构

本实验的机械部分,主要由两台直流电机组成,如图 3-1-11 所示。其中一台作为原动机,另一台则作为负载的发动机。

对原动机,由可控硅整流装置供给电动机电枢以不同的端电压实现无级调速。

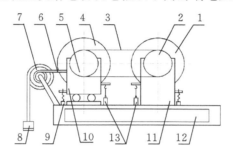

图 3-1-11　实验台机械结构

1—从动直流电机　2—从动带轮　3—传动带　4—主动直流电机　5—主动带轮
6—牵引绳　7—滑轮　8—砝码　9—拉簧　10—浮动支座　11—固定支座
12—底座　13—拉力传感器

对发动机,每按一下"加载"按键,会并上一个负载电阻,使发电机负载逐步增加,电枢电流增大,随之电磁转矩也增大,即发电机的负载转矩增大,实现了负载的改变。

两台电机均为悬挂支承,当传递载荷时,作用于电机定子上的力矩 T_1(主动电机力矩)、T_2(从动电机力矩)迫使拉钩作用于拉力传感器(序号 13),传感器输出的电讯号正比于 T_1、T_2,因而可以作为测定 T_1、T_2 的原始讯号。

原动机的机座设计成浮动结构(滚动滑槽),与牵引钢丝绳、定滑轮、砝码一起组成带传动初拉力形成机构,改变砝码大小,即可准确预定带传动的初拉力 F_0。

两台电机的转速传动器(红外光电传感器)分别安装在带轮背后的环形槽(本图未表示)中,由此可获得必需的转速讯号。

2.电子系统

电子系统的结构框图如图 3-1-12 所示。

实验台内附设单片机,承担检测、数据处理、信息记忆、自动显示等功能。如外接计算机,这时测试仪或计算机就可自动显示并能打印输出带传动的滑动曲线 $\varepsilon-T_1$ 及效率曲线 $\eta-T_2$ 关数据。

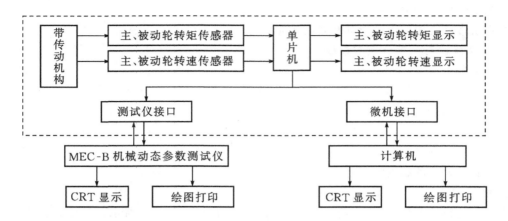

图 3-1-12 实验台电子系统框图

3. 操作部分

操作部分主要集中在机台正面的面板上,面板的布置如图 3-1-13 所示。

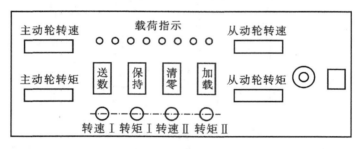

图 3-1-13 面板布置图

在机台背面有微机 RS232 接口、主动轮转矩 I 及被动轮转矩 II 调零旋钮等,其布置情况如图 3-1-14 所示。

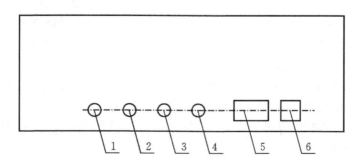

图 3-1-14 背面布置图

1—主动力矩放大倍数调节 2—接地端子 3—被动力矩调零 4—主动力矩调零
5—RS-232 接口 6—电源插座

(四)实验步骤

1. 不同型号传动带需在不同初拉力 F_0 的条件下进行试验,也可对同一型号传动带,采用不同初拉力,试验不同初拉力对传动性能的影响。为了改变初拉力 F_0,如图 3-1-11 所示,只需改变砝码 8 的大小。

2.接通电源

在接通电源前首先将电机调速旋钮逆时针转至"最低速"(0 速)位置,揿电源开关接通电源,按一下"清零"键,将调速旋钮时针相向"高速"方向旋转,电机由起动,逐渐增速,同时观察实验台面板上主动轮转速显示屏上的转速数,其上的数字即为当时的电机转速。当主电机转速达到预定转速(本实验建议预定转速为 1800 转/分左右)时,停止转速调节。此时从动电机转速也将稳定的显示在显示屏上。

3.转矩零点及放大倍数调整

在空载状态下调整机台背面(参见图 3-1-14)调零电位器,使被动轮转矩显示上的转矩数 0~0.030 N·M,主动轮在 0.050~0.090 N·M。

待调零稳定后(一般在转动调零电位器后,显示器跳动 2~3 次即可达到稳定值)按加载键一次,最左 1 个加载指示灯亮,待主、被动轮转速及转矩显示稳定后,调节主动轮放大倍数电位器,使主动轮转矩增量略大于被动轮转矩增量(一般出厂时已调好)。显示稳定后按清零键,再进行调零。如此反复几次,即可完成转矩零点数放大倍数调整。

4.加载

在空载时,记录主、被动轮转矩与转速。按"加载"键一次,第一加载指示灯亮,待显示基本稳定后记下主、被动轮的转矩及转速值。再按"加载"键一次,第二个加载指示灯亮,待显示稳定后再次记下主、被动轮的转矩及转速。第三次按"加载"键,三个加载指示灯亮,记录下主、被动轮的转距、转速。

重复上述操作,直至 7 个加载指示灯亮,在下面表格中记录下八组数据。根据公式 $\eta = \dfrac{T_2 n_2}{T_1 n_1} \times 100\%$ 和 $\varepsilon = \dfrac{d_1 n_1 - d_2 n_2}{d_1 n_1} \times 100\%$ 计算出 η 和 ε 填入表中。最后用这八组数据便可作出带传动滑动曲线 $\varepsilon - T_2$ 及效率曲线 $\eta - T_2$,可参考图 3-1-15。

n_1(rpm)	n_2(rpm)	T_1(N·m)	T_2(N·m)	η(%)	ε(%)	NO
						1
						2
						3
						4
						5
						6
						7
						8

在记录下各组数据后应及时按"清零"键。显示灯泡全部熄灭,机构处于空载状态,关电源前,应将电机调速至零,然后再关闭电源。

为便于记录数据,在试验台的面板上还设置了"保持"键,每次加载数据基本稳定后,按"保持"键即可使转矩,转速稳定在当时的显示值不变。按任意键,可脱离"保持"状态。

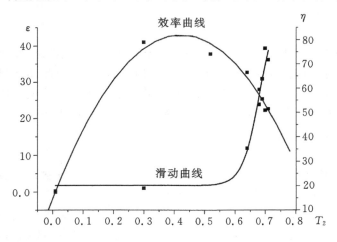

图 3-1-15 滑动曲线 $\varepsilon - T_2$ 及效率曲线 $\eta - T_2$

(五)实验报告

1.绘制出带传动的 $\varepsilon - T_2$ 滑动曲线及 $\eta - T_2$ 效率曲线,以及相关数据。对实验结果进行分析。

2.打滑与弹性滑动有何区别? 它们发生于哪个轮子,发生在什么时候? 能否避免?

练 习 题

3-1-1 V 带截面楔角 $\alpha = 40°$,为什么 V 带轮槽角却有 32°、34°、36°、38°四个值? 带轮直径愈小,槽角取较大还是较小? 为什么?

3-1-2 带传动中,为什么 V 带传动比平带传动应用广泛?

3-1-3 试从产生原因、对带传动的影响、能否避免等几个方面说明弹性滑动与打滑的区别?

3-1-4 带传动工作时,传动带受到哪些力的作用? 产生哪些应力? 应力的最大值产生在何处?

3-1-5 带的传动能力与哪些因素有关?

3-1-6 增大初拉力可以增加带传动的有效拉力,但带传动中一般并不采用增大初拉力的方法来提高带的传动能力,而是把初拉力控制在一定数值上,为什么?

3-1-7 已知 V 带传动所传递的功率 $P = 8.5$ kW,带速 $v = 10$ m/s,紧边拉力是松边拉力的两倍,即 $F_1 = 2F_2$,试求紧边拉力 F_1、松边拉力 F_2 和有效拉力 F 和初拉力 F_0。

3-1-8 已知 V 带传动,小带轮直径 $d_{d1} = 160$ mm,大带轮直径 $d_{d2} = 400$ mm,小带轮转速 $n_1 = 960$ r/min,滑动率 $\varepsilon = 2\%$,试求由于弹性滑动引起的大带轮的转速损失。

3-1-9 试分析小带轮基准直径 d_{d1}、中心 α 距的大小对带传动的影响,各应如何选择。

3-1-10 多根 V 带传动时,若发现一根已坏,应如何处置?

3-1-11 已知小带轮基准直径 $d_{d1} = 160$ mm,转速 $n_1 = 960$ r/min,传动比 $i = 3.5$,若分别采用 A 型和 B 型 V 带,带的基准长度相同,$L_d = 2500$ mm,试计算并比较两种型号的单根 V 带所能传递的功率 $[P_1]$。

任务二　齿轮传动设计

知识点

1.齿轮的类型、特点和应用；

2.渐开线的形成和性质；

3.渐开线标准直齿圆柱齿轮的参数及几何尺寸；

4.渐开线直齿圆柱齿轮的啮合传动特点及条件；

5.渐开线齿廓的切削原理与根切现象；

6.齿轮失效形式及设计准则；

7.渐开线标准圆柱齿轮传动受力分析和强度计算。

技能点

1.比较齿轮传动与带传动的优缺点，根据齿轮传动特点、类型来选用齿轮；

2.应用相关表格和公式进行齿轮主要参数和基本尺寸计算；

3.了解齿轮加工方法、根切现象，齿轮结构及润滑和效率；

4.能对齿轮进行受力分析，会判断齿轮转动方向；

5.能够计算齿轮的许用应力，会用齿面接触疲劳强度和齿根弯曲疲劳强度对齿轮进行设计计算。

知识链接

一、齿轮传动概述

（一）齿轮传动的特点与基本类型

1.齿轮传动的特点

齿轮传动是机械传动中应用得最广泛和最重要的一种机械传动。齿轮传动与其他机械传动相比，依靠两轮轮齿之间直接接触的啮合传动，用以传递空间任意两轴间的运动和动力，传递速度可达 300 m/s，传递的功率可达 10^6 kW，广泛应用于矿山、冶金、汽车、飞机、起重机、机床等各种机械中，齿轮传动具有以下特点。

（1）传动准确可靠

齿轮传动能保持传动比恒定不变，因而传动平稳，冲击、振动和噪声较小。又因齿轮传动是靠轮齿依次啮合来传递运动和动力，所以不会发生弹性滑动和打滑现象。

（2）传动效率高、工作寿命长

齿轮传动的机械效率可达 0.95～0.99，且能可靠地连续工作几年甚至几十年。

（3）结构紧凑、功率和速度范围广

与其他传动相比，在传递功率相同的情况下，齿轮传动所占空间位置较小.而且齿轮传动所传递的功率和速度范围都较大。

（4）成本较高、不适宜两轴中心距过大的传动齿轮的制造和安装精度要求较高,因而成本也较高。另外,当两轴中心距过大时,齿轮的径向尺寸会很大,或者齿轮的个数要多,致使结构庞大,这是齿轮传动的主要缺点。

2. 齿轮传动的类型

根据两齿轮相对运动平面位置不同,把齿轮传动分为平面齿轮传动和空间齿轮传动两大类。

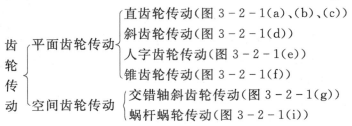

（1）平面齿轮传动

平面齿轮传动的两齿轮轴线相互平行。常见的类型有:

1）直齿圆柱齿轮传动（简称直齿轮传动）。直齿轮传动按其相对运动情况又可分为外啮合齿轮传动（图3-2-1(a)）、内啮合齿轮传（图3-2-1(b)）和齿轮齿条传动（图3-2-1(c)）。

2）斜齿圆柱齿轮传动（简称斜齿轮传动）。如图3-2-1(d)所示,这种齿轮相对于轴线倾斜了一个螺旋角。斜齿轮传动按其两轮相对运动情况也可分为外啮合、内啮合及齿轮齿条传动三种。

3）人字齿轮传动。这种齿轮的轮齿呈人字形,可以看成是由两个螺旋角大小相等、旋向相反的斜齿轮合并而成（图3-2-1(e)）。

（2）空间齿轮传动

空间齿轮传动的两轮轴线不平行。按两轴线的相对位置可分为:

1）锥齿轮传动。这种齿轮传动的两轮轴线相交,其两轴间夹角通常为90°（图3-2-1(f)）,锥齿轮又可分为直齿、斜齿和弧齿三种。直齿锥齿轮传动应用较普遍。

2）交错轴斜齿轮传动。这种齿轮传动的两齿轮轴线在空间交错（既不平行也不相交）,如图3-2-1(g)所示。

3）蜗杆蜗轮传动。这种传动的两轴线在空间交错成90°角（图3-2-1(i)）。

按照轮齿齿廓曲线的不同齿轮又可分为渐开线齿轮、圆弧齿轮、摆线齿轮等等。由于渐开线齿轮制造、安装方便,所以应用得最为广泛。本章主要讨论渐开线齿轮。

按照工作条件的不同齿轮传动又可分为开式齿轮传动、闭式齿轮传动两种。闭式齿轮传动的齿轮是封闭在箱体内的,便于润滑;开式齿轮传动的轮齿暴露在外,灰尘容易落在上面。

3. 齿轮传动的基本要求

在传递运动和动力的过程中,对齿轮传动提出了两个基本要求:

（1）传动准确、平稳

即要求齿轮在传动过程中的瞬时角速度之比恒定不变,以免发生噪声、振动和冲击,这与齿轮的齿廓形状,制造安装精度等有关。

（2）承载能力强、使用寿命长

即要求齿轮在传动过程中有足够的强度,能传递较大的动力,而且要有较长的使用寿命。这与齿轮的尺寸、材料和热处理工艺等有关。

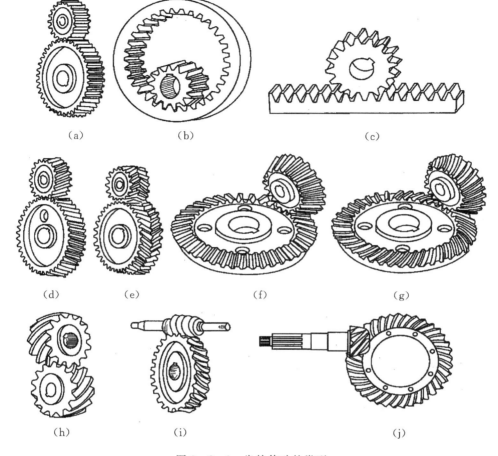

(a)　　　　(b)　　　　(c)

(d)　　　(e)　　　(f)　　　(g)

(h)　　　(i)　　　(j)

图 3-2-1　齿轮传动的类型

为使齿轮传动满足传动准确平稳的要求,必须研究轮齿的齿廓形状、啮合原理、加工方法等问题。要使齿轮传动有足够的承载能力和较长的使用寿命,则必须研究轮齿的强度、材料、热处理方式及结构等问题。

(二)渐开线和渐开线齿廓

1.渐开线的形成及其性质

当一直线在圆周上作纯滚动时,该直线上任一点的轨迹称为该圆的渐开线,这个圆称为基圆,该直线称为渐开线的发生线,如图 3-2-2(a)所示。渐开线齿轮轮齿的齿廓就是以同一基圆上产生的两条相反且对称的渐开线组成。

由渐开线的形成过程可知,渐开线具有下述特性(图 3-2-2(a))

(1)发生线沿基圆滚过的长度应等于基圆上被滚过的弧长,即

$$\overline{NK}=\overset{\frown}{NA}$$

(2)因发生线 NK 沿基圆作纯滚动,故它与基圆的切点 N 即渐开线上 K 点的曲率中心,线段 NK 是渐开线上 K 点的曲率半径,也是渐开线上 K 点的法线。由此可见,渐开线上各点的法线均与基圆相切,切于基圆的直线必为渐开线上一点的法线。

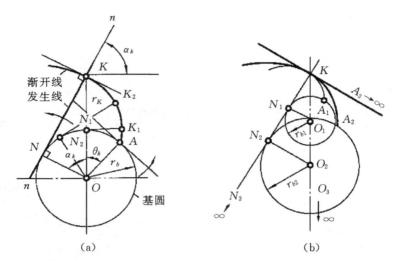

图 3 - 2 - 2　渐开线的形成

（3）渐开线齿廓上 K 点的法线（即为其受另一齿轮作用的正压力方向线）与齿廓上该点速度方向线所夹的锐角 α_k 称为渐开线齿廓在该点的压力角。由图 3 - 2 - 2(a)知，$\angle NOK$ 在数值上等于压力角，故

$$\cos\alpha_k = \frac{ON}{OK} = \frac{r_b}{r_k}$$

上式中，r_b 为渐开线的基圆半径，r_k 为渐开线上 K 点的向径。

由上式可知，渐开线上各点压力角的大小是不同的，K 点离基圆圆心越远，即 r_k 愈大，则该点的压力角也愈大。当 $r_b = r_k$ 时，则 $\alpha_k = 0°$，说明渐开线在基圆上的压力角等于零度。

（4）渐开线的形状取决于基圆的大小。如图 3 - 2 - 2(b)所示，基圆愈小，渐开线愈弯曲；基圆愈大，渐开线愈平直。当基圆半径为无穷大时，其渐开线将成为垂直于 N_3K 的直线。齿条的渐开线齿廓就是这种直线齿廓。

（5）基圆内无渐开线。

2. 渐开线齿廓满足齿廓啮合基本定律

一对相啮合的渐开线齿廓 E_1 和 E_2 在任意点 K 接触，如图 3 - 2 - 3 所示，过 K 点作两齿廓的公法线，根据渐开线性质可知，该公法线即为两轮基圆的内公法线 N_1N_2，N_1N_2 与两齿轮的连心线 O_1O_2 交于 P 点。因为啮合点 K 是任意点，如在图中 K 点啮合时，过 K 点作齿廓的公法线也是两基圆的公切线，由于齿轮在传动过程中，两基圆的大小、位置都是固定不变的，而过两定圆在同一方向只能做出唯一的内公切线，所以，N_1N_2 亦为一定线，它与定直线 O_1O_2 必相交于定点 P，因此渐开线齿廓满足齿廓啮合基本定律，即能保证两齿轮传动时的瞬时传动比为常量（见公式 2 - 1）。

3. 渐开线齿廓啮合的特点

（1）啮合线为一不变的直线

当齿轮传动时，其齿廓接触点相对于与机架固连的坐标系所走过的轨迹称为啮合线。由渐开线的性质可知，渐开线齿廓啮合点的公法线必与基圆相切，因此一对渐开线齿廓在任意一点啮合时，其啮合点必在两基圆的内公切线上。因此，两基圆的内公切线就是两渐开线齿廓在

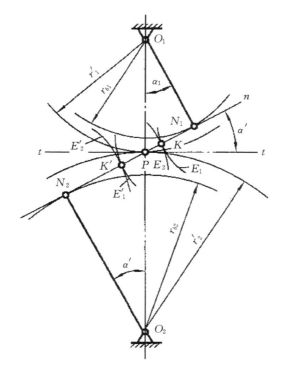

图 3-2-3 渐开线齿廓的啮合

啮合过程中啮合点的轨迹。称为理论啮合线。

（2）传力方向不变

如上所述,齿轮在啮合过程中,啮合线是一条不变的直线。当不考虑摩擦时,两齿廓的正压力方向,必为过接触点的公法线方向,即啮合线方向。由于啮合线的位置固定不变,所以,两渐开线齿廓无论在任何位置啮合,其齿廓间的正压力方向（即传力方向）也始终不变。若齿轮传递的扭矩一定时,其压力的大小也不变,这对齿轮传动的平稳性是非常有利的。

如图 3-2-3 所示,啮合线 $N_1 N_2$ 与两节圆的内公切线 tt 之间所夹的锐角 α',称为啮合角。显然,啮合角在数值上等于渐开线在节圆处的压力角。在传动过程中,由于啮合线位置不变,故啮合角为常数,即

$$\cos \alpha' = \frac{r_{b1}}{r'_1} = \frac{r_{b2}}{r'_2}$$

（3）渐开线齿轮具有可分性

由图 3-2-3 可知,$\triangle O_1 N_1 P \backsim \triangle O_2 N_2 P$ 所以有

$$\frac{O_2 P}{O_1 P} = \frac{r'_2}{r'_1} = \frac{O_2 N_2}{O_1 N_1} = \frac{r_{b2}}{r_{b1}} \tag{3-2-1}$$

因此,式（3-2-1）可写成

$$i_{12} = \frac{\omega_1}{\omega_2} = \frac{o_2 p}{o_1 p} = \frac{r'_2}{r'_1} = \frac{r_{b2}}{r_{b1}}$$

上式表明,渐开线齿轮的传动比又等于两基圆半径的反比。当两个齿轮加工完成之后,两轮基圆半径便已确定,当中心距稍为改变时,传动比仍保持不变。这一特点对渐开线齿轮的加

工和装配是十分有利的。渐开线齿轮啮合传动的这一特点,称渐开线齿轮的可分性,也可称为中心距的可分性。但应注意啮合角和节圆半径却随中心距的变化而改变了。

4. 渐开线方程

如图 3-2-2 所示,渐开线上任一点 K 的位置可用向径 r_K 和展角来 θ_K 表示。若以此渐开线作为齿轮的齿廓,当两齿轮在 K 点啮合时,其正压力方向沿着 K 点法线(NK)方向,而齿廓上点 K 点的速度垂直于 OK 线。K 点的受力方向与速度方向之间所夹的锐角称为压力角 α_K,由图可知 $\angle NOK = \alpha_K$。在 $\triangle NOK$ 中

$$\tan\alpha_k = \frac{NK}{ON} = \frac{\overset{\frown}{NK}}{ON} = \frac{r_b(\alpha_K + \theta_K)}{ON} = \alpha_k + \theta_k$$

即　　$\theta_K = \tan\alpha_K - \alpha_K$

又在 $\triangle NOK$ 中

$$r_K = r_b / \cos\alpha_K$$

联立上两式可得渐开线的极坐标方程为

$$r_K = r_b / \cos\alpha_K$$
$$\theta_K = \tan\alpha_K - \alpha_K \tag{3-2-2}$$

上式表明,θ_K 随压力角 α_K 而改变,称 θ_K 为压力角 α_K 的的渐开线函数,记作 $\mathrm{inv}\alpha_K$ 即 $\theta_K = \mathrm{inv}\alpha_K = \tan\alpha_K - \alpha_K$,$\theta_K$ 以弧度(rad)度量。工程上已将不同压力角的渐开线函数 $\mathrm{inv}\alpha_K$ 的值列成表格(表 3-2-1)以备查用。

表 3-2-1　渐开线函数 $\mathrm{inv}\alpha_K$ 的值

$\alpha(°)$	次	0′	5′	10′	15′	20′	25′	30′	35′	40′	45′	50′	55′
11	0.00	2394	24495	25057	25628	26208	26797	27394	28001	28616	29241	29875	30518
12	0.00	31171	21832	32504	33185	33875	34575	35285	36005	36735	37474	38224	38984
13	0.00	39754	40534	41325	42126	42938	43760	44593	45437	46291	47157	48033	48921
14	0.00	49819	50729	51650	52582	53526	54482	55448	56427	57417	58420	59434	60460
15	0.00	61498	62548	63611	64686	65773	66873	67985	69110	70248	71398	72561	73738
16	0.0	07493	07613	07735	07857	07982	08107	08234	08362	08492	08623	08756	08889
17	0.0	09025	09161	09299	09439	09580	09722	09866	10012	10158	10307	10456	10608
18	0.0	10760	10915	11071	11228	11387	11547	11709	11873	12038	12205	12373	12543
19	0.0	12715	12888	13063	13240	13418	13598	13779	13963	14148	14334	14523	14713
20	0.0	14904	15098	15293	15490	15689	15890	16092	16296	16502	16710	16920	17132
21	0.0	71345	17560	17777	17996	18217	18440	18665	18891	19120	19350	19583	19817
22	0.0	20054	20292	20533	20775	21019	21266	21514	21765	22018	22272	22529	22788
23	0.0	23049	23312	23577	23845	24114	24386	24660	24936	25214	25495	25778	26062
24	0.0	26350	26639	26931	27225	27521	27820	28121	28424	28729	29037	29348	29660
25	0.0	29975	30293	30613	30935	31260	31587	31917	32249	32583	32920	33260	33602

$\alpha(°)$	次	0′	5′	10′	15′	20′	25′	30′	35′	40′	45′	50′	55′
26	0.0	33947	34294	34644	34997	35352	35709	36069	36432	36789	37166	37537	37910
27	0.0	38287	38666	39047	39432	39819	40209	40602	40997	41395	41797	42201	42607
28	0.0	43017	43430	43845	44264	44685	45110	45537	45967	46400	46837	47276	47718
29	0.0	48164	48612	49064	49518	49976	50437	50901	51368	51838	52312	52788	53268
30	0.0	53751	54238	54728	55221	55717	56217	56720	57226	57736	58249	58765	59285

注：当 $\text{inv}\alpha_K$ 为中间值时，可采用插值法。如：

$$\text{inv}21°18' = \text{inv}21°15' + \frac{3\times(\text{inv}21°20' - \text{inv}21°15')}{5} = 0.017\,996 + \frac{3\times(0.018\,217 - 0.017\,996)}{5} = 0.018\,129$$

（三）渐开线直齿圆柱齿轮的各部分名称主要参数及尺寸计算

1. 渐开线齿轮各部分名称及符号

图 3-2-4 所示为渐开线曲面组成，相邻两轮齿之间的空间称为齿槽。渐开线齿轮的各部分名称及符号如下：

（1）齿顶圆 r_a、齿根圆 r_f

齿轮齿顶圆柱面与端平面（垂直于齿轮轴线的平面）的交线，称为齿顶圆，其直径和半径分别以 d_a 或 r_a 表示，齿轮齿根圆柱面与端平面的交线，称为齿根圆，其直径和半径分别以 d_f 和 r_f 表示。

（2）齿厚 s_k、齿槽宽 e_k 和齿距 p_k

一个轮齿的两侧端面齿廓之间的任意圆弧长，称为在该圆上的齿厚，用 s_k 表示。

一个齿槽的两侧端面齿廓之间的任意圆弧长，称为在该圆上的齿槽宽，用 e_k 表示。

两相邻而同侧端面齿廓之间的任意圆弧长，称为在该圆上的齿距，用 p_k 表示。由图 3-2-4可知

$$p_k = s_k + e_k$$

任意圆上的齿厚 s_k 为：

$$s_k = sr_k/r - 2r_k(\text{inv}\alpha_k - \text{inv}\alpha) \qquad (3-2-3)$$

式中，r_k 是任意圆的半径；α_k 是任意圆的压力角；r 是分度圆的半径；α 是分度圆的压力角；s 是分度圆的齿厚。

（3）分度圆 r

由图 3-2-4 可以看出：在直径为 d_K 的任意圆柱面上，$ZP_K = \pi d_K$。其中 Z 为齿轮的齿数。因而 $d_k = \dfrac{zp_k}{\pi}$

上式中比值 P_K/π 包含有无理数 π，在不同直径的圆周上，比值 P_K/π 也不相同，且齿廓各点的压力角也不相等，这给计算、制造和测量带来不便。因此，人为地把齿轮某一圆周上的比值 P_K/π 规定为标准值（整数或有理数），并使该圆上的压力角也为标准值，这个假想的圆称为分度圆，其直径和半径分别用 d 和 r 表示。规定分度圆上的齿厚、齿槽宽、齿距、压力角等的符

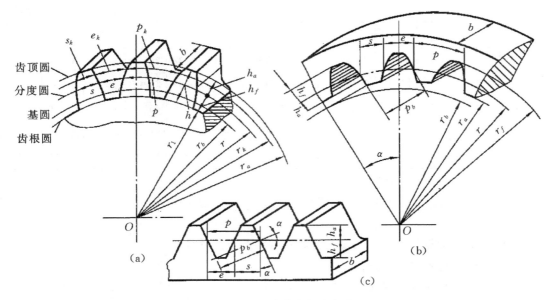

图 3-2-4　齿轮各部分名称

号一律不加脚标,如 s、e、p、α 等。凡是分度圆上的参数都直接称为齿厚、齿距、模数、压力角等。

而其他圆上的参数都必须指明是哪个圆上的参数,如齿根圆齿厚(表示为 S_f)、齿顶圆压力角(表示为 α_a 等)。

(4)齿顶高 h_a、齿根高 h_f、全齿高 h

齿顶圆与分度圆之间的径向距离,称为齿顶高,用 h_a 表示。

齿根圆与分度圆之间的径向距离,称为齿根高,用 h_f 表示。

齿顶与齿根圆之间的径向距离,称为齿高(全齿高)。用 h 表示。

显然　　　　　　　$h = h_a + h_f$

(5)齿宽 b

图 3-2-4 中的 b 称为齿宽,其大小的确定将在后面章节中讨论。

2.渐开线齿轮的主要参数

(1)模数

人为地把分度圆上齿距 P 与无理数 π 的比值 P/π,规定为标准值,叫做齿轮的模数,用 m 表示,其单位为 mm。即

$$m = \frac{p}{\pi} \quad 或 \quad p = \pi m$$

于是得到分度圆直径 d 的计算公式 $d = mz$

模数是齿轮几何尺寸计算的基础。由式 $d = mz$ 可知,模数越大,轮齿的尺寸也越大,弯曲能力越高。为了便于计算、加工、检验和互换,我国已规定了标准模数系列,见表 3-2-2。

表 3-2-2   渐开线圆柱齿轮模数(GB1357—2008)

第一系列	0.1,0.12, 0.15, 0.2, 0.25, 0.3, 0.4 0.5 ,0.6 , 0.8 ,1, 1.25, 1.5, 2, 2.5, 3, 4 5, 6, 8, 10, 12, 16, 20, 25, 32, 40, 50
第二系列	0.35, 0.7, 0.9, 1.75, 2.25, 2.75, (3.25) 3.5, (3.75),4.5, 5.5, (6.5), 7, 9, (11), 14 18, 22, 28, 36, 45

注:1.选用模数时应优先采用第一系列,其次是第二系列,括号内的模数尽量不用。

2. 本表适用于渐开线圆柱齿轮,对斜齿轮是指法面模数。

(2)压力角

我们常说的齿轮压力角,是指渐开线齿廓在分度圆处压力角,简称为压力角,用 α 表示。

考虑到制造、互换及承载能力等诸多因素,我国规定:分度圆处的压力角为标准压力角,其标准值为 $\alpha=20°$。至此可以给分度圆下一个确切的定义:具有标准模数和标准压力角的圆就是分度圆,每个齿轮只有一个分度圆。

(3)齿顶高系数

为了用模数的倍数来表示齿顶高的大小,引入了齿顶高系数,其标准值见表 3-2-2,于是

$$h_a = h_a^* m$$

(4)顶隙系数

一对齿轮互相啮合时,一个齿轮的齿顶与另一个齿轮齿槽底部之间必须留有间隙,以保证传动过程中不发生干涉,同时也为了贮存润滑油润滑工作齿面。一个齿轮齿顶与另一齿轮齿根之间在连心线上的径向距离,称顶隙,也叫径向间隙,用 C 表示,其值为

$$c = c^* m$$

式中 c^*——顶隙系数,其标准值见表 3-2-3。

由此可得到计算齿根高的公式

$$h_f = h_a + c = (h_a^* + c^*)m$$

表 3-2-3   齿顶高系数和顶隙系数

	h_a^*	c^*
正常齿	1	0.25
短齿	0.8	0.3

(5)齿数

齿数不但影响齿轮的几何尺寸,而且也影响齿廓曲线的形状。由式 $\cos\alpha_K = r_b / r_k$ 可知 $r_b = r\cos\alpha$ 即 $d_b = d\cos\alpha = mz\cos\alpha$。当 m、α 不变时,z 越大,d_b 越大(基圆越大),渐开线越平直。当 $z \rightarrow \infty$ 时,$d_b \rightarrow \infty$ 渐开线变成直线,齿轮则变成齿条。

综上所述,m、α、h_a^*、c^* 和 z 是渐开线齿轮几何尺寸计算的五个基本参数。m、α、h_a^*、c^* 均为标准值且 $s=e$ 的齿轮,称为标准齿轮。

3. 标准直齿圆柱齿轮几何尺寸计算

标准直齿圆柱齿轮几何尺寸的计算公式归纳在表 3-2-4 中。

表 3-2-4　标准直齿圆柱齿轮几何尺寸的计算公式

名称		符号	计算公式	
			外齿轮	内齿轮
几何尺寸	齿槽宽	e	$e=p/2=\pi m/2$	
	齿厚	s	$s=p/2=\pi m/2$	
	齿距	p	$p=\pi m$	
	全齿高	h	$h=h_a+h_f=(2h_a^*+c^*)m$	
	齿顶高	h_a	$h_a=h_a^*m$	
	齿根高	h_f	$h_f=(h_a^*+c^*)m$	
	分度圆直径	d	$d=mz$	
	基圆直径	d_b	$d_b=d\cos\alpha=mz\cos\alpha$	
	齿顶圆直径	d_a	$d_a=d+2h_a=(z+2h_a^*)m$	$d_a=d-2h_a=(z-2h_a^*)m$
	齿根圆直径	d_f	$d_f=d-2h_f$ $=(z-2h_a^*-2c^*)m$	$d_f=d+2h_f$ $=(z+2h_a^*+2c^*)m$
	中心距	a	$a=m(z_1+z_2)/2$	$a=m(z_2-z_1)/2$

注:同一式中有上下运算符号者,上面符号用于外啮合或外齿轮,下面符号用于内啮合或内齿轮。

4. 公法线长度和分度圆齿厚

为了控制齿轮尺寸和精度,加工齿轮时要测量齿轮的公法线长度或分度圆弦齿厚。因此,设计图纸上必须注明测量尺寸的值。

(1)公法线长度 W

公法线长度是指相隔若干齿的两异侧齿面各与两平行平面之中的一个平面相切,此两平行平面之间的垂直距离,如图 3-2-5 所示。这个距离可以用卡尺直接测量,卡尺跨三齿测量时,公法线长度 $W_3=2P_b+S_b$(s_b 为基圆齿厚,p_b 为基圆齿距 $p_b=\pi m\cos\alpha$);当卡尺跨四齿时,公法线长度 $W_4=3P_b+S_b$;可以推理,当卡尺跨 k 齿时,公法线长度 $W_k=(k-1)P_b+S_b$。由式(3-2-3)

$$s_k=sr_k/r-2r_k(\text{inv}\alpha_k-\text{inv}\alpha)$$

可知

$$s_b=sr_b/r-2r_b(\text{inv}\alpha_b-\text{inv}\alpha)=m\cos\alpha(\pi/2+z\text{inv}\alpha)$$

经过整理后可得公法线长度的一般公式为

$$W_k=m\cos\alpha[(k-0.5)\pi+z\text{inv}\alpha] \tag{3-2-4}$$

若 $\alpha=20°$,则

$$W=m[2.9521(k-0.5)+0.014z+0.684x] \tag{3-2-5}$$

跨测齿数 k 对测量准确度的影响较大。跨齿数太多,卡尺在齿顶部与齿面接触,且不一定相切;跨齿数太少,卡尺在齿根部可能与齿面的非渐开线部分接触。这两种情况下测量的公法线

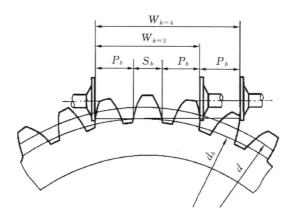

图 3 - 2 - 5　公法线长度测量

长度不够准确。只有当卡尺与齿面在齿高中部附近相切时,测量的公法线长度较准确。根据这个要求,经推导得出跨齿数 k 的计算公式

$$k = \frac{a_x}{180°}z + 0.5$$

式中：$a_x = arccos\dfrac{z\cos a}{z+2x}$　α_x 的单位为度。当 $\alpha = 20°$ 时,

$$k = 0.111z + 0.5 \qquad (3 - 2 - 6)$$

根据式(3 - 2 - 6)计算的 k 值可能含有小数,应按四舍五入原则取为整数。

例 3 - 2 - 1　某标准直齿圆柱齿轮的模数 $m = 3$ mm,压力角 $\alpha = 20°$,齿数 $z = 42$,求公法线长度。

解：

(1)求跨齿数 k

因为该齿轮为标准齿轮,$\chi = 0$,由式(3 - 2 - 5)可知 $\alpha_x = \alpha = 20°$,代入式(3 - 2 - 6)

$$\begin{aligned}
k &= 0.111z + 0.5 \\
&= 0.111 \times 42 + 0.5 \\
&= 5.162
\end{aligned}$$

取 $k = 5$。

(2)求公法线长度

$$\begin{aligned}
W &= m[2.9521(k - 0.5) + 0.014z + 0.684x] \\
&= 3 \times [2.9521 \times (5 - 0.5) + 0.014 \times 42 + 0] \\
&= 41.617 \text{ mm}
\end{aligned}$$

(2)分度圆弦齿厚

对于大模数齿轮,测量公法线长度不方便时,可测量分度圆弦齿厚。

分度圆弦齿厚是指分度圆齿厚的弦长 $\overline{AB}$(图 3 - 2 - 6),用 $\overline{s}$ 表示。

$\overline{AB}$ 离齿顶的径向距离称为分度圆弦齿高。用 $\overline{h}$ 表示,经过推导得

$$\overline{s} = mz\sin\phi$$

$$\overline{h} = 0.5(d_a - mz\cos\phi)$$

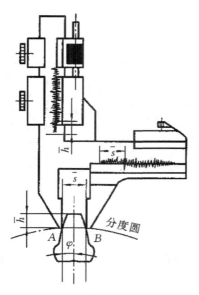

图 3-2-6 分度圆弦齿厚测量

式中 $\phi = \dfrac{\pi + x \tan a}{\pi z} \times 90°$

(四)渐开线标准直齿圆柱齿轮的啮合传动

虽然渐开线齿廓在传动中能实现定传动比传动这个要求,但是齿轮传动是靠多对轮齿依次啮合来实现的。这多对轮齿必须满足什么条件,才能保证轮齿都能正确地依次啮合;另外,必须满足什么条件,才能保证齿轮传动能够连续进行。这些都是影响渐开线齿轮传动性能的关键问题。

1. 正确啮合条件

要使两轮相邻轮齿的两对同侧齿廓能同时在啮合线上正确地进行啮合,如图 3-2-7 所示,前对齿在 a_1 点啮合,而后对齿在 a_2 啮合,显然,两轮相邻轮齿同侧齿廓间的法线距离(称为法向齿距以 P_n 表示)必须相等。

即 $p_{n1} = p_{n2}$

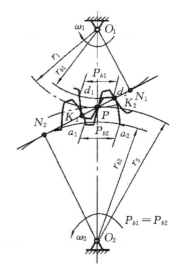

否则,前对齿在 a_1 点啮合时,后对齿不是相互嵌入(此时,$P_{n1} < P_{n2}$),就是脱离(此时 $P_{n1} > P_{n2}$),均不能正确啮合。又根据渐开线特性可知,同一齿轮上的法向齿距等于基圆齿距。所以欲使一对齿轮能够正确啮合,则必有 $P_{b1} = P_{b2}$,

$P_{b1} = \pi d_{b1} / z_1 = \pi d_f \cos \alpha_1 / z_1 = \pi m_1$

由于齿轮的模数 m 和压力角都已标准化,所以满足上式的条件必须是两轮模数压力分别相等。即

$$m_1 = m_2 = m$$

$$\alpha_1 = \alpha_2 = \alpha$$

图 3-2-7 正确啮合条件

综上所述,一对渐开线齿轮的正确啮合条件是:两轮的模数和压力角必须分别相等。

2. 连续传动条件

图 3-2-8(a)所示为一对渐开线齿轮正确啮合的情形。主动轮 1 以角速度顺时针回转，推动从动轮 2 以角速度逆时针回转，因为两轮齿相啮合只能在啮合线上进行，所以开始啮合是主动轮的齿根部分的某点与从动轮的齿顶接触，故从动轮齿顶圆与啮合线 N_1N_2 的交点 B_2 为一对轮齿进入啮合的起始点。随着传动的进行，啮合点沿啮合线移动，主动轮齿廓上的接触点由齿根移向齿顶，而从动轮则是由齿顶移向齿根。因此，主动轮的齿顶圆与啮合线 N_1N_2 的交点 B_1 为啮合的终止点。我们把啮合点走过的实际轨迹 B_1B_2 称为实际啮合线，随着齿顶圆的加大，点将移近 N_2、N_1 点，但因基圆内无渐开线，故 N_1N_2 是理论上最长的啮合线段，称为理论啮合线，点则称为啮合极限点。

在啮合过程中，并非整个齿廓都参与啮合，而是从齿顶到齿根的一段齿廓参与啮合，这段齿廓称为工作齿廓，如图 3-2-8(a)中阴影部分所示。

由以上分析可知，若使传动连续进行，必须是前一对齿尚未脱离啮合时，后一对齿就已进入啮合。如图 3-2-8(a)所示，此时 $B_1B_2=P_b$ 即实际啮合线段长度等于齿轮的法向齿距(或基圆齿距)，前对齿啮合点到达 B_1 点，将要脱离啮合时，后对齿刚好在 B_2 点进入啮合，传动刚好连续。若如图 3-2-8(b)所示，此时 $B_1B_2>P_b$，可见前对齿啮合到 B_1 点将要脱离时，后对齿正在啮合线上 K 点啮合，即从 B_2 点到 K 点已经啮合了一段距离，这时传动不但能连续进行，而且还有一段时间为两对齿同时啮合。若如图 3-2-8(c)所示，此时 $B_1B_2<P_b$，此时尽管两轮基圆齿距相等、但当前对齿啮到 B_1 点即将脱离时、后对齿尚未进入啮合，致使传动不能连续进行，定传动比传动将会无法实现，所以，为了保证齿轮能够平稳地连续进行传动，必须满足：两轮实际啮合线段大于或等于齿轮的基圆齿距 P_b 的条件，即

$$B_1B_2 \geqslant P_b \quad \text{或} \quad B_1B_2/P_b \geqslant 1$$

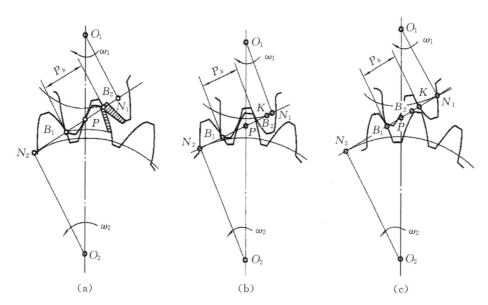

图 3-2-8　轮齿啮合过程

我们通常用 ε 表示，并称之为重合度，这时齿轮连续传动的条件可表示为

$$\varepsilon = B_1 B_2 / P_b \geqslant 1$$

重合度是齿轮传动的重要指标之一,重合度越大,说明同时啮合的轮齿对数越多,传动越平稳且连续性好,承载能力也较高。重合度的值可通过作图或计算的方法求出,作图过程见例题 2-2,ε 的大小与模数无关,而与 z_1、z_2、h_a^*、α 和 α' 的大小有关。对标准齿轮传动,ε 随两轮齿数的增多而增大。根据齿条与齿轮的啮合情况,可推得直齿圆柱齿轮的重合度的最大值 $\varepsilon_{max} < 2$,说明在实际啮合线 $\overline{B_1 B_2}$ 上不会始终保持有两对齿同时啮合传动,故 $l < \varepsilon < 2$。

综上所述,要保证一对齿轮正确啮合及连续传动的条件,除了要求两轮基圆齿距相等外,还要求 $\varepsilon \geqslant 1$。考虑到齿轮的制造和安装误差,应使 ε 大于许用的重合度 $[\varepsilon]$,其值见表 3-2-5。对于标准齿轮传动,因它的重合度恒大于 1,故可不必进行验算。

表 3-2-5　推荐 $[\varepsilon]$

适用行业	齿轮精度	$[\varepsilon]$
汽车、拖拉机制造业	6	1.1~1.2
机床制造业	7	1.3
纺织机械制造业	8	1.3~1.4
一般机械制造业	9	1.4

3. 标准中心距

当一对齿轮传动时,一个齿轮节圆上的齿槽宽 e' 与另一齿轮节圆上的齿厚 s' 之差,即 $(e'_2 - s'_1)$、$(e'_1 - s'_2)$ 称为齿侧间隙,简称侧隙。侧隙有利于齿面润滑,可补偿加工与装配误差、轮齿的热膨胀和热变形等。由于齿侧间隙实际上很小,通常靠公差来控制,所以在计算齿轮几何尺寸时都不考虑,即认为是无侧隙啮合,此时 $(e'_2 = s'_1)$、$(e'_1 = s'_2)$。由表 3-2-3 可知,标准直齿圆柱齿轮的 $s_1 = e_1 = s_2 = e_2 = \pi m/2$,可以无侧隙安装,此时两轮的分度圆相切,节圆与其各自的分度圆相重合,这种安装称为标准安装。标准安装时的中心距称为标准中心距,以 a 表示。由于中心距等于两齿轮节圆半径之和,而标准安装时分度圆与节圆重合,所以标准安装时的中心距也可表示为两轮分度圆半径之和,即

$$a = a' = r_1 + r_2 = m(z_1 + z_2)/2$$

实际上由于制造、安装、磨损等原因,往往使得两轮的实际中心距 a' 与标准中心距 a 不一致,但渐开线齿轮具有可分性,所以不会影响定传动比传动,这时分度圆与节圆并不重合,若 $a' > a$ 时,节圆大于分度圆,啮合角也大于压力角;反之亦然。对内啮合圆柱齿轮传动,当标准安装时,其标准中心距计算公式为

$$a = a' = r_2 - r_1 = m(z_2 - z_1)/2$$

由上可知:节圆、啮合角是一对齿轮传动时才存在的参数,单个齿轮没有节圆和啮合角,而分度圆、压力角则是单个齿轮所固有的几何参数,无论啮合传动与否,都不影响它们的独立存在。只有当标准安装时,分度圆与节圆才重合,压力角才等于啮合角。

例 3-2-2　有一对正常齿制的标准直齿圆柱齿轮传动,已知:$z_1 = 17$,$z_2 = 53$,$m = 3$ mm,试用作图法求该齿轮传动的重合度。

解:

作图步骤如下：

(1)首先求出作图所需要的几何尺寸

中心距

$$a = m\frac{(r_1 + z_2)}{2} = 3 \times \frac{(17 + 53)}{2} = 105 \text{ mm}$$

分度圆半径

$$r_1 = \frac{mz}{2} = \frac{3 \times 17}{2} = 25.5 \text{ mm}$$

$$r_2 = \frac{mz_2}{2} = \frac{3 \times 53}{2} = 79.5 \text{ mm}$$

齿顶圆半径

$$r_{a1} = \frac{m(z_1 + 2h_a^*)}{2} = \frac{3 \times (17 + 2 \times 1)}{2} = 28.5 \text{ mm}$$

$$r_{a2} = \frac{m(z_2 + 2h_a^*)}{2} = \frac{3 \times (53 + 2 \times 1)}{2} = 82.5 \text{ mm}$$

(2)按选定比例尺画出中心距 O_1O_2（图 3-2-9），根据 r_1、r_2 决定出节点 C，作 $tt \perp O_1O_2$，由 $\alpha' = \alpha = 20°$ 作啮合线 nn 交 tt 于 C 点，再以 O_1 为圆心，以 r_{a1} 为半径画弧交 nn 线于 B_1 点，以 O_2 为圆心，以 r_{a2} 为半径画弧交 NN 线于 B_2 点，得实际啮合线长 B_1B_2。量取 B_1B_2 并乘比例尺得实际啮合线长的值，$B_1B_2 = 14.5 \text{ mm}$

(3)计算 P_b

$$p_b = \pi m \cos \alpha = 3\pi \cos 20° = 8.856 \text{ mm}$$

(4)计算重合度 ε

$$\varepsilon = \frac{B_1B_2}{p_b} = \frac{14.5}{8.856} = 1.64$$

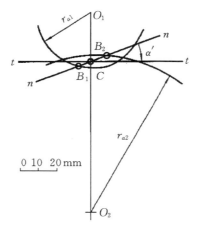

图 3-2-9 作图法求重合度

(五)渐开线齿轮的加工原理和根切现象

渐开线齿轮按其加工原理的不同，可分为仿形法与范成法两大类。

1. 齿轮加工原理

（1）仿形法

仿形法是在普通铣床上使用成形刀具将齿轮轮坯逐一铣削出齿槽而形成齿廓，所以这类刀具的刀刃形状和被切齿轮的齿槽形状相同，常用的成形刀具有盘形铣刀（图 3-2-9（a））和指状铣刀（图 3-2-10（b））。铣齿时，铣刀绕自身轴线转动，轮坯沿自身轴线进给，切出一个齿槽后把轮坯转 $2\pi/z$ 度，再铣下一个齿槽，直至将所有齿槽全部切制出来。由于渐开线齿廓形状取决于基圆大小，而 $r_b = \frac{1}{2} mz\cos\alpha$，故其齿廓形状与齿轮的模数、压力角、齿数有关。当用仿形法加工齿轮时，对每一种模数和齿数的齿轮就需配一把铣刀，这是不经济、不现实的。所以在实际生产中，为减少刀具，对于同一模数和标准压力角的铣刀，一般采用 8 把（或 15 把）为一套。每把铣刀铣制一定范围齿数的齿轮，以适应加工不同齿数齿轮的需要，见表 3-2-7。

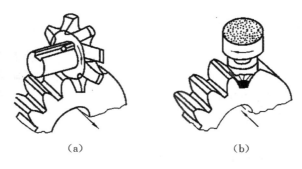

（a）   （b）

图 3-2-10　仿形法切齿

表 3-2-6　盘形铣刀范围

刀号	1	2	3	4	5	6	7	8
齿数范围	12～13	14～15	17～20	21～25	26～34	35～54	55～134	≥135

由于用一把铣刀加工几种齿数的齿轮，其齿轮的齿廓是有一定误差的。因此用仿形法加工的齿轮精度较低；又因切齿不能连续进行，故生产率低，不宜用于成批生产，但因不需专用机床，所以适用于修配和小量生产中。

（2）范成法

当大批量生产、要求齿轮精度较高时，常采用范成法（又称包络法或展成法）加工齿轮。这种方法是利用一对齿轮（或齿轮与齿条）相互啮合时，两轮的共轭齿廓曲线互为包络线的原理来切齿的，所以，将其中的一个齿轮（或齿条）制成刀具，加工时，除了切削和让刀运动外，刀具与齿轮轮坯之间的运动与一对互相啮合的齿轮运动完全相同。这样刀具便切削出与其共轭的渐开线齿廓。

由齿轮传动的正确啮合条件可知，被切齿轮的模数和压力角必与切齿刀具的模数和压力角相同。又 $i_{12} = \omega_1/\omega_2 = z_2/z_1$，刀具的齿数 z_1 是一定的，因此只要改变 i_{12} 就可得到不同齿数的齿轮，即用范成法加工齿轮时，可用同一把刀具加工出模数、压力角相同的各种齿数的齿轮。

用范成法加工齿轮时，常用的刀具有三种：

1）齿轮插刀

这种刀具是一个具有切削刃的渐开线外齿轮（如图3-2-11(a)）。插齿时,插刀与轮坯按定传动比 $n_刀/n_坯 = z_坯 / z_刀$ 作回转运动,即范成运动;同时,插刀沿轴线方向作往返复运动,即切削运动,使切刃切削齿轮坯。因此,用这种方法加工出来的齿轮轮廓为插刀刀刃在轮坯上的一系列依序位置的包络线（图3-2-11(b)）。在实际加工时,还需有径向运动和让刀运动,当径向进给全部达到一个齿高时,切齿即告完成。

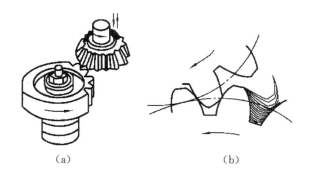

（a） （b）

图3-2-11 齿轮插刀切齿

2）齿条插刀

当齿轮插刀的齿数增加到无穷多时,其基圆半径也增至无穷大,渐开线齿廓变成直线齿廓,齿轮插刀就变成齿条插刀。图3-2-12为用齿条插刀切制齿轮的情形,其加工原理与齿轮插刀切削齿轮坯的原理相同,只是齿条插刀的运动为直线运动,其移动速度与轮坯角速度 ω_2 间的关系 $v_2 = r\omega_2 = mz_2\omega_2/2$。齿条插刀不能加工内齿轮。

3）齿轮滚刀

用上述两种刀具进行插齿加工都是间断切削,生产率较低,因而在生产中更广泛地采用齿轮滚刀来加工齿轮。图3-2-13为用齿轮滚刀切制齿轮的情形。齿轮滚刀相当于按螺旋线方向排列的多个齿条,也就是说在其轴向剖面内具有齿条的直线齿廓(刀刃)。当齿轮滚刀转动时,相当于一个齿条连续地向一个方向移动,所以切削过程是连续,提高了生产率。这种方式适用于大批量生产,但也不能加工内齿轮。

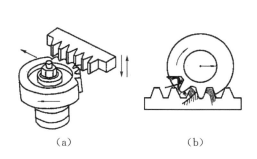

（a） （b）

图3-2-12 用齿条插刀切制齿轮

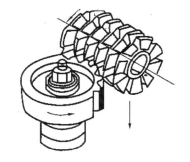

图3-2-13 用齿轮滚刀制齿轮

2. 根切现象和最少齿数

当用范成加工齿轮时,如果齿轮的齿数太少,则齿轮坯的渐开线齿廓根部会被刀具的齿轮过多地切削掉,如图 3-2-14 所示,这种现象称为根切现象。被根切后的轮齿不仅削弱了轮齿的抗弯强度,影响轮齿的承载能力,而且使一对轮齿的啮合过程缩短,重合度下降,传动平稳性较差。

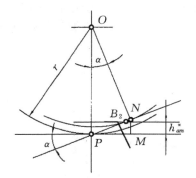

图 3-2-14 轮齿根切现象

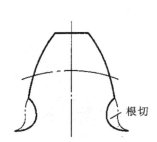

图 3-2-15 根切的产生

图 3-2-16 所示为用齿条插刀加工齿轮时刀具顶线(不包括 c^*m 部分)超过理论极限啮合点的情况,插刀刀刃在位置 1 时,表示已切出基圆以外的全部渐开线,但还没有产生根切。当齿轮坯再转过 φ 角,齿条刀刃相应位移 γ_φ 距离后达到位置 2。此时刀刃不再与齿廓相切,而与其相交于 K 点,齿条刀已切好的轮齿根部渐开线再次切掉,出现根切。

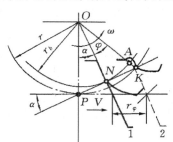

图 3-2-16 避免根切的条件

由此可知,避免根切的条件是:齿条刀具的齿顶线与啮合线的交点不超过理论极限啮合点(图 3-2-16),即

$$\overline{PB_2} \leqslant \overline{PN}$$

因为对标准齿轮

$\overline{PB_2} = \dfrac{h_a^*}{\sin\alpha}$,$\overline{PN} = \overline{PO}\sin\alpha = \dfrac{1}{2}mz\sin\alpha$,所以

$$\frac{h_a^* m}{\sin\alpha} \leqslant \frac{1}{2}mz\sin\alpha$$

由此可推导出,标准齿轮不发生根切的齿数应满足的条件为

$$z \geqslant \frac{2h_a^*}{\sin^2\alpha}$$

其最少齿数则为

$$z_{\min} \geqslant \frac{2h_a^*}{\sin^2\alpha} \qquad\qquad (3-2-7)$$

当 $\alpha = 20°$，$h_a^* = 1$ 时，$z_{min} = 17$。

实际应用中，为了使齿轮传动装置结构紧凑，允许有少量根切，在传递功率不大时可选用 $z_{min} = 14$ 的标准齿轮。当 $z < 17$，不允许有根切时可采用变位齿轮。

（六）变位齿轮传动

1. 变位齿轮概念

标准齿轮设计计算比较简单，因而得到了广泛的应用。但标准齿轮有许多不足之处，如最少齿数受限制；中心距必须取标准值；大小齿轮强度差较大；不便于修配齿轮等，于是出现了变位齿轮。

用齿条型刀具加工齿轮，若对刀时中线与被加工齿轮分度圆相切，加工出来的齿轮即为标准齿轮（$s = e$），如图 3-2-17(a)所示。如若不然，加工出来的齿轮称变位齿轮（$s \neq e$），如图 3-2-17(b)、(c)所示。以切制标准齿轮的位置为基准，刀具所移动的距离称为变位量，用 xm 表示，称为 x 变位系数，m 为齿轮模数。并且规定刀具远离轮坯的变位为正变位（$x > 0$），切出的齿轮称为正变位齿轮；刀具移近轮坯的变位为负变位（$x < 0$），相应切出的齿轮称为负变位齿轮。

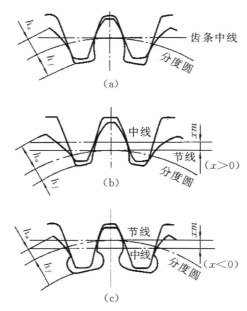

图 3-2-17　标准齿轮与变位齿轮比较
（a）标准齿轮；（b）正变位齿轮；（c）负变位齿轮

由于齿条在不同高度上的齿距 p、压力角 α 都是相同的，所以无论齿条型刀具位置如何变化，切出的变位齿轮模数、压力角都与齿条中线上的相同，为标准值。它的分度圆直径、基圆直径与标准齿轮也相同。其齿廓曲线和标准齿轮的齿廓曲线为同一基圆形成的渐开线，只是使用的部位不同。但变位齿轮的某些尺寸已非标准，例如正变位齿轮的齿厚和齿顶高变大，齿槽宽和齿根高变小等，如图 3-2-18 所示。

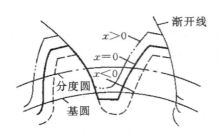

图 3-2-18　齿廓曲线的比较

2. 变位齿轮传动的类型

根据一对变位齿轮变位系数之和 $x_\Sigma = x_1 + x_2$ 的不同,变位齿轮传动可分为以下三种类型:

(1) 零传动

$x_\Sigma = x_1 + x_2 = 0$,称为零传动。零传动又分为两种情况:若 $x_1 = x_2 = 0$,即为标准齿轮传动;若 $x_1 = -x_2$,则其安装中心距 $a' = a$,啮合角 $\alpha' = \alpha$,但两个齿轮的齿顶高、齿根高都发生了变化,全齿高不变,这种变位传动又称为高度变位齿轮传动。

(2) 正传动

$x_\Sigma = x_1 + x_2 > 0$ 时,称为正传动,此时 $a' > a$,$\alpha' > \alpha$,故又称为正角度变位齿轮传动。变位系数适当分配的正传动有利于提高其强度和使用寿命,因此在机械中被广泛应用。

(3) 负传动

$x_\Sigma = x_1 + x_2 < 0$ 称为负传动。此时 $a' < a$,$\alpha' < \alpha$,故又称为负角度变位齿轮传动。这种传动对齿轮根部强度有削弱作用,一般只在需要调整中心距($a' < a$)时才有应用。

3. 变位齿轮的几何尺寸

变位齿轮的齿数、模数、压力角都与标准齿轮相同,所以分度圆直径、基圆直径和齿距也都相同,但变位齿轮的齿厚、齿顶圆、齿根圆等都发生了变化,具体的尺寸计算公式见表 3-2-7。

表 3-2-7　外啮合变位直齿轮基本尺寸的计算公式

名称	代号	计算公式
分度圆直径	d	$d = mz$
齿顶高	h_a	$h_a = (h_a^* + \chi - \sigma)m$(正常齿:$h_a^* = 1$,短齿:$h_a^* = 0.8$)
齿根高	h_f	$h = (h_a^* - \chi + c^*)m$(正常齿:$c^* = 0.25$,短齿:$c^* = 0.3$)
全齿高	h	$h = h_a + h_f = (2h_a^* + c^* - \sigma)m$;齿高变动系数 σ 查阅相关资料
齿顶圆直径	d_a	$d_a = d + 2h_a = (z + 2h_a^* + 2\chi - 2\sigma)m$
齿根圆直径	d_f	$D_f = d - 2h_f = (z - 2h_a^* + 2\chi - 2c^*)m$

(七)斜齿圆柱齿轮

1. 斜齿圆柱齿轮的齿廓形成与啮合特点

前面论述的直齿圆柱齿轮的齿廓形成及啮合特点,都是就其端面来讨论的。实际上齿轮具有一定的宽度,如图 3-2-19(a)所示,其齿廓曲面是发生面 S 在基圆柱上作纯滚动时,发生面上与基圆柱母线 NN 平行的任一直线 KK 的轨迹。该轨迹即为直齿圆柱齿轮的渐开线齿廓曲面。两齿轮啮合时,齿面的接触线均为平行于齿轮轴线的直线,此直线在啮合面上,故啮合面即为两基圆的内公切面。当一对轮齿进入啮合或脱离啮合时,载荷皆沿整个齿宽突然加上或卸去。因此,直齿圆柱齿轮传动的平稳性较差,噪声和冲击也较大,一般不适用于高速、重载的传动。

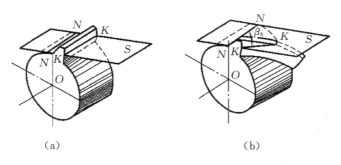

（a）   （b）

图 3 - 2 - 19　渐开线曲面的形成

斜齿圆柱齿轮齿廓曲面的形成原理与直齿圆柱齿轮相似,只是在发生面上的直线 kk 不再与基圆柱母线 NN 平行,而是与之成一角度 β_b,如图 3 - 2 - 19（b）所示。当发生面在基圆上作纯滚动时,该斜直线 KK 的轨迹为一渐开螺旋面,该曲面即为斜齿轮的齿廓曲面。直线 kk 与基圆柱母线 NN 夹角 β_b 称为基圆柱上的螺旋角。

当两斜齿轮传动时,齿面接触线的长度随啮合位置而变化,开始接触线长度由短变长,然后由长变短,直至脱离啮合。由于斜齿轮传动时两轮轮齿的啮合过程是一种逐渐进入和脱离的啮合过程,因而减少了传动时的冲击,振动和噪音,从而提高了传动的平稳性。斜齿轮传动适用于高速、大功率的齿轮传动。

2.斜齿圆柱齿轮的主要参数和几何尺寸

由于斜齿圆柱齿轮的齿廓曲面是渐开螺旋面,因此,在垂直于齿轮轴的端面上和垂直于齿廓螺旋面方向的法面上的参数是不同的,故计算斜齿轮的几何尺寸时,必须注意端面和法面参数的换算关系。

（1）螺旋角

斜齿圆柱齿轮齿廓曲面与任意圆柱面的交线都是一条螺旋线,该螺旋线的切线与过切点的圆柱母线间所夹锐角,称为该圆柱面上的螺旋角。在斜齿圆柱齿轮各个不同的圆柱面上的,其螺旋角是不相同的,通常用分度圆柱面上螺旋角进行几何尺寸计算,螺旋角越大,轮齿越倾斜,则传动平稳性越好,但轴向力也越大。一般设计时取螺旋角 $\beta_b=8°\sim20°$,近年来,为增大重合度,增加传动平稳性和降低噪声,在选择 β 上,有大螺旋角化倾向。对于人字齿轮,因其轴向力可以抵消,常取 $\beta=25°\sim45°$,但其加工困难,精度较低,一般用于重型机械的齿轮传动中。

斜齿轮按其齿廓渐开螺旋面的旋向,可以分为左旋和右旋两种,如图 3 - 2 - 20 所示。

（2）齿距与模数

由图 3 - 2 - 21 知,法向齿距 P_n 和端面齿距 P_t 关系为

$$p_n = p_t \cos\beta$$

又 $p_n = \pi m_n$,$p_t = \pi m_t$,故

$$m_n = m_t \cos\beta$$

式中，m_n 为法面模数；m_t 为端面模数。

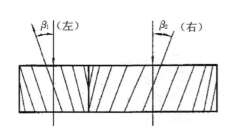

图 3-2-20 斜齿轮轮齿的旋向

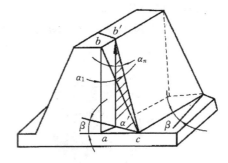

图 3-2-21 斜齿轮分度圆柱面上法面和端面参数的关系

（3）压力角

法面压力角 α_n 与端面压力角 α_t 的关系为：

$$\mathrm{tg}\,\alpha_n = \mathrm{tg}\,\alpha_t \cos\beta$$

用成型铣刀或滚刀加工斜齿轮时，刀具的进刀方向垂直于斜齿轮的法面，故一般规定法面内的参数为标准参数。

（4）齿顶高系数及顶隙系数

齿顶高系数及顶隙系数的有关公式见表 3-2-8

表 3-2-8 齿顶高系数及顶隙系数

齿顶高	$h_a = h_{at}^* m_t = h_{an}^* m_n$
齿根高	$h_f = (h_{at}^* + c_t^*) m_t = (h_{at}^* + c_n^*) m_n$
顶隙	$c = c_t^* m_t = c_n^* m_n$
法面模数	$m_n = m_t \cos\beta$

斜齿轮的法面参数 m_n、α_n、h_{an}^*、c_n^* 为标准值，且与直齿圆柱齿轮的参数标准值相同，即 m_n 查表 3-2-2，$\alpha = 20°$，$h_{an}^* = 1$，$c_n^* = 0.25$。

（5）外啮合标准斜齿轮的几何尺寸计算

由于一对斜齿轮的啮合在端面上相当于一对直齿轮的啮合，故可将直齿轮几何尺寸计算公式应用于斜齿轮端面的计算，见表 3-2-9。

表 3-2-9 外啮合标准斜齿轮的几何尺寸计算公式

名称	符号	计算公式
分度圆直径	d	$d = (m_n / \cos\beta) z$
齿顶高	h_a	$h_a = m_n$
齿顶圆直径	d_a	$d_a = d + 2h_a$

名称	符号	计算公式
齿根高	h_f	$h_f = 1.25m_n$
齿根圆直径	d_f	$d_f = d - 2h_f$
全齿高	h	$h = h_a + h_f = 2.25m_n$
标准中心距	a	$a = \dfrac{1}{2}(d_1 + d_2) = \dfrac{m_n}{2\cos\beta}(z_1 + z_2)$

斜齿轮传动的中心距与螺旋角 β 有关。当一对斜齿轮的模数和齿数一定时,可以通过改变其 β 的大小来配凑给定的实际安装中心距。

对标准斜齿轮不发生根切的最少齿数为

$$z_{\min} = 2h_{at}^* / \sin^2\alpha_t$$

若 $\beta = 15°$、$\alpha_n = 20°$、$h_{an}^* = 1$,则其不发生根切的最少齿为 $Z_{\min} = 15.5$,由此可见,标准斜齿轮不发生根切的最少齿数比标准直齿轮少,标准斜齿轮的结构比直齿轮紧凑。

例题 3 - 2 - 3　在一对标准斜齿圆柱齿轮传动中,已知传动的中心距 $a = 190$ mm,齿数 $z_1 = 30$,$z_2 = 60$,法向模数 $m_n = 4$ mm。试计算其螺旋角 β、基圆直径 d_b、分度圆直 d 及顶圆直径 d_a 的大小。

解:

因为 $\cos\beta = \dfrac{m_n}{2a}(z_1 + z_2) = \dfrac{4}{2 \times 190} \times (30 + 60) = 0.9474$

所以 $\beta = 18°40'$

$$\operatorname{tg}\alpha_t = \frac{\operatorname{tg}\alpha_n}{\cos\beta} = \frac{\operatorname{tg} 20°}{\cos 18°40'} = \frac{0.3640}{0.9474} = 0.3842$$

所以 $\alpha_t = 21°1'$

$$d_1 = \frac{m_n}{\cos\beta}z_1 = \frac{4 \times 30}{0.9474} = 126.662 \text{ mm}$$

$$d_2 = \frac{m_n}{\cos\beta}z_2 = \frac{4 \times 60}{0.9474} = 253.325 \text{ mm}$$

$$d_{a1} = d_1 + 2m_n = 126.662 + 8 = 134.662 \text{ mm}$$

$$d_{a2} = d_2 + 2m_n = 253.325 + 8 = 261.325 \text{ mm}$$

$$d_{b1} = d_1\cos\alpha_t = 126.662 \times 0.9335 = 118.239 \text{ mm}$$

$$d_{b2} = d_2\cos\alpha_t = 253.325 \times 0.9335 = 236.479 \text{ mm}$$

(6)斜齿圆柱齿轮传动的正确啮合条件

由斜齿轮齿廓曲面的形成可知,为保证斜齿轮正确啮合传动,除像直齿轮那样保证两轮的模数、压力角相等外,两轮的螺旋角还应相匹配。对外啮合传动,两轮的螺旋角应大小相等、方向相反;对内啮合传动,两轮的螺旋角应大小相等、方向相同。

因此,斜齿轮传动的正确啮合条件是:

1)$\beta_1 = -\beta_2$(外啮合);$\beta_1 = \beta_2$(内啮合)

2)$m_{n1} = m_{n2} = m_n$;($m_{t1} = m_{t2}$)

3)$\alpha_{n1} = \alpha_{n2} = \alpha_n$;($\alpha_{t1} = \alpha_{t2}$)

(八)直齿锥齿轮传动

1. 直齿锥齿轮传动的啮合条件

直齿锥齿轮的正确啮合条件为:两直齿锥齿轮的大端模数 m 和压力角 α 分别相等,此外,两轮的节锥角之和应等于两轴夹角。即

$$m_1 = m_2 = m$$

$$\alpha_1 = \alpha_2 = \alpha$$

$$\textstyle\sum = \delta_1 + \delta_2 = 90°$$

图 3-2-22 所示为一对标准直齿锥齿轮传动,其分度圆锥和节圆锥相重合且两轴交角 $\textstyle\sum = 90°$,两轮各部分名称及主要几何尺寸的计算公式列于表 3-2-10。

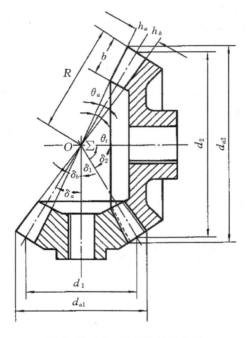

图 3-2-22 直齿锥齿轮传动

表 3-2-10 标准直齿锥齿轮传动($\textstyle\sum = 90°$)的主要几何尺寸的计算公式

名称	符号	计算公式
分度圆锥角	δ	$\delta_1 = \operatorname{arccot} \dfrac{z_2}{z_1}$ $\delta_2 = 90° - \delta_1$
分度圆直径	d	$d_1 = mz_1$ $d_2 = mz_2$
齿顶高	h_a	$h_{a1} = h_{a2} = h_a^* m$
齿根高	H_f	$H_{f1} = h_{f2} = (h_a^* + c^*)m$
齿顶圆直径	d_n	$d_{a1} = d_1 + 2h_a \cos\delta_1,$ $d_{a2} = d_2 + 2h_a \cos\delta_2$
齿根圆直径	D_f	$d_{f1} = d_1 - 2h_f \cos\delta_1,$ $d_{f2} = d_2 - 2h_f \cos\delta_2$
锥距	R	$R = \dfrac{1}{2}\sqrt{d^2_1 + d^2_2}$

名称	符号	计算公式
齿宽	B	$b \leqslant \dfrac{1}{3}R$
齿顶角	θ_a	$\theta_{a1} = \theta_{a2} = \arctan \dfrac{h_L}{R}$
齿根角	θ_f	$\theta_{f1} = \theta_{f2} = \arctan \dfrac{h_f}{R}$
齿顶圆锥角	δ_a	$\delta_{a1} = \delta_1 + \theta_{a1}$ $\qquad \delta_{a2} = \delta_2 + \theta_{a2}$
齿根圆锥角	δ_f	$\delta_{f1} = \delta_1 - \theta_{f1}$ $\qquad \delta_{f2} = \delta_2 - \theta_{f2}$
当量齿数	z_v	$z_{v1} = \dfrac{z_1}{\cos\delta_1}$ $\qquad z_{v2} = \dfrac{z2}{\cos\delta_2}$

2. 直齿锥齿轮传动的特点

锥齿轮传动是用来传递相交两轴的运动和动力的。其传动可以看成是两个锥顶共点的圆锥体相互作纯滚动,如图3-2-23所示。锥齿轮的轮齿是均匀分布在一个截锥体上,从大端到小端逐渐收缩,其轮齿有直齿和曲齿二种类型。直齿锥齿轮易于制造,适用于低速、轻载传动,曲齿锥齿轮传动平稳、承载能力强,常用于高速重载传动,但其设计和制造较复杂。

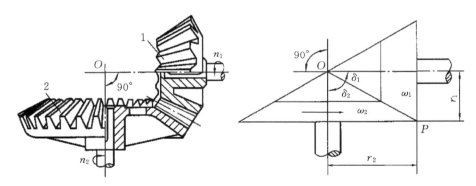

图3-2-23 一对直齿锥齿轮传动

直齿锥齿轮和直齿圆柱齿轮相似,它具有基圆锥、分度圆锥、齿顶圆锥和齿根圆锥等。一对相互啮合传动的直齿锥齿轮还有节圆锥。对于正确安装的标准锥齿轮传动,节圆锥与分度圆锥相重合。

(九)齿轮常用材料、热处理

制造齿轮的常用材料是锻钢、铸钢和铸铁,在特殊情况下也可采用有色金属材料和尼龙、夹布胶木等工程塑料,选择齿轮材料主要是根据齿轮承受载荷的大小和性质、速度高低等工作情况以及结构、尺寸、重量和工艺性、经济性等方面的要求。

齿轮常用材料主要有以下一些。

(1)锻钢

碳素结构钢和合金结构钢是制造齿轮最常用的材料。齿轮毛坯经锻造后,钢的强度高,韧性好并可用多种热处理方法改善其机械性能。因此,重要的齿轮均采用锻钢。

按齿轮热处理后齿面硬度的高低,钢制齿轮可分为软齿面和硬齿面两类。

1) 软齿面(≤350HBS)齿轮

这类齿轮的热处理方法是调质或正火

①调质 通常用于中碳钢或中碳合金钢,如 45、40Cr、35SiMn 等。调质后,材料的综合机械性能较好,硬度一般可达 200～250HBS,由于硬度不高,故调质后仍可用切齿作为最终加工,也易于跑合。常用于强度、速度及精度要求不高的场合。

②正火 通常用于 Q235、Q275、35、45 等中碳钢。正火能消除内应力,细化晶粒,改善机械性能和切削加工性能,正火后硬度可在 156～217HBS。对受设备限制而不适合调质的大齿轮或强度要求不高的齿轮,可采用正火处理。

软齿面齿轮制造工艺简单,适用于中小功率、尺寸和重量无严格要求的一般机械中。

2) 硬齿面(>350HBS)齿轮

这类齿轮的热处理方法是表面淬火、渗碳淬火和氮化。

①表面淬火 中碳钢及中碳合金钢,如 45、40Cr、35SiMn 等制造的齿轮,经表面淬火(hardening)后齿面硬度可达 HRC40～55,使齿轮轮齿的承载能力增加,耐磨性增强。同时,由于齿心未能被淬硬,仍有较高的韧性,能承受中等冲击载荷。

尺寸不大的中小齿轮常采用高频淬火,大尺寸齿轮常采用火焰淬火。

②渗碳淬火 对重载和承受较大冲击的齿轮,常采用韧性好的低碳合金钢如 20Cr、20CrMnTi 等制造,并进行渗碳淬火,齿面硬度可达 HRC56～62,同时心部韧性很好。渗碳淬火后轮齿变形较大,一般应进行磨齿。

③氮化 氮化是一种化学热处理方法,常用的渗氮钢如 38CrMoALA、35CrALA 等经氮化后可得到很高的齿面硬度达 HRC60,但硬化层很薄(0.1～0.3mm),且易于压碎,不宜用于承受冲击载荷或有严重磨损的场合。氮化后不再进行其它热处理,也不需最后磨齿,适用于难以磨齿的场合,如内齿轮。

齿面硬度组合及其应用如表 3-2-11 所示。

表 3-2-11 齿轮工作齿面硬度及其组合的应用举例

齿轮类型	齿轮种类	热处理		两轮工作面硬度差	工作齿面硬度举例		备注
		小齿轮	大齿轮		小齿轮	大齿轮	
软齿面(HBS<350)	直齿	调质	正火	$0 < (HBS_1)_{min} - (HBS_2)_{max} \leq 20\sim25$	240～270HBS	200～230HBS	用于重载低速传动装置
			调质		260～290HBS	200～250HBS	
	斜齿及人字齿	调质	正火	$(HBS_1)_{min} - (HBS_2)_{max} \geq 40\sim45$	240～270HBS	160～190HBS	
			正火		260～290HBS	180～210HBS	
			调质		270～300HBS	200～230HBS	

续表

齿轮类型	齿轮种类	热处理		两轮工作面硬度差	工作齿面硬度举例		备注
		小齿轮	大齿轮		小齿轮	大齿轮	
软、硬组合齿面（HBS$_1$＞350）（HBS$_2$≤350）	斜齿及人字齿	表面淬火	调质	齿面硬度相差很大	HRC45～50 HRC45～50	270～300HBS 200～230HBS	用于负载冲击及过载都不大的重载中低速传动装置
		渗碳	调质	相同可多一点	HRC56～62	200～230HBS	
硬齿面	斜齿及人字齿	表面淬火	表面淬火	齿面硬度大致相同	HRC45～50		用于传动尺寸受限制的情形和运输机上的传动装置
		渗碳	渗碳		HRC56～62		

（2）铸钢

当齿顶圆直径 d_a＞400 mm，结构形状较复杂时，轮坯不宜锻造而采用铸钢制造。常用牌号有 ZG310.570、ZG340—640 等。铸钢轮坯在切削加工以前，一般要进行正火处理，以消除内应力和改善切削加工性能。

（3）铸铁

普通灰铸铁具有较好的减摩性和加工性能，且价格低廉。但其强度较低，抗冲击能力较差，故只适用于低速、轻载和无冲击的场合。铸铁齿轮对润滑要求较低，因此较多的用于开式传动中，常用牌号有 HT250，HT300 等。

近年来，球墨铸铁的应用有了很大进展，可以代替开式传动中的铸铁和闭式传动中的铸钢齿轮，常用牌号有 QT500－5，QT600－2 等。齿轮常用材料见表 3－2－11 。

（十）齿轮结构设计及齿轮传动润滑和效率

根据齿轮传动的强度计算，可以得到齿轮的主要参数和尺寸，如齿数、模数、分度圆直径、齿宽、螺旋角等。而齿轮的结构型式和齿轮的轮毂、轮辐、轮缘等部分的尺寸，则由齿轮的结构来确定。

1.齿轮的结构设计

齿轮的结构设计，通常是先根据齿轮直径的大小，选择合理的结构型式，然后由经验公式确定有关尺寸，绘制零件工作图。齿轮常用的结构型式主要有以下几种：

（1）齿轮轴

对于直径较小的钢制圆柱齿轮，若齿根圆至键槽底部的距离 x≤(2～2.5)m_n（m_n 为法面模数）时，对于锥齿轮，若小端齿根圆至键槽底部的距离 x≤(1.6～2)m（m 为大端模数）时，皆应将齿轮和轴制成一体，称为齿轮轴，如图 3－2－24(a)，(b)所示。此种齿轮轴常用锻造毛坯。

图 3 - 2 - 24　齿轮轴

（2）实体式齿轮

当齿顶圆直径 $d_a \leqslant 200$ mm 时，可采用实体式结构，如图 3 - 2 - 25(a)，(b)所示。此种齿轮常用锻钢制造。

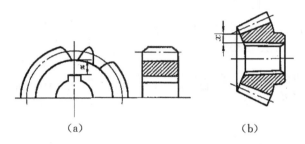

（a）　　　　　　　　　　（b）

图 3 - 2 - 25　实体式齿轮

（3）腹板式齿轮

当齿顶圆直径 $d_a = 200 \sim 500$ mm 时，可采用腹板式结构，如图 3 - 2 - 26 所示。此种齿轮

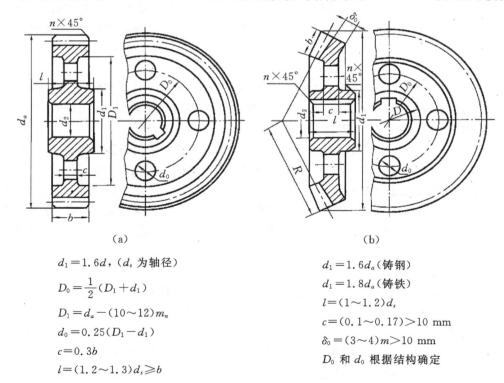

（a）　　　　　　　　　　　　　　（b）

$d_1 = 1.6d$，（d_s 为轴径）

$D_0 = \dfrac{1}{2}(D_1 + d_1)$

$D_1 = d_a - (10 \sim 12)m_n$

$d_0 = 0.25(D_1 - d_1)$

$c = 0.3b$

$l = (1.2 \sim 1.3)d_s \geqslant b$

$d_1 = 1.6d_a$（铸钢）

$d_1 = 1.8d_a$（铸铁）

$l = (1 \sim 1.2)d_s$

$c = (0.1 \sim 0.17) > 10$ mm

$\delta_0 = (3 \sim 4)m > 10$ mm

D_0 和 d_0 根据结构确定

图 3 - 2 - 26　腹板式圆柱齿轮

常用锻钢制造,也可采用铸造毛坯。齿轮各部分尺寸由图中经验公式确定。

(4)轮幅式齿轮

当齿顶圆直径 $d_a > 500$ mm 时,可采用轮幅式结构,如图 3-2-27 所示。此种齿轮常用铸钢或铸铁制造,各部分尺寸由图中经验公式确定。

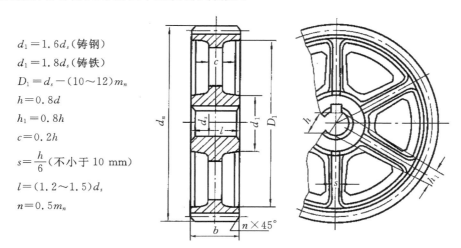

$d_1 = 1.6d_s$ (铸钢)

$d_1 = 1.8d_s$ (铸铁)

$D_1 = d_s - (10 \sim 12)m_n$

$h = 0.8d$

$h_1 = 0.8h$

$c = 0.2h$

$s = \dfrac{h}{6}$ (不小于 10 mm)

$l = (1.2 \sim 1.5)d_s$

$n = 0.5m_n$

图 3-2-27 轮幅式圆柱齿轮

2. 齿轮传动的润滑

润滑对于齿轮传动十分重要。润滑不仅可以减小摩擦、减轻磨损,还可以起到冷却、防锈、降低噪声、改善齿轮的工作状况、延缓轮齿失效、延长齿轮的使用寿命等作用。

(1)润滑方式

闭式齿轮传动的润滑方式有浸油润滑和喷油润滑两种,一般根据齿轮的圆周速度确定采用哪一种方式。

浸油润滑:当齿轮的圆周速度 $v < 12$ m/s 时,通常将大齿轮浸入油池中进行润滑,如图 3-2-28(a)所示。齿轮浸入油中的深度至少为 10 mm,转速低时可浸深一些,但浸入过深则会增大运动阻力并使油温升高。在多级齿轮传动中,对于未浸入油池内的齿轮,可采用带油轮将油带到未浸入油池内的齿轮齿面上,如图 3-2-28(b)所示。浸油齿轮可将油甩到齿轮箱壁上,有利于散热。

喷油润滑:当齿轮的圆周速度 $v > 12$ m/s 时,由于圆周速度大,齿轮搅油剧烈,且粘附在齿廓面上的油易被甩掉,因此不宜采用浸油润滑,而应采用喷油润滑。即用油泵将具有一定压力的润滑油经喷嘴喷到啮合的齿面上,如图 3-2-28(c)所示。

对于开式齿轮传动,由于其传动速度较低,通常采用人工定期加油润滑的方式。

(2)润滑剂的选择

选择润滑油时,先根据齿轮的工作条件以及圆周速度由表 3-2-12 查得运动粘度值,再根据选定的粘度确定润滑油的牌号。

必须经常检查齿轮传动润滑系统的状况(如润滑油的油面高度等)。油面过低则润滑不良,油面过高会增加搅油功率的损失。对于压力喷油润滑系统还需检查油压状况,油压过低会造成供油不足,油压过高则可能是因为油路不畅通所致,需及时调整油压。

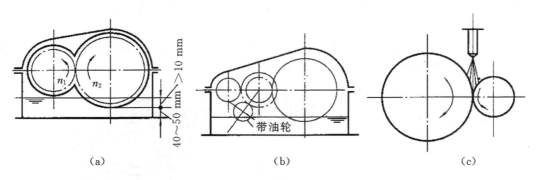

图 3 − 2 − 28 齿轮传动的润滑

3. 齿轮传动的效率

齿轮传动中的功率损失,主要包括啮合中的摩擦损失、轴承中的摩擦损失和搅动润滑油的功率损失。进行有关齿轮的计算时通常使用的是齿轮传动的平均效率。

当齿轮轴上装有滚动轴承,并在满载状态下运转时,传动的平均总效率 η 列于表 3 − 2 − 13 中,供设计传动系统时参考。

表 3 − 2 − 12　齿轮传动润滑油粘度荐用值

齿轮材料	强度极限 σ_B(MPa)	圆周速度 v/(m/s)						
		<0.5	0.5～1	1～2.5	2.5～5	5～12.5	12.5～25	>25
		运动粘度 $v_{50℃}$($v_{100℃}$)/(mm²/s)						
塑料、青铜、铸铁	—	180(23)	120(1.5)	85	60	45	34	—
钢	450～1 000	270(34)	180(23)	120(15)	85	60	45	34
	1000～1 250	270(34)	270(34)	180(23)	120(15)	85	60	45
渗碳或表面淬火钢	1 250～1 580	450(53)	270(34)	270(34)	180(23)	120(15)	85	60

注:1. 多级齿轮传动按各级所选润滑油粘度的平均值来确定润滑油。

2. 对于 σ_B>800 MPa 的镍铬钢制齿轮(不渗碳),润滑油粘度取高一档的数值。

表 3 − 2 − 13　装有滚动轴承的齿轮传动的平均效率

传动型式	圆柱齿轮传动	锥齿轮传动
6 级或 7 级精度的闭式传动	0.98	0.97
8 级精度的闭式传动	0.97	0.96
开式传动	0.95	0.94

(十一)齿轮传动的精度

在不同的工作条件下,对齿轮传动有不同的要求,归纳起来,一般有四个方面的要求:

(1)传递运动准确,即在一转中传动比变化尽量小;

(2)传动平稳,振动和噪声小,避免产生动载荷和撞击;

(3)工作齿面接触良好,载荷分面均匀;

(4)有足够的但不是过大的侧隙;

(5)影响上述四个方面使用要求的因素很多,但是,齿轮和齿轮副的误差大小是影响齿轮传动工作性能的重要因素。因此,应该对齿轮和齿轮副提出一定的检验项目,并规定精度等级。

1. 精度等级及评定指标

(1)精度等级

GB10095—88 对齿轮和齿轮副规定了 12 个精度等级,由高到低依次用 1、2、3 …11、12 表示,其中,1、2 级精度为待发展级,3～5 级为高精度级,6～8 级为中等精度等级,9～12 为低精度等级。

(2)公差组

按误差特性及对传动性能的主要影响,标准把检验项目分为三个公差组。第Ⅰ公差组主要影响传动的准确性,第Ⅱ公差组主要影响传动的平稳性,第Ⅲ公差组主要影响齿轮受载后载荷分布的均匀性。每个公差组由若干检验组组成,表 3-2-14 可供选择检验组参考。

(3)精度等级的选择

齿轮精度等级的选择应考虑齿轮的用途、使用条件、传递功率、圆周速度、传动运动的准确性和平稳性等。一般情况下由经验法确定精度等级。

表 3-2-14　常用的检验组

精度等级	第Ⅰ公差组	第Ⅱ公差组	第Ⅲ公差组		齿轮副侧隙
	对齿轮		对箱体	对传动	
5.6	F_p	f_{pb} 或 f_t F_{pd} 或 f_{pb}	f_s 和 f_γ	接触斑点或 F_p	F_s 或 F_w
7.8	F_p 或 F_z 和 F_w				
9	F_t 和 F_w				

一般情况下,三个公差组选用相同精度等级。但根据使用要求不同,也允许对三个公差组选用不同的精度等级,例如机床分度系统的齿轮,传递运动的准确性比工作平稳性要求高,所以第一公差组的精度等级比第Ⅱ公差组的精度等级高一级。轧钢机上的齿轮,为了使载荷分布均匀,第Ⅲ公差组精度等级可高些。

2. 齿轮副的侧隙

齿轮副的最小极限侧隙,应根据工作条件确定,其数值与精度无关。为保证得到最小极限侧隙所需要的齿厚减薄量(齿厚上偏差)除了取外决于最小极限侧隙外,还要考虑会使侧隙减少的齿轮和齿轮副的加工和装配误差。因此,齿厚上偏差 E_{ss} 是与精度等级有关的。标准对齿厚极限偏差规定了 14 种,分别用字母 C、D、E、F、G,…、R、S 表示,其数值是齿距极限偏差 f_{pt} 的某整数倍。齿厚下偏差 E_{si} 由齿厚上偏差和齿厚公差决定。齿厚公差应根据工厂的技术情况或实践经验确定。上、下偏差除由计算法确定外,也可由经验法确定。表 3-2-15 是通用减速器行业的企业标准(部分),供参考。

表 3-2-15 齿厚极限偏差参考值

Ⅱ组精度		7						8					
分度圆直径/mm	偏差名称	法向模数/mm						法向模数/mm					
		≥1～3.5		>3.5～6.3		>6.3～10		≥1～3.5		>3.5～6.3		>6.3～10	
		偏差代号	偏差数值	偏差代号	偏差数值	偏差代号	偏差数值	偏差代号	偏差数值	偏差代号	偏差数值	偏差代号	偏差数值
≤80	E_{ss}	H	−112	G	−108	G	−120	G	−120	F	−100	F	−112
	E_{si}	K	−168	J	−180	J	−120	J	−200	H	−200	H	−244
>80～125	E_{ss}	H	−112	G	−108	G	−120	G	−120	G	−150	F	−112
	E_{si}	K	−168	J	−180	J	−200	J	−200	J	−250	H	−244
>125～180	E_{ss}	H	−128	G	−120	G	−132	G	−132	G	−168	F	−128
	E_{si}	K	−192	J	−200	J	−220	K	−264	J	−280	H	−256
>180～250	E_{ss}	H	−128	H	−160	G	−132	H	−175	G	−168	G	−192
	E_{si}	K	−192	K	−240	J	−220	L	−352	J	−280	J	−320
>250～315	E_{ss}	J	−160	H	−160	H	−176	H	−176	G	−168	G	−192
	E_{si}	M	−320	K	−240	K	−264	L	−352	J	−280	J	−320
>315～400	E_{ss}	K	−192	H	−160	H	−176	H	−176	G	−168	G	−192
	E_{si}	M	−320	K	−240	K	−264	L	−352	J	−280	J	−320

3. 齿轮精度的标注

在齿轮零件图上应标注齿轮的精度等级和齿厚极限偏差的字母代号。

标注示例:

(1)齿轮的三个公差组同为 7 级,齿厚上偏差为 F,下偏差为 L(见表 3-2-15):

7FL　　GB10095-88

(2)齿轮第Ⅰ公差组精度为 7 级,第Ⅱ、第Ⅲ公差组精度为 6 级,齿厚上偏差为 G,齿厚下偏差为 M:7-6-6GM　GB10095-88

齿坯的加工误差对齿轮的加工、检验和安装精度影响大,因此,控制齿坯质量是保证和提高齿轮加工精度的一项积极措施,设计时应对齿坯精度作相应要求。齿坯公差见表 3-2-16。

表 3 – 2 – 16 齿坯公差

齿轮精度等级①		6	7	8	9	注：① 当三个公差组的精度等级不同时，按最高的精度等级确定公差值。
孔	尺寸公差 形状公差	IT6		IT7		② 当齿顶圆不作为测量齿厚的基准时，尺寸公差按 IT11 给定，但不大于 0.1m_n。
轴	尺寸公差 形状公差	IT5	IT6		IT7	③ 当以齿顶圆作基准面时，本栏是指齿顶圆向径向跳动

齿顶圆直径②			IT8		IT9
基准面的径向圆跳动公差③ 基准面的端面圆跳动公差 μm	分度圆直径/mm				
	大于	到			
	—	125	11	18	28
	125	400	14	22	36
	400	800	20	32	50
	800	1600	28	45	71
	1600	2500	40	63	100
	2500	4000	63	100	160

二、齿轮传动的受力分析

(一)标准直齿圆柱齿轮的受力分析

1. 轮齿的受力分析

为了计算齿轮的强度，同时也为轴和轴承计算做准备，首先需要对轮齿进行受力分析。齿轮啮合传动时，齿面上的摩擦力与轮齿所受载荷相比很小，可略去不计。因此，在一对啮合的齿面上，只作用着沿啮合线方向的法向力。图 3 – 2 – 29 所示为一对标准直齿圆柱齿轮传动，其齿廓在节点 P 接触，当主动轮 1 上作用转矩 T_1 时，若接触面的摩擦力忽略不计，则主动轮齿沿啮合线 N_1N_2 方向（法向）作用于从动轮轮齿有一法向力 F_{n2}（从动轮齿也以 F_{n1} 反作用于主动轮齿），可将 $F_{n1}(F_{n2})$ 沿圆周方向和半径方向分解为互相垂直的圆周力 $F_{t1}(F_{t2})$ 和径向力 $F_{r1}(F_{r2})$。

由力矩平衡条件得

$$圆周力\ F_t = F_{t1} = F_{t2} = \frac{2T_1}{d_1} = \frac{2T_2}{d_2} \qquad (3-2-8)$$

$$径向力\ F_r = F_{r1} = F_{r2} = F_t \mathrm{tg}\alpha \qquad (3-2-9)$$

$$法向力\ f_n = F_{n1} = F_{n2} = F_t/\cos\alpha \qquad (3-2-10)$$

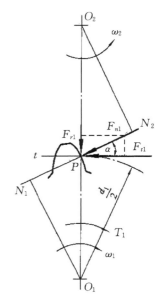

图 3 – 2 – 29 轮齿的受力分析

111

式中，d_1、d_2 为两齿轮的分度圆直径（mm）；α 为压力角，$\alpha = 20°$

若 P 为传递的功率（kW），n_1 为小齿轮的转速（r/min），可得转矩

$$T_1 = 9550 \frac{P}{n} \quad \text{N} \cdot \text{m} \tag{3-2-11}$$

圆周力 F_t 的方向为：作用在主动轮齿上的 F_{t1} 对主动轮轴之矩的方向与主动轮转动方向相反；作用在从动轮齿上的 F_{t2} 对从动轮轴之矩的方向与从动轮转动方向相同。径向力 F_{r1}、F_{r2} 的方向对两轮都是指向各自的回转中心。

2. 轮齿的计算载荷

上述轮齿受力分析中的法向力 F_n 是作用在轮齿上的理想状况下的载荷，此载荷称为名义载荷。当齿轮在实际状况下工作时由于原动机和工作机的载荷特性不同，产生附加载荷；齿轮、轴和支承装置加工、安装的误差及受载后产生的弹性变形，使载荷沿齿宽分布不均匀造成载荷集中等原因，使实际载荷比名义载荷大，因此，在齿轮传动的强度计算时，需引用载荷系数 K 来考虑上述各种因素的影响，以 KF_n 代替名义载荷 F_n，使之尽可能符合作用在轮齿上的实际载荷，载荷 KF_n 称为计算载荷，用符号 F_{nc} 表示，即

$$F_{nc} = KF_n$$

载荷系数 K 值查表 3-2-17。

表 3-2-17　载荷系数

工作机械	载荷特性	原动机		
		电动机	多缸内燃机	单缸内燃机
均匀加料的运输机和加料机，轻型卷扬机、发电机、机床辅助传动	均匀、轻微冲击	1～1.2	1.2～1.6	1.6～1.8
不均匀加料的运输机和加料机、重型卷扬机、球磨机、机床主传动	中等冲击	1.2～1.6	1.6～1.8	1.8～2.0
冲床、钻机、轧机、破碎机、挖掘机	大的冲击	1.6～1.8	1.9～2.1	2.2～2.4

注：斜齿、圆周速度低、精度高、齿宽系数小，齿轮在两轴承间并对称布置，取小值。直齿、圆周速度高、精度低、齿宽系数大，齿轮在两轴承间不对称布置，取大值。

（二）斜齿圆柱齿轮的受力分析

图 3-2-30 为斜齿圆柱齿轮传动中主动轮上的受力分析图。图中 F_{nl} 作用在齿面的法面内，忽略摩擦力的影响，F_{nl} 可分解成 3 个互相垂直的分力，即圆周力 F_{tl}、径向力 F_{rl} 和轴向力 F_{al}，其值分别为

圆周力　$F_{t1} = \dfrac{2T_1}{d_1}$

径向力　$F_{r1} = F_{t1} \cdot \dfrac{\tan\alpha_n}{\cos\beta}$

轴向力　$F_{a1} = F_{t1} \cdot \tan\beta$

式中，T_1 为主动轮传递的转矩，单位为 N·mm；d_l 为主动轮分度圆直径，单位为 mm；β 为分度圆上的螺旋角；α_n 为法面压力角。

作用于主动轮上的圆周力和径向力方向的判定方法与直齿圆柱齿轮相同,轴向力的方向可根据左右手法则判定,即右旋斜齿轮用右手、左旋斜齿轮用左手判定,弯曲的四指表示齿轮的转向,拇指的指向即为轴向力的方向。作用于从动轮上的力可根据作用与反作用原理来判定。

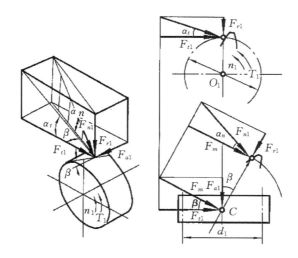

图 3 - 2 - 30 斜齿圆柱齿轮的受力分析

三、标准圆柱齿轮设计

(一)齿轮传动的失效形式及设计准则

1. 齿轮传动的失效形式

齿轮传动是由轮齿来传递运动和动力的,其失效形式一般是指传动齿轮轮齿的失效。齿轮轮齿的失效形式,主要有以下五种。

(1)轮齿折断

一对轮齿进入啮合时,在载荷作用下,轮齿相当于悬臂梁,齿根处弯曲应力最大,而且在齿根过渡处有应力集中,故轮齿折断一般发生在齿根部分。

轮齿折断有两种情况:一种是疲劳折断,它是由于轮齿齿根部分受到较大交变弯曲应力的多次重复作用,在齿根受拉的一侧产生疲劳裂纹,随着裂纹不断扩展,最后导致轮齿折断(图3-2-31(a))。另一种是过载折断,即轮齿受到短时严重过载或冲击载荷作用引起的突然折断。用淬火钢或铸铁等脆性材料制造的齿轮容易发生过载折断。

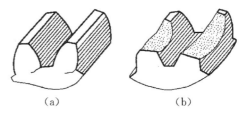

图 3 - 2 - 31 轮齿折断

齿宽较小的直齿圆柱齿轮往往会产生全齿折断。齿宽较大的直齿圆柱齿轮,由于制造安装的误差,使其局部受载过大时,则产生局部折断。对于斜齿圆柱齿轮,由于齿面接触线倾斜的缘故,其轮齿通常也产生局部折断(图3-2-31(b))。

（2）齿面疲劳点蚀

轮齿工作时，两齿面在理论上是线接触，由于齿面的弹性变形，实际上形成微小的接触面积，其表层的局部应力很大，此应力称为接触应力。在传动过程中，齿面上各点依次进入和退出啮合，接触应力按脉动循环变化，当齿面的接触应力超过材料的接触疲劳极限时，在载荷多次重复作用下，首先在靠近节线的齿根表面处产生微小的疲劳裂纹，随着裂纹扩展，最后导致齿面金属小块剥落下来，形成一些小麻坑，这种现象称为疲劳点蚀又称点蚀（见图 3 - 2 - 32）。点蚀发生后，破坏了齿轮的正常工作引起振动和噪声。

（3）齿面胶合

在高速重载的齿轮传动中，常因啮合处的高压接触使温升过高，破坏了齿面的润滑油膜，造成润滑失效，使两齿轮齿面金属直接接触，导致局部金属粘结在一起，随着传动过程的继续，较硬金属齿面将较软的金属表层沿滑动方向撕划出沟，这种现象称为齿面胶合（见图 3 - 2 - 33），在低速重载情况下，由于油膜不易形成，也可能发生胶合。

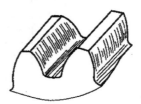

图 3 - 2 - 32　齿面疲劳点蚀　　　　　图 3 - 2 - 33　齿面胶合

（4）齿面磨损

齿轮在啮合过程中，由于齿面间有相对滑动，故在载荷作用下，必然会产生磨损，严重的磨损将使齿面失去渐开线形状，齿侧间隙增大，齿根厚度减小从而产生冲击和噪声，甚至发生轮齿折断。齿面磨损是开式传动不可避免的一种失效形式，在闭式齿轮传动中，降低表面粗糙度和保护良好的润滑，可以避免或减轻磨损（见图 3 - 2 - 34）。

（5）齿面塑性变形

在重载作用下，轮齿材料屈服产生塑性流动而使齿面或齿体发生塑性变形，导致齿面失去正确的齿形而失效，这种失效形式发生在低速、过载及起动频繁的传动中（见图 3 - 2 - 35）。

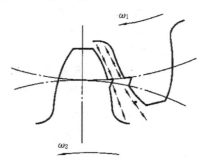

图 3 - 2 - 34　齿面磨损　　　　　图 3 - 2 - 35　齿面塑性变形

2. 齿轮传动的设计准则

在上述各种失效形式中，因磨损和塑性变形等尚无成熟的计算方法，故工程上通常只按齿面接触疲劳强度和齿根弯曲疲劳强度进行设计计算。

齿轮传动的一般设计计算准则如下：

（1）闭式传动

当一对或其中一个齿轮齿面为软齿面（≤350HBS）时常因点蚀而失效，故通常先按接触疲劳强度设计几何尺寸，然后用弯曲疲劳强度校核其承载能力。当一对齿轮均为硬齿面时（＞350HBS）常因轮齿折断而失效，故通常先按齿根弯曲疲劳强度设计几何尺寸，然后用齿面接触疲劳强度校核其承载能力。

（2）开式传动

对于开式齿轮传动，因主要失效形式是磨损，但目前尚无完善的计算方法，又齿轮传动常因磨损而使齿根减薄，导致轮齿折断，故仅以齿根弯曲疲劳强度设计几何尺寸，并将所得模数加大 10%～15%，以考虑磨损的影响，不必进行齿面接触疲劳强度计算。

（二）直齿圆柱齿轮传动的设计计算

1．齿面接触疲劳强度计算

齿面接触疲劳强度计算的目的，是为了防止齿面点蚀失效。齿面点蚀与两齿面的接触应力有关，根据齿轮啮合原理，对于直齿圆柱齿轮在节点处为单对齿参于啮合，相对速度为零，润滑条件不良，因而承载能力最弱，故点蚀常发生在节线附近。一般按节点处的计算接触应力进行计算。因此，防止齿面点蚀的强度条件为：节点处的计算接触应力应该小于齿轮材料的许用接触应力，即

$$\sigma_H \leqslant [\sigma_H]$$

图 3-2-36 所示为一对渐开线标准齿轮，两齿廓在节点 P 处接触。经过推导整理，直齿圆柱齿轮传动齿面接触疲劳强度的校核公式为

$$\sigma_H = 3.52 Z_E \sqrt{\frac{K T_1 (u \pm 1)}{b d_1^2 u}} \leqslant [\sigma_H] \qquad (3-2-12)$$

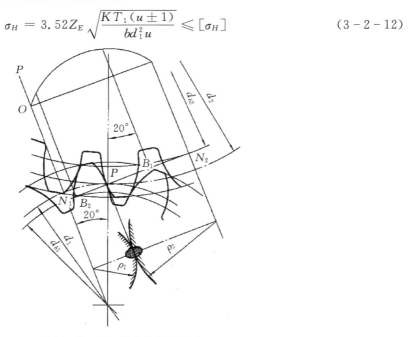

图 3-2-36　轮齿的接触应力

式中，σ_H 为齿面接触应力，（N/mm²）；

T_1 为小齿轮上的名义转矩，（N·mm）；

b 为轮齿的宽度，（mm）；

两轮的齿数比 $u = \dfrac{z_2}{z_1} = \dfrac{d_2}{d_1}$；

d_1 为小齿轮的分度圆直径，（mm）；

Z_E 称为齿轮材料的弹性系数，它反映了一对齿轮材料的弹性模量和泊松比对接触应力的影响，其值见表 3-2-18。

表 3-2-18　弹性系数 Z_E $\sqrt{\text{N/mm}^2}$

两齿轮材料组合	两齿轮均为钢	钢与铸铁	两齿轮均为铸铁
Z_E	189.9	165.4	144

注：计算 Z_E 值时，钢、铁材料的 $\mu = 0.3$；钢的 $E = 2.06 \times 10^5$ N/mm²；铸铁的 $E = 1.18 \times 10^5$ N/mm²。

令齿宽系数 $\psi_d = \dfrac{b}{d_1}$（其值见表 3-2-22），则 $b = \psi_d d_1$，并代入上式可得直齿圆柱齿轮按齿面接触疲劳强度条件计算小齿轮直径的设计公式为：

$$d_1 \geqslant 76.43 \times \sqrt[3]{\frac{KT_1(u \pm 1)}{\psi_d u [\sigma]}} \tag{3-2-13}$$

应用上述公式时应注意以下几点：

（1）当两轮的许用接触应力 $[\sigma_H]_1$ 与 $[\sigma_H]_2$ 不同时，应代入其中较小值进行计算。

（2）当齿轮材料、传递转矩 KT_1、齿宽 b、传动比 u 确定后，两轮的接触应力 σ_H 随小齿轮分度圆直径 d_1（或中心距 a）而变化，如果 d_1 或中心距 a 减小，则 σ_H 就增大，齿面接触强度相应减小。即齿轮的齿面接触疲劳强度取决于小齿轮直径 d_1 或中心距 a 的大小，而与模数不直接相关。

（3）两轮齿面接触应力 σ_{H1} 与 σ_{H2} 大小相同。

2. 轮齿弯曲疲劳强度计算

齿根弯曲疲劳强度计算的目的，是为防止轮齿根部的疲劳折断。轮齿的折断与齿根弯曲应力有关。当一对齿开始啮合时，载荷 F_n 作用在齿顶，此时弯曲力臂 h_F 最长，齿根部分所产生的弯曲应力最大，但其前对齿尚未脱离啮合（因重合度 $\varepsilon > 1$），载荷由两对齿来承受。考虑到加工和安装误差的影响，为了安全起见，对精度不很高的齿轮传动，进行强度计算时仍假设载荷全部作用于单对齿上。

在计算单对齿的齿根弯曲应力时，如图 3-2-37 所示，将轮齿看作宽度为 b 的悬臂梁。确定其危险截面的简便方法为：作与轮齿对称中心线成 30°夹角并与齿根过渡曲线相切的两条斜线，此两切点的连线即为其危险截面位置。防止齿根疲劳折断的强度条件为：齿根危险截面处的最大计算弯曲应力应小于或等于轮齿材料的许用弯曲应力，即

$$\sigma_F \leqslant [\sigma_F]$$

根据强度条件经过推导可得齿根弯曲疲劳强度的校核公式为

$$\sigma_F = \frac{2KT_1}{bmd_1}Y_F Y_S = \frac{2KT_1}{bm^2 z_1}Y_F Y_S \leqslant [\sigma_F] \tag{3-2-14}$$

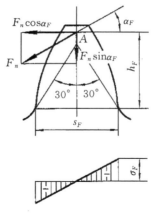

图 3-2-37 轮齿的弯曲强度

式中,K 为载荷系数(表 3-2-19);

T_1 为小齿轮的转矩(N·mm);

b 为轮齿的接触宽度(mm);

m 为齿轮的模数(mm);

z_1 为小齿轮齿数;

$[\sigma_F]$ 为许用弯曲应力[式(3-2-14)];

Y_F 称为齿形系数 由表 3-2-19 查得;

Y_S 应力修正系数,由表 3-2-20 查得。

表 3-2-19 标准外齿轮的齿形系数 Y_F

z	12	14	16	17	18	19	20	22	25	28	30	35	40	45	50	60	80	100	≥200
Y_F	3.47	3.22	3.03	2.97	2.91	2.85	2.81	2.75	2.65	2.58	2.54	2.47	2.41	2.37	2.35	2.30	2.25	2.18	2.14

注:$\alpha = 20°, h_a^* = 1, c^* = 0.25$

表 3-2-20 标准外齿轮的应力修正系数 Y_S

z	12	14	16	17	18	19	20	22	25	28	30	35	40	45	50	60	80	100	≥200
Y_S	1.44	1.47	1.51	1.53	1.54	1.55	1.56	1.58	1.59	1.61	1.63	1.65	1.67	1.69	1.71	1.73	1.77	1.80	1.88

注:$\alpha = 20°, h_a^* = 1, c^* = 0.25, \rho_f = 0.38\,m, \rho_f$ 为齿根圆角曲率半径

通常两轮的齿数不相同,故两轮的齿形系数 Y_{F1}、Y_{F2} 和应力修正系数 Y_{S1}、Y_{S2} 都不相等;两齿轮材料的许用弯曲应力 $[\sigma_{F1}]$、$[\sigma_{F2}]$ 也不一定相等。因此必须分别校核两齿轮的齿根弯曲强度。

当两齿轮齿宽相等时,由式(3-2-14)得

$$\left.\begin{array}{l} \sigma_{F1} = \dfrac{2KT_1}{bm^2 z_1} Y_{F1} Y_{S1} \leqslant [\sigma_{F1}] \\[4mm] \sigma_{F2} = \sigma_{F1} \dfrac{Y_{F2} Y_{S2}}{Y_{F1} Y_{S1}} \leqslant [\sigma_{F2}] \end{array}\right\} \qquad (3-2-15)$$

引入齿宽系数 $\psi_d = \dfrac{b}{d_1}$，并代入式（3-2-14），则可得齿根弯曲疲劳强度的设计公式为

$$m \geqslant 1.26 \times \sqrt[3]{\frac{KT_1 Y_F Y_S}{\psi_d z_1^2 [\sigma_F]}} \qquad (3-2-16)$$

计算时应将 $\dfrac{Y_{F1} Y_{S1}}{[\sigma_{F1}]}$ 和 $\dfrac{Y_{F2} Y_{S2}}{[\sigma_{F2}]}$ 两值中的大值代入上式，并将计算得的模数 m 按表 3-2-1 中选取标准值。

综上所述，齿轮强度计算是为了避免齿轮在使用期限内失效。因此，对于闭式齿轮传动中的软齿面（硬度 HBS＜350）齿轮，由于常因齿面点蚀而失效，故通常先按齿面接触疲劳强度设计公式计算，确定其主要参数和尺寸。然后再用弯曲疲劳强度校核公式，验算其齿根弯曲强度。对于闭式齿轮传动中的硬齿面齿轮或铸铁齿轮，由于常因齿根折断而失效，故通常按齿根弯曲疲劳强度设计公式进行计算，确定齿轮的模数和尺寸，然后再用接触疲劳强度校核公式，验算其齿面接触强度。

对于开式齿轮传动中的齿轮，磨粒磨损是其主要失效形式，故通常按照齿根弯曲疲劳强度设计公式进行计算，确定齿轮的模数。一般可视具体需要，将算得的模数加大 $10\%\sim15\%$，以考虑由于齿面磨损而使齿根弯曲强度降低的影响。

3. 齿轮的许用应力

齿轮的许用应力 $[\sigma]$ 是以试验齿轮的疲劳极限应力 $\sigma_{H\,\text{lim}}$ 为基础，并考虑其他影响因素而确定的。

（1）许用接触应力

许用接触应力公式为：

$$[\sigma_H] = \frac{\sigma_{H\,\text{lim}} z_N}{S_H} \qquad (3-2-17)$$

式中，$\sigma_{H\,\text{lim}}$ 为试验齿轮的接触疲劳极限应力（N/mm²）（图 3-2-38）；Z_N 为接触疲劳强度寿命系数（图 3-2-39）；S_H 为接触疲劳强度最小安全系数（表 3-2-21）

①试验齿轮的接触疲劳极限应力

$\sigma_{H\,\text{lim}}$ 是指某种材料的齿轮经长期持续的重复载荷作用（通常不少于 50×10^6 次）齿面保持

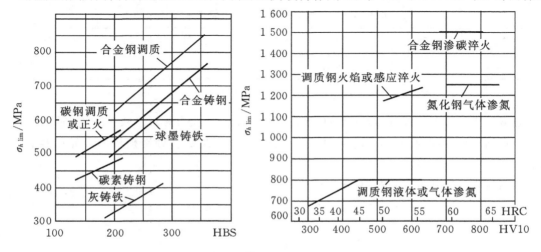

图 3-2-38　试验齿轮的接触疲劳极限中 $\sigma_{H\,\text{lim}}$

不破坏时的极限应力,由图3-2-38查出。

②接触疲劳强度寿命系数

寿命系数Z_N是考虑当齿轮只要求有限使用寿命时,齿轮许用应力可以提高的系数。其值可根据工作应力循环次数N,由图3-2-39查得。

对于在稳定载荷作用下工作的齿轮,其应力循环次数为:

$$N = 60nrt_h \qquad\qquad (3-2-18)$$

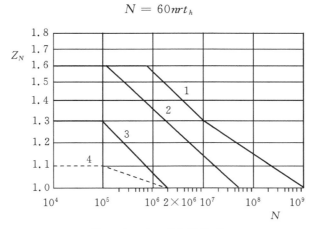

图3-2-39 寿命系数Z_N

注:1—碳钢经正火、调质、表面淬火及渗碳淬火,球墨铸铁(允许一定的点蚀);

2—同1,不允许出现点蚀;

3—碳钢调质后气体氮化,氮化钢气体氮化,灰铸铁;

4—碳钢调质后液体氮化

式中,n为齿轮的转速(r/min);r为齿轮每转中轮齿一侧齿面啮合的次数;t_h为齿轮的总工作时数(h)。

③接触疲劳强度最小安全系数

安全系数一般是根据工作的可靠性程度,即失效概率的大小来确定的。由于齿轮的使用场合不同,对于高速、重载或重要机器中的齿轮传动,应按高可靠性确定最小安全系数;对于一般用途的齿轮传动,应适当降低其可靠性要求,可选取较小的最小安全系数,使传动结构紧凑。接触疲劳强度最小安全系数S_H由表3-2-21查取。

表3-2-21 最小安全系数(S_H 或 S_F)

使用要求(可靠性程度)	最小安全系数
特高可靠性(失效概率低于$\frac{1}{10000}$)	1.50
高可靠性(失效概率低于$\frac{1}{1000}$)	1.25
一般可靠性(失效概率低于$\frac{1}{100}$)	1.00
低可靠性(失效概率低于$\frac{1}{10}$)	0.85(在点蚀前可能出现塑性变形)

(2)许用弯曲应力

许用弯曲应力公式为:

$$[\sigma_F] = \frac{\sigma_{F\,\lim}Y_N}{S_F} \qquad\qquad (3-2-19)$$

式中，$\sigma_{F\,\lim}$ 为试验齿轮的弯曲疲劳极限应力（N/mm²），按图 3－2－40 查取；Y_N 为弯曲疲劳强度寿命系数，由图 3－2－41 查取；为弯曲疲劳强度最小安全系数（表 3－2－21）。

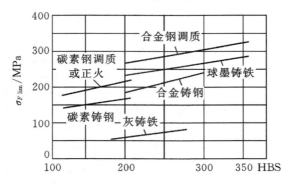

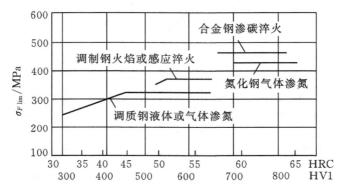

图 3－2－40　试验齿轮的弯曲疲劳极限应力 $\sigma_{F\,\lim}$

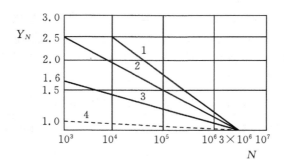

图 3－2－41　寿命系数 Y_N

注：1—碳钢经正火、调质，球墨铸铁；　2—碳钢经表面淬火、渗碳淬火；

3—氮化钢气体氮化，灰铸铁；　4—碳钢调质后液体氮化

① 试验齿轮的弯曲疲劳极限应力

$\sigma_{F\,\lim}$ 是指某种材料的齿轮经长期持续的重复载荷作用后（至少 3×10^6 次）齿根保持不破坏时的极限应力。

② 弯曲疲劳强度寿命系数

对于在稳定载荷作用下工作的齿轮,其应力循环次数仍按式(3-2-18)计算,然后由图3-2-41查得弯曲疲劳强度寿命系数 Y_N。

③弯曲疲劳强度最小安系数

弯曲疲劳强度最小安全系数的意义、选择方法与前述接触疲劳强度最小安全系数相同。

4.齿轮传动的主要参数的选择

(1)模数 m 和齿数 z

对于软齿面的闭式齿轮传动,其承载能力主要由齿面接触疲劳强度决定,而齿面接触应力 σ_H 的大小与齿轮的分度圆直径 d 有关。当 d 的大小不变时,由于 $d=mz$,在满足齿根弯曲疲劳强度的条件下,宜采用较小的模数及较多的齿数,从而可使重合度 ε 增大,改善传动的平稳性和轮齿上的载荷分配。一般可取小齿轮齿数 $z_1=20\sim40$;对高速齿轮传动,z_1 不宜小于25~27。

对于硬齿面的闭式齿轮传动和开式传动,其承载能力主要由齿根弯曲疲劳强度决定。模数越大,轮齿的尺寸也越大,在齿数 z 和齿宽 b 相同的条件下,轮齿的弯曲疲劳强度也越高。因此,为了保证轮齿具有足够的弯曲疲劳强度和结构尺寸紧凑,宜采用较大的模数而齿数不宜过多。一般可取小齿轮齿数 $z_1=17\sim20$。

对于传递动力的齿轮传动,为了防止因过载而轮齿裂断,一般应使模数 m 不小于1.5~2 mm。

(2)齿数比 u

由于齿数比是大齿轮齿数 z_2 与小齿轮齿数 z_1 之比值,故其值恒大于1。而传动比 i 为主动轮转速与从动轮转速之比值,其值可以大于1,也可以小于1。所以在数值上当减速传动时,一对齿轮的 $u=i$;增速传动时 $u=\dfrac{1}{i}$。

设计时,u 值不宜选取过大,以免因大齿轮的直径大,而使整个传动装置外廓尺寸过大。通常应取 $u<7$。当 $u>7$ 时,可采用多级传动。

一般齿轮传动中,实际传动比 i(或 u)与理论传动比允许有 $\pm2.5\%$($i\leqslant4.5$)或 $\pm4\%$($i>4.5$)的误差。

(3)齿宽系数 ψ_d

齿宽系数 $\psi_d=\dfrac{b}{d_1}$,即齿宽与分度圆直径之比。在一定的载荷作用下,增大齿宽系数,便可以减小齿轮直径和中心距,从而降低了齿轮的圆周速度,且可使齿轮传动结构紧凑。但是,齿宽越大,载荷沿齿宽分布不均匀,载荷集中越严重。因此,必须考虑各方面的影响因素,合理地选择齿宽系数。齿宽系数 ψ_d 值可由表3-2-22选取。

表 3-2-22 齿宽系数 ψ_d

齿轮相对于轴承的位置	齿面硬度	
	软齿面(HBS≤350)	硬齿面(HBS>350)
对称布置	0.8~1.4	0.4~0.9
不对称布置	0.6~1.2	0.3~0.6
悬臂布置	0.3~0.4	0.2~0.25

注:(1)对于直齿圆柱齿轮,取较小值;斜齿轮可取较大值;人字齿轮可取更大值。

(2)载荷平稳、轴的刚性较大时,取值应大一些;变载荷、轴的刚性较小时,取值应小一些。

对于多级齿轮减速器,由于转矩 T 从高速级向低速级递增,因此设计时应使低速级的齿宽系数比高速级的大些,以便协调各级的传动尺寸。

在圆柱齿轮减速器中,为了便于装配和调整,设计时通常使小齿轮的齿宽 b_1 比大齿轮的齿宽 b_2 大 5～10 mm,并将大齿轮的齿宽 b_2 代入公式计算。

表 3 - 2 - 23　常见机器中齿轮的精度等级

机器名称	精度等级	机器名称	精度等级
汽轮机	3～6	通用减速器	6～8
金属切削机床	3～8	锻压机床	6～9
轻型汽车	5～8	起重机	7～10
载重汽车	7～9	矿山用卷扬机	8～10
拖拉机	6～8	农业机械	8～11

表 3 - 2 - 24　常用精度等级的齿轮的加工方法

			齿轮的精度等级			
			6级(高精度)	7级(较高精度)	8级(普通)	9级(低精度)
加工方法			用范成法在精密机床上精磨或精剃	用范成法在精密机床上精插或精滚,对淬火齿轮需磨齿或研齿等	用范成法插齿或滚齿	用范成法或仿形法粗滚或型铣
齿面粗糙度 $R_a/(\mu m) \leqslant$			0.80～1.60	1.60～3.2	3.2～6.3	6.3
用途			用于分度机构或高速重载的齿轮,如机床、精密仪器、船舶、飞机中的重要齿轮	用于高、中速重载齿轮,如机床、汽车、内燃机中的较重要齿轮、标准系列减速器中的齿轮	一般机械中的齿轮,不属于分度系统的机床齿轮、飞机、拖拉机中不重要的齿轮,纺织机械、农业机械中重要齿轮	轻载传动的不重要齿轮,或低速传动、对精度要求低的齿轮
圆周速度 $v/(m/s) \leqslant$	圆柱齿轮	直齿	≤15	≤10	≤5	≤3
		斜齿	≤25	≤17	≤10	≤3.5
	锥齿轮	直齿	≤9	≤6	≤3	≤2.5

例 3 - 2 - 4　设计机床中的一标准直齿圆柱齿轮传动。已知:传递功率 $P=7.5$ kW、小齿轮转速 $n_1=1450$ r/min、传动比 $i=2.08$,小齿轮相对轴承为不对称布置,两班制,每年工作 300 天,使用期限为 5 年。

解：

（1）选择材料及精度等级

小齿轮选用 40Cr 调质，$HBS_1 = 260$；大齿轮选用 45 号钢，调质，$HBS_2 = 220$。因是机床用齿轮，则由表 3-2-24 选为 7 级精度，要求齿面粗糙度 $R_a \leqslant 1.6 \sim 3.2 \ \mu m$。

（2）按齿面接触疲劳强度设计

因两轮为钢质齿轮，所以由式（3-2-13）

$$d_1 \geqslant 76.43 \times \sqrt[3]{\frac{KT_1(u+1)}{\psi_d u \ [\sigma_H]^2}}$$

确定有关参数与系数如下：

1）齿数 z 和齿宽系数 ψ_d

取小齿轮数 $z_1 = 30$，则大齿轮齿数 $z_2 = i \cdot z_1 = 2.08 \times 30 = 62.4$，圆整 $z_2 = 62$。

实际传动比 $i_0 = \dfrac{z_2}{z_1} = \dfrac{62}{30} = 2.067$

$$\Delta i = \frac{i - i_0}{i} = \frac{2.08 - 2.067}{2.08} = 0.6\% < 2.5\%$$

齿数比　$u = i_0 = 2.067$

由表 3-2-22，取 $\psi_d = 0.9$（因为不对称布置且为软齿面）。

2）转矩 T_1

$$T_1 = 9.55 \times 10^6 \frac{P}{n_1} = 9.55 \times 10^6 \times \frac{7.5}{1450} = 4.94 \times 10^4 \ N \cdot mm$$

3）载荷系数 K

由表 3-2-17，取 $K = 1.4$（因为机床主传动，原动机为电动机，且不对称布置）。

4）许用接触应力 $[\sigma_H]$

$$[\sigma_H] = \frac{\sigma_{H\lim} Z_N}{S_H}$$

由图 3-2-38 查得 $\sigma_{H\lim 1} = 710 \ N/mm^2$；$\sigma_{H\lim 2} = 560 \ N/mm^2$。

由（式 3-2-18）计算应力循环次数

$$N_1 = 60 n_1 r t_h = 60 \times 1450 \times 1 \times (5 \times 300 \times 16) = 2.09 \times 10^9$$

$$N_2 = \frac{N_1}{i} = \frac{2.09 \times 10^9}{2.067} = 1.01 \times 10^9$$

由图 3-2-39 查得 $Z_N = 1$。由表 3-2-21 查得 $S_H = 1.25$（取高可靠性）。所以

$$[\sigma_H]_1 = \frac{\sigma_{H\lim 1} Z_N}{S_H} = \frac{710 \times 1}{1.25} = 568 N/mm^2$$

$$[\sigma_H]_2 = \frac{\sigma_{H\lim 2} Z_N}{S_H} = \frac{560 \times 1}{1.25} = 448 \ N/mm^2$$

故得 $d_1 \geqslant 76.43 \times \sqrt[3]{\dfrac{KT_1(u+1)}{\psi_d u \ [\sigma_H]^2}} = 76.43 \times \sqrt[3]{\dfrac{1.4 \times 4.94 \times 10^4 \times 3.067}{0.9 \times 2.067 \times 448^2}}$

模数 $m = \dfrac{d_1}{z1} = \dfrac{63.28}{30} = 2.11 \ mm$

由表 3-2-2，取标准模数 $m = 2.5 \ mm$。

（3）校核齿根弯曲疲劳强度

由式（3-2-14）$\sigma_F = \dfrac{2KT_1}{bm^2 z} Y_F Y_S \leqslant [\sigma_F]$

确定有关参数与系数如下：

1）分度圆直径 d

$$d_1 = mz_1 = 2.5 \times 30 = 75 \text{ mm}$$

$$d_2 = mz_2 = 2.5 \times 62 = 155 \text{ mm}$$

齿宽 $\quad b = \psi_d d_1 = 0.9 \times 75 = 67.5 \text{ mm}$

2）取 $b_1 = 65$ mm；$b_2 = 60$ mm。

3）齿形系数 Y_F 和齿根应力修正系数 Y_S

因为 $z_1 = 30, z_2 = 62$，由表 3-2-19 查得 $Y_{F1} = 2.54$，$Y_{F2} = 2.29$；由表 3-2-20 得 $Y_{S1} = 1.63$、$Y_{S2} = 1.74$。

4）许用弯曲应力 $[\sigma_F]$

由式（3-2-19）$[\sigma_F] = \dfrac{\sigma_{H\,\lim} Y_N}{S_F}$

由图 3-2-40 查得 $\alpha = 20°, h_a^* = 1, c^* = 0.25$；$\sigma_{F\,\lim1} = 410 \text{ N/mm}^2$。

由图 3-2-41 查得 $Y_N = 1$。

由表 3-2-21 查得 $S_F = 1.25$（取高可靠性）

所以

$$[\sigma_F]_1 = \frac{\sigma_{H\,\lim1} Y_N}{S_F} = \frac{590 \times 1}{1.25} = 472 \text{ N/mm}^2$$

$$[\sigma_F]_2 = \frac{\sigma_{H\,\lim2} Y_N}{S_F} = \frac{410 \times 1}{1.25} = 328 \text{N/mm}^2$$

将以上参数代入式（3-2-15），得

$$\sigma_{F1} = \frac{2 \times 1.4 \times 4.94 \times 10^4}{60 \times 2.5^2 \times 30} \times 2.54 \times 1.63 = 50.90 \text{ N/mm}^2 \leqslant [\sigma_F]_1$$

$$\sigma_{F2} = \sigma_{F1} \frac{Y_{F2} Y_{S2}}{Y_{F1} Y_{S1}} = 50.90 \times \frac{2.29 \times 1.74}{2.54 \times 1.63} = 48.99 \text{ N/mm}^2 \leqslant [\sigma_F]_2$$

故轮齿齿根弯曲疲劳强度足够。

（4）齿轮传动的中心距 a

$$\alpha = \frac{1}{2} m(z_1 + z_2) = \frac{1}{2} \times 2.5 \times (30 + 62) = 115 \text{ mm}$$

（5）齿轮的圆周速度 v

$$v = \frac{\pi d_1 n_1}{60 \times 1000} = \frac{\pi \times 75 \times 1450}{60 \times 1000} = 5.69 \text{ m/s}$$

由表 3-2-23 可知，选用 7 级精度是合适的

（6）几何尺寸计算及绘制齿轮工作图

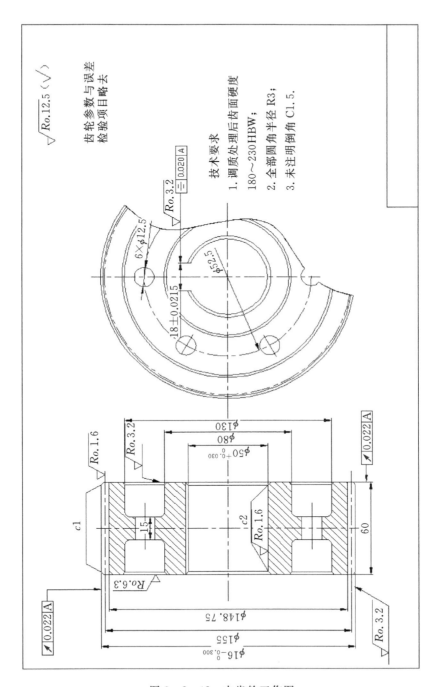

图 3-2-42　大齿轮工作图

(三)斜齿圆柱齿轮传动的设计计算

1.计算方法

斜齿圆柱齿轮传动的强度计算方法与直齿圆柱齿轮相似,但由于斜齿轮啮合时齿面接触线的倾斜以及传动重合度的增大等因素的影响,使斜齿轮的接触应力和弯曲应力降低。其强度计算公可表示为:

①齿面接触疲劳强度计算

校核公式为:

$$\sigma_H = 3.17 z_E \sqrt{\frac{KT(\mu \pm 1)}{bd_1^2 \mu}}$$

设计公式为:

$$d_1 \geqslant \sqrt[3]{\frac{KT(\mu \pm 1)}{\varphi_d \mu}\left(\frac{3.17 Z_E}{[\sigma_H]}\right)^2}$$

②齿根弯曲疲劳强度计算

校核公式为:

$$\sigma_F = \frac{1.6KT_1}{bm_n d_1}Y_F Y_S = \frac{1.6KT_1 \cos\beta}{bm_n^2 z_1}Y_F Y_S \leqslant [\sigma_F]$$

设计公式为:

$$m \geqslant 1.17 \times \sqrt[3]{\frac{KT_1 \cos^2\beta Y_F Y_S}{\psi_d z_1^2 [\sigma_F]}}$$

设计时应将 $Y_{F1}Y_{S1}/[\sigma_F]_1$ 和 $Y_{F2}Y_{S2}/[\sigma_F]_2$ 两比值中的较大值代入上式,并将计算所得的法面模数 m_n 按标准模数圆整。Y_F、Y_S 应按斜齿轮的当量齿数查取。

有关直齿轮传动的设计方法和参数选择原则对斜齿轮传动基本上都是适用的。

2.斜齿圆柱齿轮的设计计算步骤

斜齿圆柱齿轮的设计计算步骤一般如下:

(1)根据题目提供的工况等条件,确定传动形式,选定合适的齿轮材料和热处理方法,查表确定相应的许用应力。

(2)根据设计准则,设计计算 m 或 d_1。

(3)选择齿轮的主要参数

(4)主要几何尺寸计算。公式表 10-9。

(5)根据设计准则校核接触强度或弯曲强度。

(6)校核齿轮的圆周速度,选择齿轮传动的精度等级和润滑方式等。

(7)绘制齿轮零件工作图。

例 3-2-5 设计带式运输机中的斜齿圆柱齿轮减速器。该减速器由电动机驱动。已知传递功率 $P = 70$ kW,小齿轮转速 $n_l = 960$ r/min,传动比 $i' = 3$,载荷有中等冲击,单向运转,齿轮相对于轴承为对称布置,工作寿命为 10 年,单班制工作。

解:

1.选择齿轮材料及精度等级

因传递功率较大,选用硬齿面齿轮组合。小齿轮用 20CrMnTi 渗碳淬火,硬度为 56~62 HRC;大齿轮用 40Cr 表面淬火,硬度为 50~55 HRC。选择齿轮精度等级为 8 级。

2.按齿根弯曲疲劳强度设计

按斜齿轮传动的设计公式可得 $m_n \geq 1.17 \sqrt[3]{\dfrac{KT_1\cos^2\beta Y_F Y_S}{\psi Z_1^2 [\sigma_F]}}$

确定有关参数与系数：

(1)转矩 T_1

$$T_1 = 9.55 \times 10^6 \times \frac{70}{960} \text{ N} \cdot \text{mm} = 6.96 \times 10^5 \text{ N} \cdot \text{m}$$

(2)载荷系数 K

查表 3-2-17 取 $K=1.4$。

(3)齿数 Z、螺旋角 β 和齿宽系数 ψ_d

因为是硬齿面传动，取 $z_1 = 20$，则

$$z_2 = iz_1 = 3 \times 20 = 60$$

初选螺旋角 $\beta = 14°$。

当量齿数 Z_V：

$$Z_{V1} = \frac{Z_1}{\cos^3\beta} = \frac{20}{\cos^3 14°} = 21.89$$

$$Z_{V2} = \frac{Z_2}{\cos^3\beta} = \frac{60}{\cos^3 14°} = 65.68$$

由表 3-2-19 查得齿形系数 $Y_{F1} = 2.75$，$Y_{F2} = 2.285$。

由表 3-2-20 查得应力修正系数 $Y_{S1} = 1.58$，$Y_{S2} = 1.742$。

由表 3-2-22 选取 $\psi_d = \dfrac{b}{d_1} = 0.8$。

(4)许用弯曲应力 $[\sigma_F]$

按图 3-2-40 查 $\sigma_{F\lim}$，小齿轮按 16MnCr5 查取；大齿轮按调质钢查取，得 $\sigma_{F\lim 1} = 880$ MPa，$\sigma_{F\lim 2} = 740$ MPa。

由表 3-2-21 查得 $S_F = 1.4$。

$$N_1 = 60n \cdot j \cdot L_h = 60 \times 960 \times 1 \times (10 \times 52 \times 40) = 1.20 \times 10^9$$

$$N_2 = \frac{N_1}{i} = 1.20 \times 10^9 / 3 = 4.00 \times 10^8$$

查图 3-2-41 得 $Y_{N1} = Y_{N2} = 1$

由式(3-2-19)得

$$[\sigma_F]_1 = \frac{Y_{N1}\sigma_{F\lim}}{S_F} = \frac{880}{1.4} \text{ MPa} = 629 \text{ MPa}$$

$$[\sigma_F]_2 = \frac{Y_{N2}\sigma_{F\lim}}{S_F} = \frac{740}{1.4} \text{ MPa} = 529 \text{ MPa}$$

$$\frac{Y_{F1}Y_{S1}}{[\sigma_F]_1} = \frac{2.75 \times 1.58}{629} \text{ MPa}^{-1} = 0.0069 \text{ MPa}^{-1}$$

$$\frac{Y_{F2}Y_{S2}}{[\sigma_F]_2} = \frac{2.285 \times 1.742}{529} \text{ MPa}^{-1} = 0.0075 \text{ MPa}^{-1}$$

所以

$$m_n \geqslant 1.17 \sqrt[3]{\frac{KT_1 \cos^2 \beta Y_F Y_S}{\psi Z_1^2 [\sigma_F]}}$$

$$= 1.17 \sqrt[3]{\frac{1.4 \times 6.96 \times 10^5 \times 0.0075 \times \cos^2 14°}{0.8 \times 20^2}} \text{ mm}$$

$$= 3.25 \text{ mm}$$

由表 3-2-2 取标准模数值 $m_n = 4$ mm。

(5)确定中心距 a 及螺旋角 β

传动的中心距 a 为：

$$a = \frac{m_n(Z_1 + Z_2)}{2\cos\beta}$$

$$= \frac{4 \times (20 + 60)}{2\cos 14°}$$

$$= 164.898 \text{ mm}$$

取 $a = 165$ mm。

确定螺旋角 β 为：

$$\beta = \arccos \frac{m_n(Z_1 + Z_2)}{2a}$$

$$= \arccos \frac{4 \times (20 + 60)}{2 \times 165}$$

$$= 14°8'2''$$

此值与初选 β 值相差不大,故不必重新计算。

3. 校核齿面接触疲劳强度

$$\sigma_H = 3.17 Z_E \sqrt{\frac{KT_1(u+1)}{bd_1^2 u}} \leqslant [\sigma_H]$$

确定有关系数与参数：

(1)分度圆直径 d

$$d_1 = \frac{m_n Z_1}{\cos\beta} = \frac{4 \times 20}{\cos 14°18'2''} \text{ mm} = 82.5 \text{ mm}$$

$$d_2 = \frac{m_n Z_2}{\cos\beta} = \frac{4 \times 60}{\cos 14°18'2''} \text{ mm} = 247.5 \text{ mm}$$

(2)齿宽 b

$$b = \psi_d d_1 = 0.8 \times 82.5 \text{ mm} = 66 \text{ mm}$$

取 $b_2 = 70$ mm,$b_1 = 75$ mm。

(3)齿数比 u $u = i = 3$

(4)许用接触应力 $[\sigma_H]$

由图 3-2-38 查得 $\sigma_{H\lim 1} = 1500$ MPa；$\sigma_{H\lim 2} = 1220$ MPa。

由表 3-2-21 查得 $S_H = 1.2$。

由图 3-2-39 得 $Z_{N1} = 1$；$Z_{N2} = 1.04$。

由式(3-2-17)：

$$[\sigma_H]_1 = \frac{Z_{N1} \cdot \sigma_{H\lim 1}}{S_{H1}} = \frac{1 \times 1500}{1.2} \text{ MPa} = 1250 \text{ MPa}$$

$$[\sigma_H]_2 = \frac{Z_{N2} \cdot \sigma_{H\lim2}}{S_{H2}} = \frac{1.04 \times 1220}{1.2} \text{ MPa} = 1057 \text{ MPa}$$

由表 3-2-18 查得弹性系数 $Z_E = 189.8$，

所以

$$\sigma_H = 3.17 \times 189.8 \times \sqrt{\frac{1.4 \times 6.96 \times 10^5 \times (3+1)}{75 \times 82.5^2 \times 3}} \text{ MPa} = 960 \text{ MPa}$$

$\sigma_H < [\sigma_H]_2$，齿面接触疲劳强度校核合格。

4. 验算齿轮圆周速度 v

$$v = \frac{\pi d_1 \cdot n_1}{60 \times 1000} = \frac{3.14 \times 82.5 \times 960}{60 \times 1000} \text{ m/s} = 4.15 \text{ m/s}$$

由表 3-2-24 知选 8 级精度是合适的。

5. 几何尺寸计算及绘制齿轮工作图（略）。

四、齿轮基本参数测定

（一）实验目的

1. 了解游标卡尺的结构，并熟悉使用它测量齿轮几何尺寸的方法；

2. 掌握齿轮参数测量数据的处理方法，熟悉所用公式。

（二）实验内容

测量渐开线标准直齿圆柱齿轮的基本参数（齿数 z 和模数 m 等）。

（三）实验用具

1. 待测齿轮：选用两个正常齿制渐开线标准直齿圆柱齿轮（$ha^* = 1, c^* = 0.25$），其中一个齿轮的齿数为偶数，另一个齿轮的齿数为奇数。

2. 实验用具：游标卡尺。

（四）实验步骤

1. 确定齿轮齿数 z：齿轮齿数可直接从待测齿轮上数出。

2. 确定齿轮齿顶圆直径 d_a 和齿根圆 d_f 直径。

齿轮齿顶圆直径 d_a 和齿根圆直径 d_f 可用游标卡尺测出。为了减少误差，同一测量值应在不同的位置上测量三次，然后取平均值。

（1）当齿轮齿数为偶数时，d_a 和 d_f 可用游标卡尺在待测齿轮上直接测出，如图 3-2-43 所示；

（2）当齿轮齿数为奇数时，d_a 和 d_f 必须采用间接测量方法，如图 3-2-44 所示，先测出齿轮安装孔直径 D，然后分别量出孔壁到某一齿顶的距离 H_1 和孔壁到某一齿根的距离 H_2，由此可按下式计算 d_a 和 d_f。

3. 计算全齿高 h

$$d_a = D + 2H_1$$
$$d_f = D + 2H_2$$

偶数齿轮：$h = 0.5(d_a - d_f)$

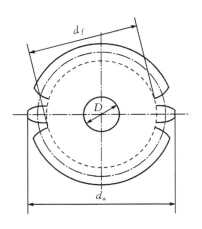

图 3-2-43 偶数齿测量

奇数齿轮：$h = H_1 - H_2$

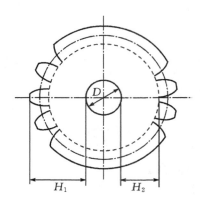

图 3-2-44　奇数齿测量

4.计算齿轮模数 m

由　　$h = (2h* + c*)m$　　得 $m = h/(2ha* + c*) = h/2.25$

(五)实验报告

待测齿轮已知参数：标准直齿圆柱齿轮（$ha^* = 1, c^* = 0.25, a = 20°$）

1.齿数 z

偶数齿轮　$z =$

奇数齿轮　$z =$

2.齿顶圆直径 d_a、齿根圆直径 d_f 和全齿高 h

表 3-2-25　测量数据

	测量对象	测量次数			平均值	全齿高 h
		1	2	3		
偶数齿轮	d_a					
	d_f					
奇数齿轮	D					
	H_1					
	H_2					
	$d_a = D + 2H_1$					
	$d_f = D + 2H_2$					

2.模数 m

偶数齿轮　$m=$

奇数齿轮　$m=$

五、减速器拆装

(一)实验目的

1.熟悉减速器的基本构造、结构特点及零部件的功用；

2.了解轴系零部件的装配关系及轴承部件的安装、固定、调整、润滑和密封方法；

3.加深对轴系结构设计的理解；

4.为机械零件课程设计提供感性认识。

(二)实验原理

减速器是位于原动机和工作机之间的机械传动装置,如图 3-2-45 所示是机器中广泛应用的一种典型部件。它主要由轴系零部件和箱体等通用零件组成,常用减速器已经标准化和规格化。其功用是把原动机输出的高速、小转矩转化成工作机所用的低速、大转矩。通过拆装、观察及分析减速器的各个部分组成,完成本实验的预期目的。

(三)实验内容

1.按顺序拆装一种减速器,并分析减速机的结构和各种零部件的作用。

2.分析轴系部件的结构、固定(周向和轴向)及调整方法。

(四)实验设备

一级圆柱齿轮减速器,拆装工具和量具。

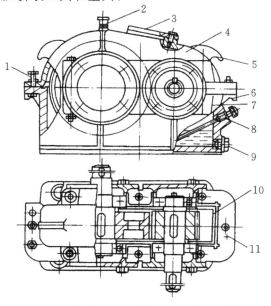

螺钉;2—通气器;3—视孔盖;4—箱盖;5—吊耳;6—吊钩;

—箱座;8—油标尺;9—油塞;10—油沟;11—定位销

图 3-2-45　奇数齿测量

(五)实验步骤

1.观察减速器的外部形状,判断传动方式、级数输入输出轴等。

2.拧开上盖与机座联结螺栓及轴承盖螺钉,拔出定位销,借助起盖螺钉打开减速器上盖。

3.边拆卸边观察,并就箱体形状、轴系定位固定、润滑密封方式、箱体附件(如通气器、游标、油塞、起盖螺钉、定位销等)的作用、位置要求和结构特点等进行分析比较。

4.根据所拆减速器的种类,画出传动示意图。

5.将所拆减速器(实物)的每个零件进行必要的清洗,将装好的轴系部件装到机座原位置上。

(六)实验报告

1.画出减速器总传动图(要标注中心距,标明齿轮基本参数,标明输入及输出,求出传动比)。

2.减速器箱体上有哪些附件?各起什么作用?

练 习 题

3-2-1 齿轮传动应满足的基本条件是什么?渐开线是怎么形成的?

3-2-2 节圆与分度圆、压力角与啮合角有何区别?什么情况下分度圆和节圆重合?什么情况下压力角与啮合角相等?

3-2-3 渐开线齿轮的正确啮合和连续传动的条件是什么?

3-2-4 何为根切现象?根切对齿轮带来什么影响?标准渐开线直齿圆柱齿轮不产生根切的最小齿数是多少?

3-2-5 齿轮材料选择的原则?常用那些材料及热处理方式?软、硬齿面齿轮的区别是什么?

3-2-6 齿轮强度计算时,为什么要采用计算载荷?计算载荷与名义载荷有何联系?

3-2-7 齿轮失效形式有那些?采取什么措施可以缓解失效发生?

3-2-8 齿轮传动有那些润滑方式?如何选择润滑方式?

3-2-9 齿面接触疲劳强度与那些参数有关?若接触强度不够时,应采用什么措施?

3-2-10 齿面弯曲疲劳强度与那些参数有关?若弯曲强度不够时,应采用什么措施?

3-2-11 如题图示所示,当渐开线齿轮的基圆半径 $r_b = 60$ mm,渐开线上点 K 的半径 $r_k = 75$ mm时,试求点 K 的压力角 α_k 和曲率半径 ρ_k 各等于多少?

3-2-12 有一个标准渐开线直齿圆柱齿轮,测量其顶圆直径 $d_2 = 132$ mm,齿数 $z = 42$,问其模数是多少?

3-2-13 试采用适当的齿轮传动,将图示电动机的运动经 A、B、C 轴传给 D 滑块,使 D 作垂直纸面方向的运动。

3-2-14 在技术革新中,拟使用现有的两个标准直齿圆柱齿轮,已测得齿数 $z_1 = 22$、$z_2 = 98$,小齿轮齿顶圆直径 $d_{a1} = 240$ mm,大齿轮的全齿高 $h = 22.5$ mm(因大齿轮太大,不便测其齿顶圆直径),试判定这两个齿轮能否正确啮合传动?

3-2-15 已知一对正确安装的渐开线直齿圆柱齿轮传动,其中心距 $a = 175$ mm,模数 $m = 5$ mm,压力角 $\alpha = 20°$,传动比 $i_{12} = 2.5$。试求这对齿轮的齿数各是多少?求计算小齿轮的分度圆直径,齿顶圆直径、齿根圆直径和基圆直径。

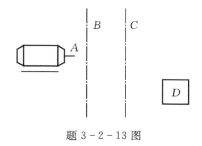

题 3 - 2 - 13 图

3 - 2 - 16　一对渐开线标准直齿轮传动,已知小齿轮的齿数 $z_1 = 40$,传动比 $i_{12} = 2.5$,模数 $m = 10$ mm,试求大齿轮的齿数、主要尺寸及安装中心距。

3 - 2 - 17　在现场测得直齿圆柱齿轮传动的安装中心距 $a = 700$ mm,齿顶圆直径 $d_{a1} = 420$ mm、$d_{a2} = 1020$ mm,齿根圆直径 $d_{f1} = 375$ mm、$d_{f2} = 975$ mm,齿数 $z_1 = 40$,$z_2 = 100$,试计算这对齿轮的模数 m、齿顶高系数 h_a^* 和顶隙系数 c^*。

3 - 2 - 18　已知 $m = 5$ mm、$\alpha = 20°$、$h_2^* = 1$、$c = 0.25$ 的渐开线标准直齿圆柱齿轮,当它的基圆小于齿根圆时的齿数 z 应该是多少?

3 - 2 - 19　今测得一标准直齿圆柱齿轮,已知齿顶圆直径 $d_a = 208$ mm,齿根圆直径 $d_f = 172$ mm,齿数 $z = 24$。试求该齿轮的模数 m 及齿根高。

3 - 2 - 20　已知一对标准直齿圆柱齿轮,当 $m = 5$ mm、$z_1 = 25$、$z_2 = 50$、$\alpha = 20°$ 及 $h_a^* = 1$ 时,试求其重合度。

3 - 2 - 21　设有一对齿轮的重合度 $\varepsilon = 1.34$,试说明这对齿轮在啮合过程中一对轮齿和两对齿啮合的比例关系,并用图标出单齿及双齿啮合区。

3 - 2 - 22　某机器的闭式直齿圆柱齿轮传动,已知:传递功率 $P = 5$ kW,转速 $n_1 = 970$ r/min、模数 $m = 3$ mm、齿数 $z_1 = 27$、$z_2 = 68$、齿宽 $b_1 = 76$ mm、$b_2 = 70$ mm,小齿轮材料为 45 钢调质,大齿轮材料为 ZG45 正火,载荷较均匀,由电动机驱动,单向转动,预期使用寿命为 10 年(按一年 300 天,每天二班工作),试问这对齿轮传动能否满足强度要求而安全工作。

3 - 2 - 23　已知某机器的一对直齿圆柱齿轮减速传动,其中心距 $a = 250$ mm,传动比 $i = 3$、$z_1 = 25$、$n_1 = 1440$ r/min、$b_1 = 100$ mm、$b_2 = 94$ mm,小齿轮材料为 45 钢正火,载荷有中等冲击,由电动机驱动,单向转动,使用寿命为 5 年,二班制工作,试确定这对齿轮所能传递的最大功率。

3 - 2 - 24　试设计两级齿轮减速器中的低速级直齿圆柱齿轮传动,已知:传递功率 $P = 10$ kW,小齿轮转速 $n_1 = 480$ r/min,传动比 $i = 3.2$,载荷有中等冲击,单向转动,小齿轮相对轴承为不对称布置,使用寿命 $L_h = 15000$ h。

3 - 2 - 25　已知一对斜齿圆柱齿轮传动,$z_1 = 22$,$z_2 = 55$,$m_n = 4$ mm,$\beta = 16°30'$,$h_a^* = 1$,$c_z^* = 0.25$,$\alpha_n = 20°$,试计算这对斜齿轮的主要尺寸。

3 - 2 - 26　试计算一对斜齿圆柱齿轮传动,当 $m_n = 3$ mm,$z_1 = 26$,$z_2 = 91$,$\beta = 15°3$,$h_{an}^* = 1$,$c_n^* = 0.25$,$\alpha_n = 20°$ 时的理论中心距是多大?若保证其它传动参数不变,需凑实际中心距为 20 mm 时,β 应为多大?

3 - 2 - 27　设计一对斜齿圆柱齿轮传动。已知:传动比 $i = 3$,$\alpha = 20°$,$m_n = 10$ mm 安装中心距为 300 mm。

3-2-28 设计由电动机驱动的闭式斜齿圆柱齿轮传动。已知:传递率 $P=22$ kW,小齿轮转速 $n_1=960$ r/min,传动比 $i=3$,单向运转,载荷有中等冲击,齿轮相对于轴承对称布置,使用寿命 $t_h=20000$ h。

3-2-29 决定齿轮传动中轮齿上受力方向的法则是什么?

3-2-30 题 3-2-36 图所示为两级斜齿圆柱齿轮减速器,已知齿轮 1 传递功率为 P ,转动方向如图。

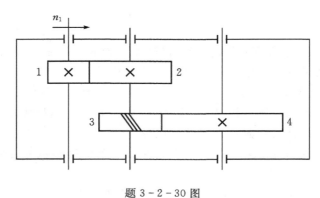

题 3-2-30 图

1)高速级的两个齿轮为软齿面,其主要失效形式是什么? 试述其设计准则。

2)画出齿轮 4 的转动方向。

3)高速级斜齿轮的螺旋线方向应如何选择才能使中间轴上两齿轮的轴向力方向相反?

4)画出低速级两齿轮受力的方向。

项目四 支撑零部件设计

支撑零部件主要包括轴承、轴、梁及机座等,它们是机器或建筑上的重要组成部件。轴承主要由内圈、外圈、滚动体和保持架组成。轴承的功用是支撑轴和轴上的零部件,保持轴的回转精度,减少轴和机座之间的摩擦和磨损。而轴则是支撑轴上的零件(如齿轮、带轮等)并传递运动或动力。梁也是用来支撑梁上的重物,如火车轮轴、屋顶上的横梁、桥面下的横梁等。所以支撑零部件是机器或建筑上基本部件,我们只有系统的掌握了这些支撑部件的设计于计算方法才能为整台机器或工程结构的设计打下必要的基础。

本项目将介绍滑动轴承的结构和设计、滚动轴承的类型和选择、平面构件的静力分析、梁的弯曲强度、轴的结构设计、轴系部分设计计算。

任务一　滚动轴承的类型和选择

知识点

　　1.轴承的功用和基本类型;

　　2.滑动轴承和滚动轴承的优缺点;

　　3.滚动轴承的构造、代号和类型选择;

　　4.滚动轴承的寿命计算和组合设计;

　　5.轴承的润滑与密封。

技能点

　　1.分析常见类型滚动轴承的特性;

　　2.识别滚动轴承的类型和代号;

　　3.计算某种型号轴承在一定载荷条件下的寿命;

　　4.进行轴承的组合设计。

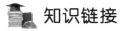 **知识链接**

一、滚动轴承的构造、类型和代号

轴承是用来支承轴或轴上回转零件的部件,保持轴的回转精度,减少轴和支撑之间的摩擦和磨损。

根据工作时磨擦性质的不同,轴承分为滑动轴承(类似结构如图 4-1-1 所示)和滚动轴承(类似如图 4-1-2 所示)两大类。每一类轴承又可按所能承受的载荷方向,分为能承受径向载荷的向心轴承、能承受轴向载荷的推力轴承及同时承受径向和轴向载荷的向心推力轴承。

滚动轴承一般由专门的轴承厂家制造,它具有摩擦阻力小,启动灵敏、效率高、润滑简便和易于交换等优点,广泛应用于各种机器中。其缺点是受力面积小,承载能力有限。

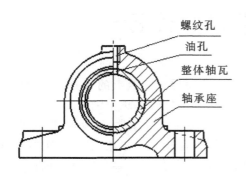

图 4-1-1 滑动轴承

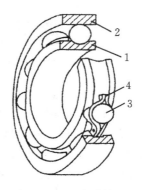

图 4-1-2 滚动轴承

滑动轴承具有承载能力大,抗冲击,工作平稳,回转精度高,运行可靠,吸振性好,噪声低,结构简单,制造、拆装方便等优点;其主要缺点是启动摩擦阻力大,轴瓦磨损较快。

因此,在一般机械中,如无特殊要求,优先推荐使用滚动轴承(本情境内容以介绍滚动轴承为主)。但在高速、高精度、重载、结构上要求剖分等使用场合中,滑动轴承就显示出它的优良性能。因而,在汽轮机、离心式压缩机、内燃机、大型电机等上多采用滑动轴承。此外,在低速且有冲击的机器,如水泥搅拌机、滚筒清砂机等上也采用滑动轴承。

1. 滚动轴承的结构

常见的滚动轴承一般由两个套圈(即内圈、外圈)、滚动体和保持架等基本元件组成(见图4-1-3)。通常内圈与轴颈相配合且随轴一起转动,外圈装在机架的轴承座孔内固定不动。当内、外圈相对旋转时,滚动体在内、外圈的滚道上滚动,保持架使滚动体均匀分布并避免相邻滚动体之间的接触和摩擦、磨损。

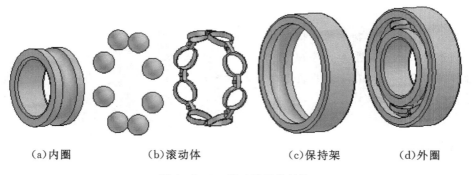

(a)内圈　　　　　(b)滚动体　　　　　(c)保持架　　　　　(d)外圈

图 4-1-3 滚动轴承的结构

滚动轴承的内、外圈和滚动体一般采用专用的滚动轴承钢制造,如 GCr9、GCr15、GCr15SiMn 等,保持架则常用较软的材料如低碳钢板经冲压而成,或用铜合金、塑料等制成。

2. 滚动轴承的特性和类型

(1)滚动轴承的 4 个基本特性

1)接触角

如图 4-1-4所示,滚动轴承中滚动体与外圈接触处的法线和垂直于轴承轴心线的平面

的夹角 α，称为接触角。α 越大，轴承承受轴向载荷的能力越大。

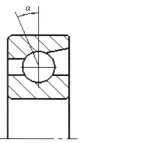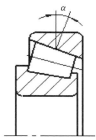

图 4-1-4　滚动轴承的接触角

2）游隙

滚动体与内、外圈滚道之间的最大间隙称为轴承的游隙。如图 4-1-5 所示，将一套圈固定，另一套圈沿径向的最大移动量称为径向游隙，沿轴向的最大移动量称为轴向游隙。游隙的大小对轴承的运转精度、寿命、噪声、温升等有很大影响，应按使用要求进行游隙的选择或调整。

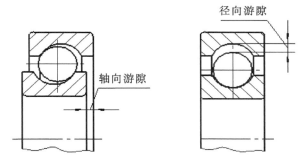

图 4-1-5　滚动轴承的游隙

3）偏位角

如图 4-1-6 所示，轴承内、外圈轴线相对倾斜时所夹锐角，称为偏位角。能自动适应偏位角的轴承，称为调心轴承。各类轴承的许用偏位角见表 4-1-1。

4）极限转速

滚动轴承在一定的载荷和润滑的条件下，允许的最高转速称为极限转速，其具体数值见有关手册。

（2）滚动轴承的类型

滚动轴承的类型很多，下面介绍几种常见的分类方法。

1）按滚动体的形状分，可分为球轴承和滚子轴承两大类。

如图 4-1-7 所示，球轴承的滚动体是球形，承载能力和承受冲击能力小。滚子轴承的滚动体形状有圆柱滚子、圆

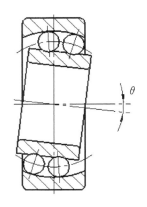

图 4-1-6　滚动轴承的偏位角

锥滚子、鼓形滚子和滚针等,承载能力和承受冲击能力大,但极限转速低。

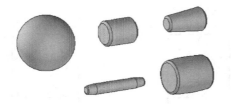

图 4-1-7　滚动体的形状

2)按滚动体的列数,滚动轴承又可分为单列、双列及多列滚动轴承。

3)按工作时能否调心可分为调心轴承和非调心轴承。调心轴承允许的偏位角大。

4)按承受载荷方向不同,可分为向心轴承和推力轴承两类。

向心轴承:主要承受径向载荷,其公称接触角 $\alpha=0°$ 的轴承称为径向接触轴承;$0°<\alpha\leqslant45°$ 的轴承,称为角接触向心轴承。接触角越大,承受轴向载荷的能力也越大。

推力轴承:主要承受轴向载荷,其公称接触角 $45°<\alpha<90°$ 的轴承,称为角接触推力轴承,其中 $\alpha=90°$ 的称为轴向接触轴承,也称推力轴承。接触角越大,承受径向载荷的能力越小,承受轴向载荷的能力也越大,轴向推力轴承只能承受轴向载荷。

常用的各类滚动轴承的性能及特点见表 4-1-1。

表 4-1-1　滚动轴承的主要类型和特性

轴承名称 类型及代号	结构简图	基本额定 动载荷比*	极限 转速比**	允许 偏位角	主要特性及应用
调心球轴 承10000		0.6～0.9	中	2°～3°	主要承受径向载荷,也能承受少量的轴向载荷。因为外圈滚道表面是以轴线中点为球心的球面,故能自动调心
调心滚子轴 承20000		1.8～4	低	1°～2.5°	主要承受径向载荷,也可承受一些不大的轴向载荷,承载能力大,能自动调心

续表

轴承名称 类型及代号	结构简图	基本额定 动载荷比*	极限 转速比**	允许 偏位角	主要特性及应用
圆锥滚子轴 承 30000		1.1～2.5	中	2′	能承受以径向载荷为主的径向、轴向联合载荷,当接触角 α 大时,亦可承受纯单向轴向联合载荷。因系线接触,承载能力大于 7 类轴承。内、外圈可以分离,装拆方便,一般成对使用
推力球轴 承 51000		1	低	不允许	接触角 α＝90°,只能承受单向轴向载荷。而且载荷作用线必须与轴线相重合,高速时钢球离心力大,磨损、发热严重,极限转速低。故只用于轴向载荷大,转速不高之处
双向推力 球轴承 52000		1	低	不允许	能承受双向轴向载荷。其余与推力轴承相同
深沟球轴承 60000		1	高	8′～16′	主要承受径向载荷,同时也能承受少量的轴向载荷。当转速很高而轴向载荷不太大时,可代替推力球轴承承受纯轴向载荷。生产量大,价格低
角接触球轴 承 70000		1.0～1.4	较高	2′～10′	能同时承受径向和轴向联合载荷.接触角 α 越大,承受轴向载荷的能力也越大。接触角 α 有 15°、25° 和 40° 三种。一般成对使用,可以分装于两个支点或同装于一个支点上

续表

轴承名称 类型及代号	结构简图	基本额定 动载荷比*	极限 转速比**	允许 偏位角	主要特性及应用
圆柱滚子轴承 N0000	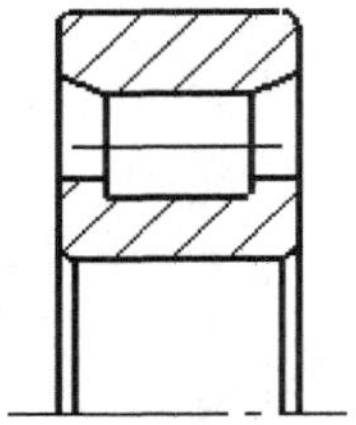	1.5～3	较高	2′～4′	外圈(或内圈)可以分离，故不能承受轴向载荷。由于是线接触，所以能承受较大的径向载荷
滚针轴承 NA0000	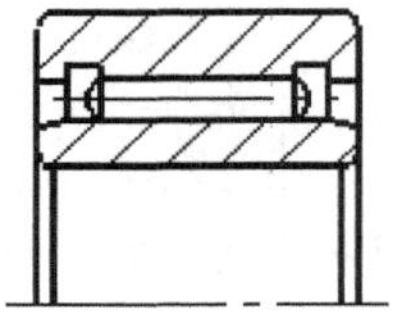	——	低	不允许	在同样内径条件下，与其它类型轴承相比，其外径最小，外圈(或内圈)可以分离，径向承载能力较大，一般无保持架，磨擦系数大

注：* 基本额定动载荷比：是指同一尺寸系列(直径及宽度)各种类型和结构形式的轴承的基本额定动载荷与6类深沟球轴承的(推力轴承则与单向推力球轴承)基本额定动载荷之比。

** 极限转速比：是指同一尺寸系列0级公差的各类轴承脂润滑时的极限转速与6类深沟球轴承脂润滑时的极限转速之比。高、中、低的含义为：高为6类深沟球轴承极限转速的90%～100%；中为6类深沟球轴承极限转速的60%～90%；低为6类深沟球轴承极限转速的60%以下。

3. 滚动轴承的代号

滚动轴承的种类和尺寸规格繁多，为了便于组织生产和选用，常用的滚动轴承大多数已经标准化了。国家标准GB/T272-93规定了滚动轴承的代号方法，轴承的代号用字母和数字来表示。一般印或刻在轴承套圈的端面上。

滚动轴承的代号由基本代号、前置代号和后置代号组成。轴承代号的构成见表4-1-2。

表4-1-2 滚动轴承代号的构成

<table>
<tr><th>前置代号</th><th colspan="4">基本代号</th><th>后置代号</th></tr>
<tr><td rowspan="4">字母</td><td>类型代号</td><td colspan="2">尺寸系列代号</td><td>内径代号</td><td rowspan="4">字母(或加数字)</td></tr>
<tr><td rowspan="3">数字或字母</td><td>宽度系列代号</td><td>直径系列代号</td><td rowspan="3">两位数字</td></tr>
<tr><td>一位数字</td><td>一位数字</td></tr>
</table>

例如滚动轴承代号N2210/P5　在基本代号中：N——类型代号；22——尺寸系列代号；10——内径代号，后置代号：/P5——精度等级代号。

(1)基本代号(滚针轴承除外)

基本代号表示轴承的类型、结构和尺寸，是轴承代号的基础。基本代号由轴承类型代号、尺寸系列代号和内径代号三部分构成。

1）类型代号

用数字或字母表示,其表示方法见表4-1-3。

表4-1-3　一般滚动轴承类型代号

代号	轴承类型	代号	轴承类型
0	双列角接触球轴承		
1	调心球轴承	7	角接触球轴承
2	调心滚子轴承和推力调心滚子轴承	8	推力圆柱滚子轴承
3	圆锥滚子轴承	N	圆柱滚子轴承
4	双列深沟球轴承	U	外球面球轴承
5	推力球轴承	QJ	四点接触球轴承
6	深沟球轴承		

2）尺寸系列代号

尺寸系列代号由轴承的宽（推力轴承指高）度系列代号和直径系列代号组成。各用一位数字表示。

轴承的宽度系列代号指：内径相同的轴承,对向心轴承,配有不同的宽度尺寸系列。轴承宽度系列代号有8、0、1、2、3、4、5、6,宽度尺寸依次递增。对推力轴承,配有不同的高度尺寸系列,代号有7、9、1、2,高度尺寸依次递增。在GB/T272-93规定的有些型号中,宽度系列代号被省略。

轴承的直径系列代号指：内径相同的轴承配有不同的外径尺寸系列。其代号有7、8、9、0、1、2、3、4、5,外径尺寸依次递增。图4-1-8所示为深沟球轴承的不同直径系列代号的对比。

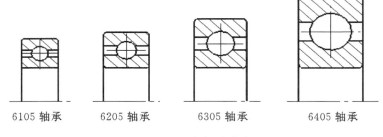

6105轴承　　6205轴承　　6305轴承　　6405轴承

图4-1-8　直径系列对比

3）内径代号

轴承内孔直径用两位数字表示,见表4-1-3。

表4-1-4　轴承内径代号

内径代号	00	01	02	03	04～99
轴承内径 d(mm)	10	12	15	17	数字×5

（2）前置代号

轴承的前置代号用字母表示。如用 L 表示可分离轴承的可分离内圈或外圈，代号示例如 LN207。

（3）后置代号

轴承的后置代号是用字母（或加数字）等表示。后置代号的内容很多，下面介绍几种常用的后置代号。

1）内部结构代号用字母表示，在基本代号后面。如接触角 $\alpha = 15°$、$25°$ 和 $40°$ 的角接触球轴承分别用 C、AC 和 B 表示内部结构的不同。代号示例如 7210C、7210AC 和 7210B。

2）密封、防尘与外部形状变化代号。如"- Z"表示轴承一面带防尘盖；"N"表示轴承外圈上有止动槽。代号示例如 6210 - Z、6210N。

3）轴承的公差等级分为 2、4、5、6、6_x 和 0 级，共 6 个级别，精度依次降低。其代号分别为/P2、/P4、/P5、/$P6_x$、/P6 和/P0。公差等级中，6_x 级仅适用于圆锥滚子轴承；0 级为普通级，在轴承代号中省略不表示。代号示例如 6203、6203/P6、30210/$P6_x$。

4）轴承的游隙分为 1、2、0、3、4 和 5 组，共 6 个游隙组别，游隙依次由小到大。常用的游隙组别是 0 游隙组，在轴承代号中省略不表示，其余的游隙组别在轴承代号中分别用符号/C1、/C2、/C3、/C4、/C5 表示。代号示例如 6210、6210/C4。

实际应用的滚动轴承类型是很多的，相应的轴承代号也是比较复杂的。以上介绍的代号是轴承代号中最基本、最常用的部分，熟悉了这部分代号，就可以识别和查选常用的轴承。关于滚动轴承详细的代号方法可查阅 GB/T272 - 93。

代号举例：

30210——表示圆锥滚子轴承，宽度系列代号为 0，直径系列代号为 2，内径为 50 mm，公差等级为 0 级，游隙为 0 组。

LN207/P6C3—表示圆柱滚子轴承，外圈可分离，宽度系列代号为 0（0 在代号中省略），直径系列代号为 2，内径为 35 mm，公差等级为 6 级，游隙为 3 组。

二、滚动轴承类型的选择

1.滚动轴承的选择原则

选择轴承类型考虑的因素很多，如轴承所受载荷的大小、方向及性质，转速与工作环境，调心性能要求，经济性及其他特殊要求等。

（1）载荷条件

轴承承受工作载荷的大小、方向和性质是选择轴承类型的主要依据。在外廓尺寸相同的条件下，滚子轴承比球轴承的承载能力和耐冲击能力都好。如载荷小而又平稳，可选球轴承；载荷大又有冲击，宜选滚子轴承；如轴承仅受径向载荷，选径向接触球轴承或圆柱滚子轴承；只受轴向载荷，宜选推力轴承。轴承同时受径向和轴向载荷时，选用角接触轴承，轴向载荷越大，应选接触角越大的轴承，必要时也可选用径向和推力轴承的组合结构。应该注意推力轴承不能承受径向载荷，圆柱滚子轴承也不能承受轴向载荷。

（2）轴承的转速

选择轴承类型时应注意其允许的极限转速 n_{lim}。轴承的工作转速应低于其极限转速。当轴承的工作转速较高且旋转精度要求较高时，应选用球轴承。

（3）调心性能

对于跨距较大的轴或难以保证两个轴承孔的同轴度的轴以及多支点的轴,宜选用调心轴承。调心轴承具有自动调心的性能,其内、外圈轴线之间的偏位角应控制在极限值之内,否则会增加轴承的附加载荷而降低其寿命。

（4）允许的空间

当轴向尺寸受到限制时,宜选用窄或特窄的轴承。当径向尺寸受到限制时,宜选用滚动体较小的轴承。如要求径向尺寸小而径向载荷又很大,可选用滚针轴承。

（5）安装与拆卸

对于采用整体式轴承座并需要经常拆卸的轴承,为便于装配和调整轴承游隙,应优先选用内、外圈可分离的轴承,如圆锥滚子轴承和圆柱滚子轴承。

（6）经济性

在满足使用要求的前提下,应尽量选用价格低廉的轴承。从经济性角度考虑,一般情况下,球轴承的价格低于滚子轴承;径向接触轴承低于角接触轴承;有特殊结构的轴承比普通结构的轴承价格高。另外,轴承的精度等级越高,其价格也越高。在同尺寸和同精度的轴承中深沟球轴承的价格最低。同型号、尺寸,不同公差等级的深沟球轴承的价格比约为 P0：P6：P5：P4：P2＝1：1.5：2：7：10。如无特殊要求,应尽量选择普通级精度轴承,只有旋转精度有较高要求时,才选用精度较高的轴承。

除以上 6 种要求之外,还可能有其他各种各样的要求,如轴承装置整体设计的要求等,因此设计时要全面分析比较,选出最合适的轴承。

2. 滚动轴承的工作能力计算

（1）滚动轴承的失效形式和计算准则

1）滚动轴承的载荷分析　以深沟球轴承为例进行分析,如图 4-1-9 所示。设轴承的外圈固定不动,内圈随着轴颈一起转动。

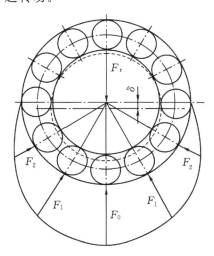

图 4-1-9　滚动轴承的载荷分析

轴承所受的径向载荷 F_r 作用时,各滚动体承受的载荷是不同的,处于最低位置的滚动体所受载荷最大。由理论分析知,受载荷最大的滚动体所受的载荷为 $F_0＝(5/z)F_r$,z 为滚动体的数目。

当外圈不动内圈转动时,滚动体既自转又绕轴承轴线公转,于是内、外圈与滚动体的接触点位置不断发生变化,滚道与滚动体接触表面上某点的接触应力也随着作周期性的变化,滚动体与旋转套圈(设为内圈)受周期性变化的脉动循环接触应力作用,固定套圈上点 A 受最大的稳定脉动循环接触应力作用。

2)失效形式　滚动轴承的失效形式主要有以下三种。

①疲劳点蚀　滚动轴承工作时,在交变接触应力的作用下,工作一段时间之后,滚动体和套圈滚道的接触表面将会发生疲劳点蚀,使轴承在运转中产生振动和噪声,转动精度降低且工作温度升高,导致轴承失效,丧失正常的工作能力。

②塑性变形　在过大静载荷或冲击载荷的作用下,套圈滚道或滚动体可能会发生塑性变形,滚道出现凹坑或滚动体被压扁,使运转精度降低,产生振动或噪音,导致轴承不能正常工作。

③磨损　在润滑不良、密封不可靠及多尘的情况下,滚动体或套圈滚道易产生磨粒磨损,高速时会出现胶合磨损,轴承过热还将导致滚动体回火。

此外,滚动轴承在安装、拆卸、使用及维护时由于方法不当,还会引起轴承元件破裂等其他形式的失效,这也是采取相应的措施加以防止。

3)计算准则

针对上述的主要失效形式,滚动轴承的计算准则如下。

①对于一般转速($n>10$ r/min)的轴承,疲劳点蚀为其主要的失效形式,应进行寿命计算。

②对于低速($n\leqslant10$ r/min)重载或大冲击条件下工作的轴承,其主要失效形式为塑性变形,应进行静强度计算。

③对于高转速的轴承,除疲劳点蚀除外,胶合磨损也是重要的失效形式,因此除应进行寿命计算外还要校验其极限转速。

(2)基本额定寿命和基本额定动载荷

1)轴承寿命　在一定载荷条件下,单个轴承中任一滚动体或内、外滚道上出现疲劳点蚀前所经历的总转数,或在一定转速下所经历的总工作小时数称为轴承寿命,用 L 或 L_h 表示。

2)基本额定寿命　基本额定寿命是指一批同型号的轴承在相同条件下运转时,90%的轴承未发生疲劳点蚀前运转的总转数,或在恒定转速下运转的总工作小时数,分别用 L_{10} 和 L_{10h} 表示。按基本额定寿命的计算选用轴承时,可能有 10% 以内的轴承提前失效,也即可能有 90% 以上的轴承超过预期寿命。而对单个轴承而言,能达到或超过此预期寿命的可靠度为 90%。

3)基本额定动载荷　基本额定动载荷是指基本额定寿命为 $L_{10}=10^6 r$ 时,轴承所能承受的最大载荷,用字母 C 表示。基本额定动载荷越大。不同型号轴承的基本额定动载荷 C 值可查阅轴承样本或《机械设计手册》等资料。

(3)滚动轴承的寿命计算公式

滚动轴承的基本额定寿命(以下简称为寿命)与承受的载荷有关,通过大量试验获得轴承的基本额定寿命为:

$$L_h = \frac{10^6}{60n}\left(\frac{f_T C}{P}\right)^\varepsilon \geqslant [L_h] \qquad (4-1-1)$$

或

$$C \geqslant C' = \frac{P}{f_T} \left(\frac{60n[L_h]}{10^6} \right)^{\frac{1}{\varepsilon}} \tag{4-1-2}$$

式中　L_h——轴承的基本额定寿命；

　　　n——轴承的转数；

　　　ε——轴承的寿命指数；

　　　C——基本额定动载荷；

　　　C'——所需轴承的基本额定动载荷；

　　　P——当量动载荷；

　　　f_T——温度系数(见表4-1-5)，是考虑轴承工作温度对C的影响而引入的修正系数；

　　　$[L_h]$——轴承的预期使用寿命，设计时如果不知道轴承的预期寿命值，表4-1-6的推荐的值可供参考。

表 4-1-5　温度系数 f_T

轴承的工作温度/℃	≤100	125	150	200	250	300
温度系数 f_T	1	0.95	0.90	0.80	0.70	0.60

表 4-1-6　滚动轴承预期使用寿命的推荐值

机器类型	预期寿命/h
不经常使用的仪器或设备，如闸门开闭装置等	300～3000
短期或间断使用的机械，中断使用不致引起严重后果，如手动机械等	3000～8000
间断使用的机械，中断使用后果严重，如发动机辅助设备，流水作业线自动传动装置、升降机、车间吊车、不经常使用的机床等	8000～12000
每日8h工的地机械(利用率不高)，如一般的齿轮传动、某些固定电动机等	12000～20000
每日8h工作的机械(利用率较高)，如金属切削机床、连续使用的起重机、木材加工机械等	20000～30000
24h连续工作的机械，如矿山升降机、泵、电动机等	40000～60000
24h连续工作地机械，中断使用后果严重，如纤维生产或造纸设备、发电站主发电机、矿井水泵、船舶螺旋桨等	100000～200000

(4)滚动轴承的当量动载荷计算

轴承轴承的基本额定动载荷C是在一定的实验条件下确定的，对向心轴承是指纯径向载荷，对推力轴承是指纯轴向载荷。在进行寿命计算时，需将作用在轴承上的实际载荷折算成与上述条件相当的载荷，即当量动载荷。在该载荷作用下，轴承的寿命与实际载荷作用下轴承的寿命相同。当量动载荷用符号P表示，计算公式为

$$P = f_P(XF_r + YF_a) \tag{4-1-3}$$

式中　F_r——轴承所承受的径向载荷，单位为N；

Fa——轴承所承受的轴向载荷,单位为 N;

X、Y ——径向载荷系数和轴向载荷系数,见表 4-1-7;

f_P——载荷系数,见表 4-1-8。

表 4-1-7 径向载荷系数 X 和轴向载荷系数 Y

轴承类型		F_a/C_{0r}	e	$F_a/F_r>e$		F_a/F_r	
				X	Y	X	Y
深沟球轴承		0.014	0.19	0.56	2.30	1	0
		0.028	0.22		1.99		
		0.056	0.26		1.71		
		0.084	0.28		1.55		
		0.11	0.30		1.45		
		0.17	0.34		1.31		
		0.28	0.38		1.15		
		0.42	0.42		1.04		
		0.56	0.44.		1.00		
角接触球轴承	$\alpha=15°$	0.015	0.38	0.44	1.47	1	0
		0.029	0.40		1.40		
		0.058	0.43		1.30		
		0.087	0.46		1.23		
		0.12	0.47		1.19		
		0.17	0.50		1.12		
		0.29	0.55		1.02		
		0.44	0.56		1.00		
		0.58	0.56		1.00		
	$\alpha=25°$	—	0.68	0.41	0.87	1	0
	$\alpha=40°$	—	1.14	0.35	0.57	1	0
圆锥滚子轴承		—	$1.5\tan\alpha$	0.4	$0.4\tan\alpha$	1	0

注:①表中均为单列轴承的系数值,双列轴承查《滚动轴承产品样本》;

②C_0 为轴承的基本额定静载荷;α 为接触角;

③e 是判别轴向载荷 F_a 对当量动载荷 P 影响程度的参数。查表时,可按 F_a/C_{0r} 查得 e 值,再根据 $F_a/F_r>e$ 或 $F_a/F_r \leqslant e$ 来确定 X、Y 值。

表 4-1-8 载荷系数 f_P

载荷性质	无冲击或轻微冲击	中等冲击	强烈冲击
f_P	1.0~1.2	1.2~1.8	1.8~3.0

所以我们在选择轴承的类型和初选轴承的尺寸系列之后,即可从轴承的标准手册中差得基本额定动载荷 C,并由式 $1-1$ 求得轴承的基本额定寿命 L_h,将基本额定寿命 L_h 与轴承的预期寿命 $[L_h]$ 进行比较。若算出来基本额定寿命 L_h 大于或等于轴承的预期寿命 $[L_h]$,则说明所选用的轴承符合要求。

三、滚动轴承的组合设计

滚动轴承安装在机器设备上,它与支承它的轴和轴承座(机体)等周围零件之间的整体关系,就称为轴承部件的组合。为了保证滚动轴承正常工作,除了合理地选择轴承类型、尺寸外,还必须正确地进行轴承组合的结构设计。在设计轴承的组合结构时,要考虑轴承的安装、调整、配合、拆卸、紧固、润滑和密封等多方面的内容。

1. 轴承的固定

常用的轴承固定方式有三种。

(1)两端单向固定

如图 $4-1-10$(a)所示,在轴的两个支点上,用轴肩顶住轴承内圈,轴承盖顶住轴承的外圈,使每个支点都能限制轴的单方向轴向移动,两个支点合起来就限制了轴的双向移动,这种固定方式称为两端单向固定或双固式。图 $4-1-10$(a)上半部为采用深沟球轴承支承的结构,它结构简单、便于安装,适于工作温度变化不大的短轴。考虑轴因受热而伸长,安装轴承时,如图 $4-1-10$(b)所示,在深沟球轴承的外圈和端盖之间,应留有 $c=0.25\sim0.4$ mm 的热补偿轴向间隙。图 $4-1-10$(a)下半部为采用角接触球轴承支承的结构。

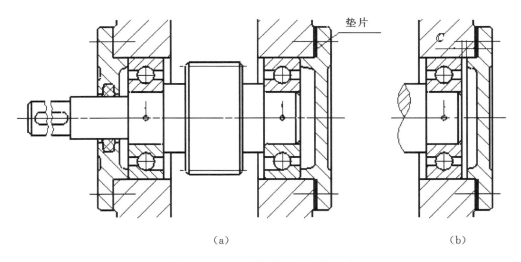

（a）　　　　　　　　　　　　　　　　　　　（b）

图 $4-1-10$　两端单向固定的轴系

(2)一端双向固定、一端游动

如图 $4-1-11$(a)所示,左端轴承内、外圈都为双向固定,以承受双向轴向载荷,称为固定端。右端为游动端,选用深沟球轴承时内圈作双向固定,外圈的两侧自由,且在轴承外圈与端盖之间留有适当的间隙,轴承可随轴颈沿轴向游动,适应轴的伸长和缩短的需要。如图 $4-1-11$(b)所示,游动端选用圆柱滚子轴承时,该轴承的内、外圈均应双向固定。这种固游式结构适于工作温度变化较大的长轴。

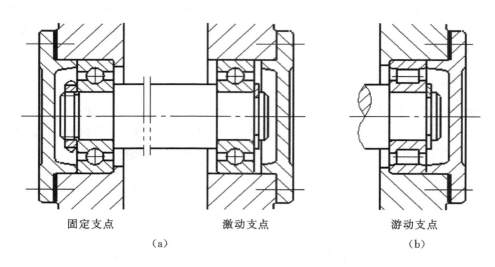

固定支点　　　　激动支点　　　　游动支点
（a）　　　　　　　　　　（b）

图 4-1-11　一端双向固定、一端游动的轴系

（3）两端游动式

图 4-1-12 所示为人字齿轮传动中的主动轴，考虑到轮齿两侧螺旋角的制造误差，为了使轮齿啮合时受力均匀，两端都采用圆柱滚子轴承支承，轴与轴承内圈可沿轴向少量移动，即为两端游动式结构。与其相啮合的从动轮轴系则必须用双固式或固游式结构。若主动轴的轴向位置也固定，可能会发生干涉以至卡死现象。

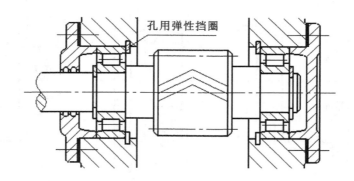

图 4-1-12　两端游动的轴系

轴承在轴上一般用轴肩或套筒定位，轴承内圈的轴向固定应根据轴向载荷的大小选用图 4-1-13（a）所示的轴端挡圈、圆螺母、轴用弹性挡圈等结构。外圈则采用图 4-1-13（b）所示的轴承座孔的端面、孔用弹性挡圈、压板、端盖等形式固定。

2.滚动轴承的润滑和密封

（1）滚动轴承的润滑

滚动轴承润滑的主要目的是减少摩擦与磨损，同时也有吸振、冷却、防锈和密封等作用。

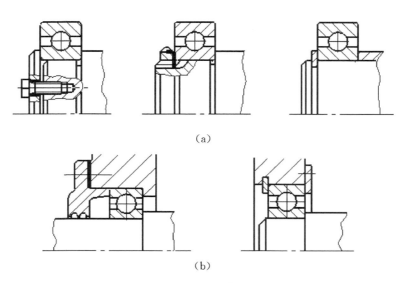

（a）

（b）

图 4-1-13　单个轴承的轴向定位与固定

滚动轴承的润滑与滑动轴承类似，常用的润滑剂有润滑油和润滑脂两种，一般高速时采用油润滑，低速时用脂润滑，某些特殊情况下用固体润滑剂。润滑方式可根据轴承的 dn 值来确定。这里 d 为轴承内径（mm），n 是轴承的转速（r/min），dn 值间接表示了轴颈的圆周速度。适用于脂润滑和油润滑的 dn 值界限列于表 4-1-9 中，可作为选择润滑方式时的参考。

表 4-1-9　适用于脂润滑和油润滑的 dn 值界限（$10^4 \times$ mm · r/min）

轴承类型	脂润滑	油 润 滑			
		油浴	滴油	循环油（喷油）	油雾
深沟球轴承	16	25	40	60	＞60
调心球轴承	16	25	40		
角接触球轴承	16	25	40	60	＞60
圆柱滚子轴承	12	25	40	60	＞60
圆锥滚子轴承	10	16	23	30	
调心滚子轴承	8	12		25	
推力球轴承	4	6	12	15	

脂润滑能承受较大的载荷，且润滑脂不易流失，结构简单，便于密封和维护。润滑脂常常采用人工方式定期更换，润滑脂的加入量一般应是轴承内空隙体积的 $1/2 \sim 1/3$。

速度较高或工作温度较高的轴承都采用油润滑，润滑和散热效果均较好，但润滑油易于流失，因此要保证在工作时有充足的供油。减速器常用的润滑方式有油浴润滑及飞溅润滑等。油浴润滑时油面不应高于最下方滚动体的中心，否则搅油能量损失较大易使轴承过热。喷油润滑或油雾润滑兼有冷却作用，常用于高速情况。

（2）滚动轴承的密封

滚动轴承密封的作用是防止外界灰尘、水分等进入轴承，并阻止轴承内润滑剂流失。密封方法可分为接触式密封和非接触式密封两大类。

接触式密封常用的有毛毡圈密封、唇形密封圈密封等。图4-1-14(a)为采用毛毡圈密封的结构。毛毡圈密封是将工业毛毡制成的环片，嵌入轴承端盖上的梯形槽内，与转轴间摩擦接触，其结构简单、价格低廉，但毡圈易于磨损，常用于工作温度不高的脂润滑场合。图4-1-14(b)为采用唇形密封圈密封的结构。唇形密封圈是由专业厂家供货的标准件，有多种不同的结构和尺寸；其广泛用于油润滑和脂润滑场合，密封效果好，但在高速时易于发热。

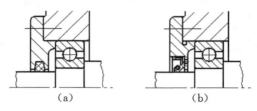

（a）　　　　　　　（b）

图4-1-14　接触式密封图

高速时多采用与转轴无直接接触的非接触式密封，以减少摩擦功耗和发热。非接触式密封常用的有油沟式密封、迷宫式密封等结构。图4-1-15(a)为采用油沟密封的结构，在油沟内填充润滑脂密封，其结构简单，适于轴颈速度 $v \leqslant 6$ m/s。图4-1-15(b)为采用曲路迷宫式密封的结构，适于高速场合。

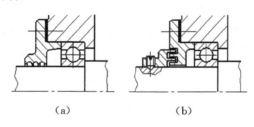

（a）　　　　　　　（b）

图4-1-15　非接触式密封

练 习 题

4-1-1　滚动轴承的主要类型有哪些？各有什么特点？

4-1-2　说明滚动轴承72211AC/P5、6203、32306代号的含义。

4-1-3　滚动轴承失效的主要形式有哪些？计算准则是什么？

4-1-4　何谓滚动轴承的基本额定寿命？何谓当量动载荷？如何计算？

4-1-5　在进行滚动轴承组合设计时应考虑哪些问题？

<h1 style="text-align:center">任务二　构件的静力分析</h1>

知识点

　　1.静力学公理及推论;

　　2.常见几种约束的约束力方向,进而能对静力状态下的构件进行受力分析;

　　3.构件平衡的方程。

技能点

　　1.能够理解静力学公理、简化约束模型,画构件受力图;

　　2.能够对构件进行静力分析,结合受力图列出平衡方程,求出未知力。

🎓 知识链接

一、静力分析基本概念及公理

　　静力学是研究物体在力系作用下的平衡规律的科学,重点解决刚体在平衡条件下如何解决未知力的问题。静力学理论是从生产实践中发展起来的,是机械零件或机构承载计算的基础,在工程技术中有着广泛的应用。

1.力和力系的基本概念

（1）刚体的概念

　　在本篇中所指的物体都是刚体。所谓刚体是指在力的作用下,其内部任意两点之间的距离始终保持不变的物体。这是一个理想化的力学模型。事实上,任何物体受力后都会或多或少地发生变形,因此,实际上宇宙中并不存在绝对意义上的刚体。但是,对那些在运动中变形极小,或虽有变形但不影响其整体运动的物体,忽略其变形,对所研究的结果不仅没有显著影响,而且可以使问题简化。这时,该物体可抽象为刚体。

（2）力的概念

　　力是指物体间相互的机械作用(如图 4-2-1 所示)。这种作用使物体的机械运动状态发生变化或形状发生改变。前者称为力的运动效应(又称外效应),后者称为形变效应(又称内效应)。力对物体的效应取决与力的大小、方向、作用点三个要素,这三个要素中只要其中的一个发生变

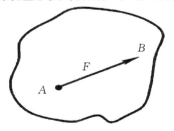
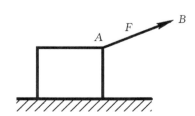

图 4-2-1

化,力的作用效应就发生变化。因此力应以矢量表示,在本书中用黑体字 **F** 表示力矢量。在工程力学中采用国际单位制(SI),力的单位是牛顿,用 N 表示,或千牛顿,用 kN 表示,简称千牛。

（3）力系的概念

力系是指作用在物体上的一群力。作用线都在同一平面内的力系叫平面力系;作用线不完全在同一平面内的力系叫空间力系;作用线都汇交于一点的力系叫汇交力系;作用线都相互平行的力系叫平行力系;作用线既不汇交于一点,又不相互平行的力叫一般力系。

（4）平衡的概念

平衡是指物体相对于惯性参考系处于静止或作匀速直线运动的状态。它是机械运动的特殊形式。在工程中,通常把固连于地球的参考系作为惯性参考系,用此参考系在研究物体相对于地球的平衡问题,所得结果能很好地与实际情况相符合。

力系的平衡条件在工程中有十分重要的意义,是设计工程机构、构件、和机械零件是静力计算的基础。

2.静力学公理

公理一 二力平衡公理

作用在刚体上的两个力,使刚体保持平衡的必要和充分条件是:这两个力的大小相等,方向相反,作用在一条直线上。简述为等值、反向、共线。

二力构件 工程上,把只受两个力作用而处于平衡状态的物体,称为二力构件（又称二力杆）。根据二力平衡条件可知,二力构件不论形状如何,其所受的两个力的作用线,必沿这两个力作用点的连线,如图 4-2-2 所示。这一性质在物体受力分析时极为有用,它通常是物体受力分析的突破口。

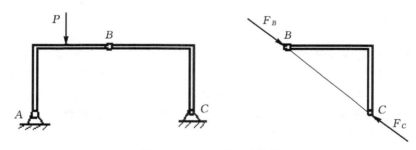

图 4-2-2 二力平衡构件

公理二 力的平行四边形法则

作用于物体上同一点的两个力,可以合成为一个合力。合力作用于该点,合力的大小和方向是该两力为邻边构成的平行四边形的对角线。如图 4-2-3 所示,F_R是F_1、F_2的合力。力的平行四边形公理符合矢量加法法则,即:

$$F_R = F_1 + F_2$$

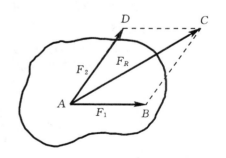

图 4-2-3 力的合成

公理三 加减平衡力系公理

在一个已知的力系上加上或减去任意个平衡力系,并不改变原力系对刚体的作用效应。

这个公理是研究力系等效替换的重要依据。但必须注意，此公理只适用于刚体而不适用于变形体。

由上述公理可以推到出如下重要推论：

推论 1　力的可传性

作用在刚体上某点的力，可以沿着它的作用线移到刚体内任意一点，并不改变该力对刚体的作用效应。

根据力的可传性，力对刚体的效应与力的作用点无关。因此，对于刚体来说，力的三要素是力的大小、方向和作用线。在这种情况下，力矢可沿其作用线任意滑动，从而力矢又称滑动矢量。

推论 2　三力平衡汇交定理

刚体若在互不平行的三个力的作用下处于平衡状态，则这三个力必共面且汇交于一点。因此若已知三力平衡构件上的两个力的作用线，由此可以确定另外一个力的作用线。

如图 4-2-4 所示的杆件 AB，A 端靠在墙角，B 端用绳 BC 系住，A 端受到的墙角的作用力 F_A 必过 G 和 F_B 的交点。

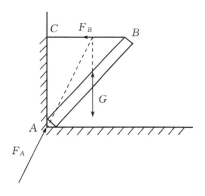

图 4-2-4　三力汇交

公理四　作用与反作用公理

两个物体间的相互作用的一对力，总是大小相等、方向相反、作用线在同一条直线上，分别作用在两个物体上。这两个力互称为作用力和反作用力。

二、受力分析

1.约束和约束反力

在空间可以自由运动，其位移不受任何限制的物体称为自由体。如发射出去的火箭。工程中的大多数物体，其某些方向的位移往往受到限制，这样的物体称为非自由体。例如，在钢轨上行驶的火车，安装在轴承中的转轴，吊在房顶上的吊扇等，都是非自由体。对物体的某些方向的位移起限制作用的周围物体称为约束。如钢轨是火车的约束，轴承是转轴的约束等。当物体沿着所限制的方向有运动或运动趋势时，约束对物体必然有力的作用，该作用力称为约束反作用力，简称为反力。因此约束反力的方向总是与它所限制的非自由体的运动或运动趋势的方向相反。

约束反力以外的其他力称主动力。它是使物体产生运动或运动趋势的力。如重力总使物体有下落的趋势,风力总是有吹动物体运动的趋势等。

在一般情况下约束反力是由主动力的作用引起的,因此,它又是一种被动力。静力分析的重要任务之一就是根据主动力确定未知约束反力。

工程中约束的类型很多,下面介绍几种工程中常见的约束类型。

(1)柔体约束

柔体约束是知约束是绳子或胶带或链条等柔性物体。这类约束的性质决定了它只能承受拉力,而不能承受压力,所以它个物体的约束反力也只能是拉力。因此柔体的约束反力作用在柔体和物体的接触点,其方向沿着柔体收缩的方向。通常用 F_T 表示这类约束反力。

如图4-2-5绳子吊一重物。根据柔体反力的特点,可知柔体作用于重物的约束反力是沿绳子的拉力 **F**,它和绳子所受到的物体的拉力 **F′** 是一对作用力和反作用力关系。

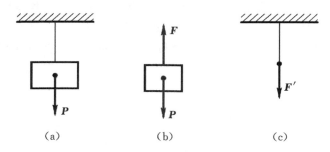

图4-2-5 柔体约束

(2)光滑接触面约束

若两接触面之间的摩擦很小,可以忽略不计的话,在可以认为接触面是光滑的。光滑接触面对被约束物体在过接触点的切面内任意方向的位移不加限制,同时也不限制物体沿接触点处的公法线方向进入约束内部。因此光滑接触面的约束反力必通过接触点,方向沿着接触面在该点的公法线,指向被约束物体内部,即必为压力(如图4-2-6所示)。

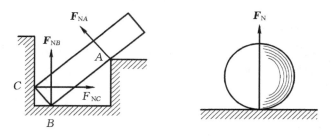

图4-2-6 滑接触面约束

(3)光滑圆柱形铰链约束

两物体分别被钻上直径相同的圆孔并用销钉连接起来,不计销钉与销孔之间的摩擦,这类约束称为光滑圆柱形铰链约束。如图4-2-7(a)或(c)所示的机构中连接,这种连接限制了杆在垂直于销钉轴线的平面内做直线运动,但并不能限制它两绕着圆孔中心做转动。因此约束反力沿圆柱面在接触点的公法线方向,并通过铰链中心,如图4-2-7(d)所示。但接触点的位置与被约束构件受力情况和运动情况有关,不能先确定,所以,约束反力也不能预先确定,通常用通过铰链中心的两个相互垂直的分力来表示,如图4-2-7(b)、(e)所示。

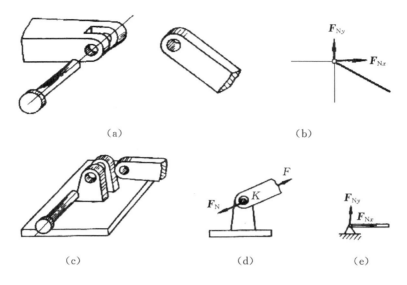

（a）　　　　　　　　　　　　　　　　　（b）

（c）　　　　　　　（d）　　　　　　　（e）

图4-2-7　铰链约束

光滑铰链有以下不同的机构。

1)固定铰支座　若把圆柱销联结的两构件中的一个固定起来,称为固定铰支座,如图4-2-8所示它约束限制了构件沿销孔端的随意移动,不限制构件绕圆柱销这一点的转动。

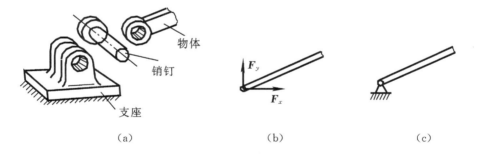

物体

销钉

支座

（a）　　　　　　　　（b）　　　　　　　　（c）

图4-2-8　固定铰支座

2)中间铰　将两个可动构件用圆柱铰链连接在一起称为中间铰链,其约束反力一般也用两个正交分量表示。如图4-2-9所示。

3)可动铰支座　如图4-2-10所示,在固定铰支座的下边安装上滚珠称为可动铰支座。可动铰支座只限制构件沿支承面法线方向的运动,所以可动铰支座约束反力的作用线过铰链中心,垂直于支承面,一般按指向构件画出。用符号F_A表示。

（4）固定端约束

工程中还有一类常见的约束类型。如图4-2-11所示的电线杆埋入地下部分受到的限制作用,车床上的刀具固定于刀架的部分所受到的限制作用,走廊上的外伸梁固定于墙肚部分所受到的限制作用等,这些写着作用的共同点是构件的一端被固定,既不允许构件固定端的随

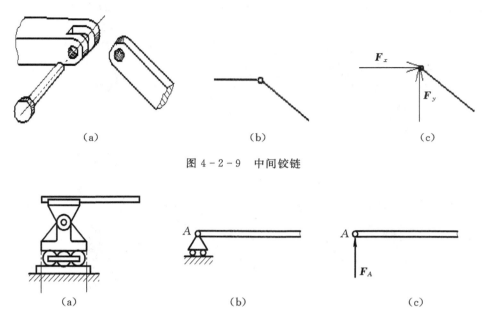

图 4-2-9　中间铰链

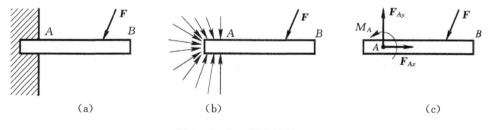

图 4-2-10　可动铰支座

意移动又不允许构件绕其固定端转动。若构件上所有的力都在过该构件的一平面内,则固定端约束反力通常用一对正交反力 F_{Ax}、F_{Ay} 和一个反力偶 M_A(力偶指的是只对物体转动有运动效应的物理量)表示。

图 4-2-11　固定端约束

若是构件上所有的力不在一平面内则通常用三个正交分力和一个反力偶表示。

(5)轴承约束

轴承是机器中常见的一种约束,常用的有向心轴承(也叫径向轴承)和推力轴承。向心轴承的结构如图 4-2-12(a)、(b)所示,它的约束性质与圆柱形铰链约束的性质相同,所以其约束反力如图 4-2-12(c)所示。

2.物体的受力分析与受力图

在实际工程中,为了求出未知的约束反力,需要根据已知力,应用平衡条件求解。为此,首先要确定构件受了几个力,每个力的作用位置和作用方向,这种分析过程为物体的受力分析。

在前面已经介绍过,作用在物体上的力可以分为两类:一类是主动力,一般都是已知的;另一类是约束反力,为未知的被动力。根据问题的已知条件和待求量,从有关结构中恰当地选择

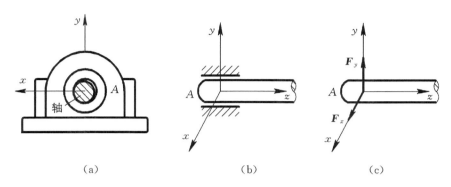

图 4-2-12　轴承约束

　　某一物体(或几个物体组成的系统)作为研究对象。这时,可假象将所选择的对象从与周围的约束(或物体)的接触中分离出来,即解除其所受的约束而代之以相应的约束反力。这一过程称为解除约束。解除约束后的物体,称为分离体,画有分离体及其所受的全部力(包括主动力和约束反力)的简图,称为受力图。

　　综合上述,画受力图的步骤是:①确定研究对象;②解除约束取分离体;③在分离体上画出全部的主动力和约束反力。

　　例 4-2-1　如图 4-2-13 所示的三铰拱桥,由左、右两半拱片铰接而成,画左半拱片 AB 即整体的受力图。

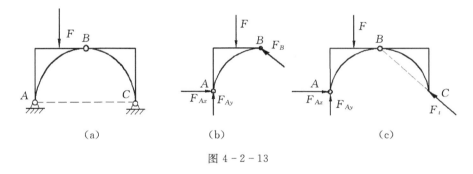

图 4-2-13

　　解：(1)确定左拱片 AB 为研究对象,在分离体 AB 上画出主动力 F 和约束反力。左半拱片 B 端受右半拱片 BC 的作用,由于 BC 受两力作用处于平衡,所以 BC 对右半拱 B 点的作用力 F_B 沿 BC 两点的连线。左半拱 A 端受到固定铰支座约束,可用正交分力 F_{Ax}、F_{Ay} 表示。其受力分析如图 4-2-13(b)所示。

　　(2)确定整体为研究对象取分离体 ABC,在分离体上画出主动力 F 和约束反力。整体在 A 点和 C 点分别受到固定铰支座 A 和 B 的约束。分别可用一对正交分力 F_{Ax}、F_{Ay} 和 F_{Cx}、F_{Cy} 表示。但右半拱又是二力构件,所以整体在 C 点所受的约束反力过 B、C 两点的连线。而左半拱和右半拱在 B 点之间的相互作用力对整体来说只是内部之间相互作用的内力,不在整体图上表示。整体受力分析如图 4-2-13(c)所示。

　　例 4-2-2　如图 4-2-14(a)所示,梯子的两部分 AB 和 AC 在点 A 铰接,又在 D、E 两点用水平绳子连接。梯子放在光滑水平面上,若不计自重,但在 AB 的中点 H 出作用一铅垂

在和 F。试分别画出绳子 DE 和梯子的 AB、AC 部分以及整体的受力图。

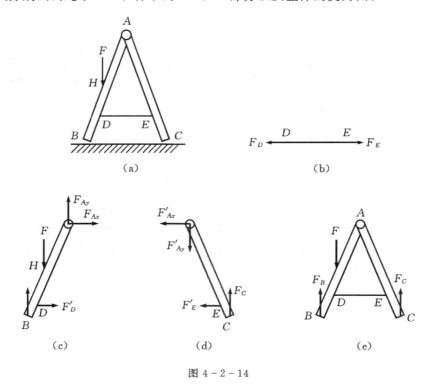

图 4-2-14

解：首先画出绳子 DE 的受力图。绳子两端 DE 分别受到梯子对它的拉力 F_D，F_E 的作用。它们是一对平衡力。绳子 DE 的受力图如图 4-2-14(b)所示。

接着分析梯子 AB 部分的受力图。它在 H 处受到载荷 F 的作用，在中间铰链 A 处受到 AC 部分给它的约束反力 $\boldsymbol{F}_{Ax}$ 和 $\boldsymbol{F}_{Ay}$。在 D 点受到绳子给它的拉力 F'_D，F'_D 是 F_D 的反作用力。在 B 处受光滑地面对它的法向约束反力 $\boldsymbol{F}_B$。梯子 AB 部分的受力图如图 4-2-14(c)所示。

然后可分析 AC 的受力图。在铰链 A 处受到 AB 给它的约束反力 F'_{Ax} 和 F'_{Ay}。F'_{Ax} 和 F'_{Ay} 分别是 F_{Ax} 和 F_{Ay} 的反作用力。在点 E 受绳子对它的拉力 $\boldsymbol{F}_E'$，$\boldsymbol{F}_E'$ 是 $\boldsymbol{F}_E$ 的反作用力。在 C 处受光滑地面对它的法向约束反力 $\boldsymbol{F}_C$。梯子 AC 部分的受力如图 4-2-14(d)所示。

最后分析整个系统的受力图。由于铰链 A 处所受的力互为作用力与反作用力，这些力都成对地作用在整个系统内，称为内力（内力指的是系统内部各物体之间的相互作用力）。内力对整个系统的作用效应相互抵消，并不影响整个系统的平衡，故在受力图上不必画出。在受力图上只需画出系统以外的物体给系统的作用力，这种力称为外力。系统在 H 处受载荷 F，在 B 点通过 AB 承受系统外地面给它的约束反力 F_B，而在 C 点通过 AC 承受系统外地面给它的约束反力 F_B，它们都是作用于整个系统的外力。整个梯子的受力如图 4-2-14(e)所示。

三、平面力系

静力学研究作用于刚体上的力系的简化和力系的平衡问题。为了便于研究，根据力系中各力的作用线的分布情况,将力系分为平面力系和空间力系两大类。凡各力作用线都在同一平面内的力系称为平面力系,各力作用线不完全在同一平面内的力系称为空间力系。平面力系又可进一步分为:力系中各力作用线汇交于同一点的平面汇交力系;力系中各力作用线相互平行的平面平行力系;由同平面内的若干力偶组成的平面力偶系;力系中各力作用线既不交于一点,也不互相平行的平面任意力系等。

1. 基本力系

(1)力的投影和力的分解

1)力在坐标轴上的投影

在力 $\boldsymbol{F}$ 作用的平面内建立平面直角坐标系 Oxy,自力 $\boldsymbol{F}$ 的两个端点 A 和 B 分别向坐标轴作垂线,得垂足 a、b 和 a'、b'(见图 4-2-15)。线段 ab 和 $a'b'$ 分别为力 $\boldsymbol{F}$ 在 x 和 y 轴上的投影。

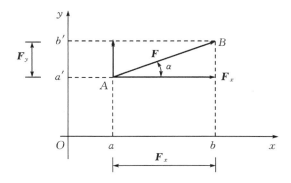

图 4-2-15　力在坐标轴上的投影

力在坐标轴上的投影是代数量,正、负规定如下:从 a 到 b(或从 a' 到 b')的指向与坐标轴的正向一致时为正,反之为负。

2)力沿坐标轴的分解

如果将图 4-2-15 中的力 $\boldsymbol{F}$ 沿 x 轴、y 轴分解,可得两正交分力 $\boldsymbol{F}_x$ 和 $\boldsymbol{F}_y$,分力属于矢量。可见,在直角坐标系中,力在某一坐标轴上投影的绝对值,等于力在同一坐标方向上分力的大小。因此,可以用分力的大小来代表投影的大小,即

$$\begin{cases} F_x = \pm F\cos\alpha \\ F_y = \pm F\sin\alpha \end{cases} \tag{4-2-1}$$

式中,α 是力 $\boldsymbol{F}$ 作用线与 x 轴间所夹的锐角,正负号按前述规定确定。

若已知力 $\boldsymbol{F}$ 在两坐标轴上的投影 F_x、F_y,则由图 4-2-15 可知,力 $\boldsymbol{F}$ 的大小和它与 x 轴所夹的锐角 α 可按下式计算

$$\begin{cases} F = \sqrt{F_x^2 + F_y^2} \\ \tan\alpha = \left| \dfrac{F_y}{F_x} \right| \end{cases} \tag{4-2-2}$$

力 $\boldsymbol{F}$ 的指向可根据投影 F_x、F_y 的正负确定。

应当注意,力的投影和力的分量是两个不同的概念。投影是代数量,而分力是矢量;投影无所谓作用点,而分力作用点必须作用在原力的作用点上。

（2）平面汇交力系的合成与平衡

在平面力系中,各力作用线汇交于一点的力系称平面汇交力系。下面讨论平面汇交力系的合成与平衡问题。

1）平面汇交力系的合成

用解析法求平面汇交力系的合力时,可先由合力投影定理求出力系的合力在 x、y 轴上的投影 F_{Rx}、F_{Ry},则合力 $\boldsymbol{F}_R$ 的大小和它与 x 轴所夹的锐角 α 可按下式计算

$$\begin{cases} F_R = \sqrt{F_{Rx}^2 + F_{Ry}^2} = \sqrt{\left(\sum F_x\right)^2 + \left(\sum F_y\right)^2} \\ \alpha = \arctan\left|\dfrac{F_{Ry}}{F_{Rx}}\right| = \arctan\left|\dfrac{\sum F_y}{\sum F_x}\right| \end{cases} \tag{4-2-3}$$

例 4-2-3　图 4-2-16 所示平面汇交力系,已知 $F_1=2$ kN,$F_2=3$ kN,$F_3=1$ kN,$F_4=2.5$ kN,$\alpha_1=30°$,$\alpha_2=45°$,$\alpha_4=60°$,方向如图 4-2-16 所示,用解析法求该力系的合力 $\boldsymbol{F}_R$。

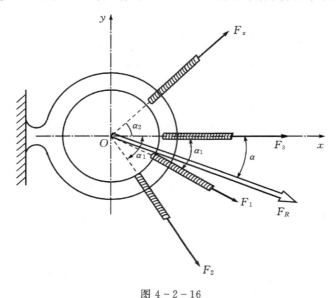

图 4-2-16

解:以 O 为坐标原点建立坐标系 Oxy。则合力 $\boldsymbol{F}_R$ 在坐标轴上的投影分别为:

$$F_{Rx} = \sum F_x = F_1\cos30° + F_2\cos45° + F_3 + F_4\cos60°$$

$$= 2\times\frac{\sqrt{3}}{2} + 3\times\frac{\sqrt{2}}{2} + 1 + 2.5\times\frac{1}{2} = 6.1 \text{ kN}$$

$$F_{Ry} = \sum F_y = -F_1\sin30° + F_2\sin45° - F_4\sin60°$$

$$= -2\times\frac{1}{2} + 3\times\frac{\sqrt{2}}{2} - 2.5\times\frac{\sqrt{3}}{2} = -1.04 \text{ kN}$$

由此求得合力 $\boldsymbol{F}_R$ 的大小及与 x 轴所夹的锐角为

$$F_R = \sqrt{F_{Rx}^2 + F_{Ry}^2} = \sqrt{6.1^2 + 1.04^2} = 6.2 \text{ kN}$$

$$\alpha = \arctan\left|\frac{F_{Ry}}{F_{Rx}}\right| = \arctan\frac{1.04}{6.1} = 9.67°$$

合力 $\boldsymbol{F}_R$ 的作用线通过交点 O 且在第四象限，如图 $4-2-16$ 所示。

2）平面汇交力系的平衡

平面汇交力系平衡的充分必要条件是力系的合力等于零。用解析式表达为：

$$F_R = \sqrt{\left(\sum F_x\right)^2 + \left(\sum F_y\right)^2} = 0 \qquad (4-2-4)$$

由此得平面汇交力系平衡的解析条件为：力系中所有各力在两个互相垂直的坐标轴上投影的代数和分别为零。

$$\begin{cases} \sum F_x = 0 \\ \sum F_y = 0 \end{cases} \qquad (4-2-5)$$

上式称为平面汇交力系的平衡方程。利用这两个独立的平衡方程，可以求解包含两个未知量的平衡问题。

例 4 - 2 - 4　求图 $4-5-24$(a)所示三角支架中杆 AC 和杆 BC 所受的力。已知重物的重量 $G=10$ kN，A、B、C 三点均为铰链。

解：

1）取铰链 C 为研究对象，C 铰共受汇交于 C 点的三个力作用，因杆 AC 和杆 BC 都属于二力杆，所以杆 AC、BC 对 C 铰的作用力 F_{CB}、F_{CB} 的作用线沿杆的轴线方向。现假定 F_{CA} 为拉力，F_{CB} 为压力，画铰 C 的受力图如图 $4-2-17$(b)所示。

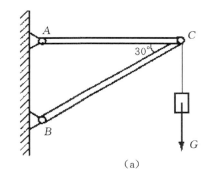
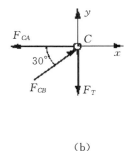

(a)　　　　　　　　(b)

图 $4-2-17$

2）建立图示直角坐标系 Cxy

3）列平衡方程，求解未知力 F_{CA} 和 F_{CB}

由 $\sum F_y = 0$,　　　$F_{CB}\sin30° - F_T = 0, F_T = G$

得　$F_{CB} = \dfrac{G}{\sin 30°} = \dfrac{10}{0.5} = 20$ kN

由 $\sum F_x = 0$,　　　$F_{CB}\cos30° - F_{CA} = 0$

得　$F_{CA} = F_{CB}\cos30° = 20 \times \dfrac{\sqrt{3}}{2} = 17.32$ kN

结果均为正值，说明假设的 F_{CA}、F_{CB} 方向与实际方向一致。

例 4 - 2 - 5　图 $4-2-18$(a)是一增力机构的示意图，A、B、C 处均为铰链连接，在铰接点 B 上作用外力 $F=3000$ N，通过杆 AB、BC 使滑块 D 向右压紧工件。已知压紧时 $\alpha=8°$，不计各杆的自重及接触处的摩擦,求杆 AB、杆 BC 所受的力和工件所受的压力。

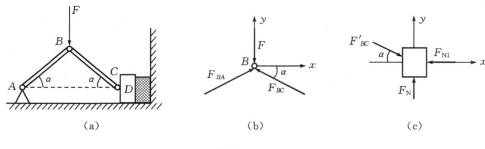

(a)　　　　　　　　　(b)　　　　　　　　　(c)

图 4-2-18

解:本题需分两次取研究对象求解。

1)取节点 B 为研究对象,画受力图,如图 4-2-18(b)所示。建立直角坐标系 Bxy,列平衡方程,求解未知力 F_{BC} 和 F_{BA}

$$\sum F_x = 0:\qquad F_{BA}\cos\alpha - F_{BC}\cos\alpha = 0$$

解得
$$F_{BC} = F_{BA}$$

$$\sum F_y = 0:\qquad -F + 2F_{BC}\sin\alpha = 0$$

解得
$$F_{BC} = \frac{F}{2\sin\alpha} = \frac{3000}{2 \times 0.139} = 10791 \text{ N}$$

2)再取滑块 D 为研究对象,画出滑块的受力图,如图 4-2-18(c)所示。建立直角坐标系 Dxy

列平衡方程,求未知力 F_{N1}

$$\sum F_x = 0:\qquad F'_{BC}\cos\alpha - F_{N1} = 0$$

解得
$$F_{N1} = F'_{BC}\cos\alpha = 10791 \times 0.99 = 10683 \text{ N}$$

所以,杆 AB、杆 BC 所受压力均为 10791 N。根据作用与反作用定律,工件所受的压力为 10683 N。

由计算结果可见,在不计摩擦力的情况下,工件所受压紧力约为主动力 $\boldsymbol{F}$ 的 3.5 倍,增力效果十分显著。且角度 α 越小,压紧力越大。

通过以上例题分析,可归纳出用解析法求解平面汇交力系平衡问题的步骤如下:

①根据已知条件和所要求解的未知量,选取研究对象(可以是节点,也可以是刚体),画出研究对象的受力图。

②以力系的汇交点为坐标原点,建立平面直角坐标系。

③列平衡方程求解未知量。若求出的未知力为负值,说明力的实际方向与假设方向相反。

(3)力矩

1)力对点的矩

力不仅可以改变物体的移动状态,而且还能改变物体的转动状态。力使物体绕某点转动效应的强弱,用力对该点之矩来度量。以扳手旋转螺母为例,如图 4-2-19 所示,设螺母能绕点 O 转动。由经验可知,螺母能否旋动,不仅取决于作用在扳手上的力 $\boldsymbol{F}$ 的大小,而且还与点

O 到力 F 的作用线的垂直距离有关。因此，用 F 与 d 的乘积作为力 F 使螺母绕点 O 转动效应的量度，称为力 F 对 O 点之矩，简称力矩，用 $M_O(F)$ 表示，即

$$M_O(F) = \pm Fd$$

其中 O 点称为矩心，距离 d 称为力臂。

力对点之矩是代数量，乘积 Fd 称为力矩的大小；符号"$\pm$"表示力矩的转向，一般规定力使物体绕矩心逆时针转动时，力矩为正，反之为负。力矩的单位为 N・m 或 kN・m。

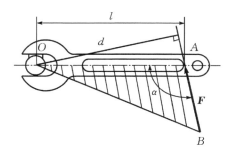

图 4-2-19

由力矩的定义可知力矩具有以下两点性质：

①当力的大小等于零或力的作用线通过矩心（力臂 $d=0$ 时），力对点之矩等于零。

②当力沿其作用线移动时，力对点之矩不变。

2）合力矩定理

若力 F_R 是平面汇交力系 F_1、F_2、$\cdots F_n$ 的合力，由于力 F_R 与力系等效，所以合力对任一点 O 之矩等于力系中各分力对同一点之矩的代数和。即

$$M_O(F_R) = \sum M_O(F) \qquad (4-2-6)$$

上式称为合力矩定理。当力臂不易求出时，常将力分解为两个力臂直观明了、互相垂直的分力（通常沿 x、y 轴分解），然后应用合力矩定理计算力矩。

例 4-2-6　如图 4-2-20(a)所示，在刚性直角弯杆 ABC 的 C 点作用一力 $F=800\mathrm{N}$，$\alpha=30°$，求力 F 对 A 点之矩。图中 BC 长为 h，OB 长为 l。

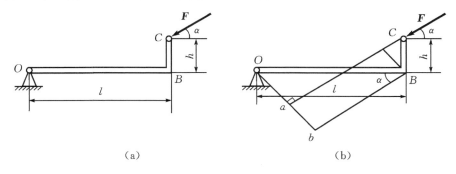

(a)　　　　　　　　　　　(b)

图 4-2-20

解：

1）利用力矩的定义进行求解

163

如图 4-2-20(b),过点 O 作出力 F 作用线的垂线,与其交于 a 点,则力臂 d 即为线段 oa。再过 B 点作力作用线的平行线,与力臂的延长线交于 b 点,则有

$$M_O(F) = -Fd = -F(ob-ab) = -F(l\sin\alpha - h\cos\alpha)$$

2)利用合力矩定理求解

如图 4-2-20(c)所示:将力 F 分解成一对正交的分力 F_{cx}、F_{cy}。

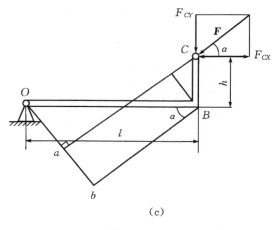

(c)

图 4-2-20

则力 F 对 O 的力矩就是这两个分力对点 O 的力矩的代数。即:

$$M_O(F) = M_O(F_{CX}) + M_O(F_{CY}) = \boldsymbol{F}_{CX} \times BC - \boldsymbol{F}_{CY} \times OB = (F\cos\alpha)h - (F\sin\alpha)l$$
$$= -F(l\sin\alpha - h\cos\alpha)$$

所以求平面内力对某点的力矩,一般采用以下两种方法:

①用力和力臂的乘积求力矩　这种方法的关键是确定力臂 d。需要特别注意的是,力臂 d 是矩心到力作用线的距离,即力臂一定要垂直力的作用线。

②用合力矩定理求力矩　在工程实际中,有时力臂 d 的几何关系较复杂,不易确定时,可将作用力正交分解为两个分力(原矩心到这两个力作用线的距离比较简单,甚至一目了然,不用计算),然后应用合力矩定理求原力对矩心的力矩。

(4)力偶及力偶系的合成与平衡

1)力偶与力偶矩

在日常生活和生产实际中,经常遇到物体在一对等值、反向、不共线的平行力作用下发生转动的情形。例如,司机用双手驾驶方向盘(图 4-2-21(a)),钳工用丝锥攻螺纹(图 4-2-21(b)),人们用拇指和食指拧水龙头(图 4-2-21(c))等等,作用在方向盘、丝锥和水龙头上的都是一对等值、反向、不共线的平行力。在工程力学中,将这样一对等值、反向、作用线平行但不共线的两个力,称为力偶,由力 $\boldsymbol{F}$ 和 $\boldsymbol{F'}$ 组成的力偶,表示为 $(\boldsymbol{F}、\boldsymbol{F'})$。力偶中两力作用线所确定的平面,称为力偶的作用面,两力作用线之间的垂直距离 d 称为力偶臂。如图 4-2-22 所示。

组成力偶的两个力虽然大小相等、方向相反,但由于不共线,因此不是平衡力系。力偶对刚体的作用将使刚体产生转动效应,这种转动效应的强弱用力偶矩来度量。力偶中一个力的大小与力偶臂的乘积并冠以适当的正负号,称为力偶矩,记为 M 或 $M(\boldsymbol{F}、\boldsymbol{F'})$,即

$$M = \pm F \cdot d = \pm \triangle ABC$$

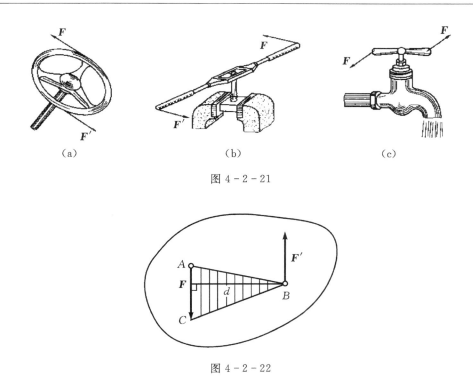

（a）　　　　　　　　　（b）　　　　　　　　（c）

图 4 - 2 - 21

图 4 - 2 - 22

一般规定使物体作逆时针方向转动的力偶矩为正，反之为负。在平面情况下，力偶矩为代数量，其单位与力矩相同，为 N·m 或 kN·m。

力偶的转向、力偶矩的大小和力偶作用面的方位称为力偶的三要素。显然，力偶对刚体的作用效应取决于它的三要素，凡三要素相同的力偶彼此等效。

2）力偶的性质

性质 1　力偶在任一轴上的投影等于零（图 4 - 2 - 23）。故力偶无合力，力偶不能与一个力等效，也不能与一个力相平衡，力偶只能与力偶平衡。

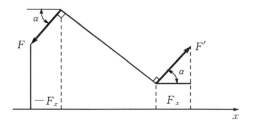

图 4 - 2 - 23

性质 2　力偶对其作用面内任一点之矩恒等于力偶矩，而与矩心的位置无关。

如图 4 - 2 - 24 所示，已知力偶（$\boldsymbol{F}$、$\boldsymbol{F}'$）的力偶矩为 $M = F \cdot d$，在其作用面内任取点 O 作为矩心，设点 O 到 F' 的垂直距离为 x，则力偶（$\boldsymbol{F}$、$\boldsymbol{F}'$）对 O 点之矩为

$$M_O(\boldsymbol{F}) + M_O(\boldsymbol{F}') = F(x+d) - F'_x = Fd$$

显然力偶矩的大小与矩心的位置无关。

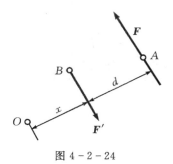

图 4 - 2 - 24

由力偶的三要素和力偶的性质,不难推断:只要保持力偶矩的大小和转向不变,力偶可以在其作用面内任意移动,也可以同时改变力偶中力的大小和力偶臂的长短,而不改变力偶对刚体的作用效果,如图 4 - 2 - 41 所示。力偶可以用带箭头的弧线表示,如图 4 - 2 - 25 所示。

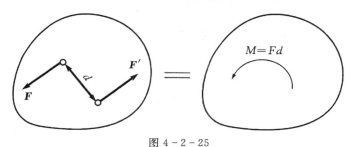

图 4 - 2 - 25

性质 3　只要保持力偶矩的大小和转向不变,力偶可以在其作用面内任意移动,也可以同时改变力偶中力的大小和力偶臂的长短,而不改变力偶对刚体的作用效应。力偶可以用带箭头的弧线表示,如图 4 - 2 - 26 所示。

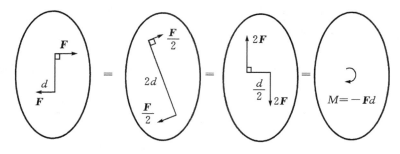

图 4 - 2 - 26

3)平面力偶系的合成与平衡

作用在物体上同一平面内的多个力偶 $M_1, M_2, \cdots, M_n$,称为平面力偶系。由力偶的性质可知,平面力偶系不能与一个力等效,只能与一个力偶等效,该力偶称为平面力偶系的合力偶。因此,平面力偶系的合成结果是一个合力偶,合力偶的力偶矩等于各分力偶矩的代数和(证明略),即

$$M = M_1 + M_2 + \cdots + M_n = \sum M_i \qquad (4 - 2 - 7)$$

若一平面力偶系的合力偶矩等于零,则该力偶系平衡。此时有

$$\sum M_i = 0 \qquad\qquad (4-2-8)$$

上式称为平面力偶系的平衡方程。

例 **4-2-7**　用多孔钻床在一水平放置的工件上同时钻四个直径相同的孔,加工时工件用 A、B 两个螺钉固定,如图 $4-2-27$(a)所示。已知每个钻头作用在工件上的力偶矩的大小为 $M_1 = M_2 = M_3 = M_4 = 20$ N·m。问工件受到的总切削力偶矩是多大?并求两个螺钉对工件的约束反力。

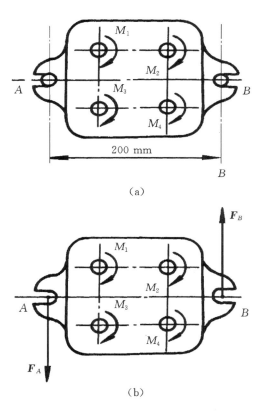

图 $4-2-27$

解:

1)求总切削力偶矩

作用在工件上的四个切削力偶组成平面力偶系,其合力偶矩即为所求的总切削力偶矩。所以

$$M = M_1 + M_2 + M_3 + M_4 = -4 \times 20 \text{ N·m} = -80 \text{ N·m}$$

负号表示合力偶矩的转向为顺时针。

2)求螺钉 A、B 对工件的约束反力

取工件为研究对象,画受力图,如图 $4-2-27$(b)所示。工件上的主动力为四个力偶,约束反力为螺钉 A、B 作用于工件的 $\boldsymbol{F}_A$ 和 $\boldsymbol{F}_B$,因为力偶只能与力偶平衡,故两个约束反力 $\boldsymbol{F}_A$ 和 $\boldsymbol{F}_B$ 必组成一个力偶。距离 $AB = 200$ mm 为此力偶的力偶臂,$\boldsymbol{F}_A$ 和 $\boldsymbol{F}_B$ 的作用线必垂直于 AB

连线。工件在平面力偶系的作用下处于平衡状态,因此有

$$\sum M_i = 0, \qquad F_A \times 200 - 20 \times 4 \times 10^3 = 0$$

解得:$F_B = F_A = 400$ N

2. 平面任意力系

(1)平面任意力系的简化

1)力的平移定理

由力的可传性原理可知,作用在刚体上的力可以沿着其作用线滑移到刚体上新的位置,而不改变力对刚体的作用效果。但当把力平行移动到作用线以外任意一点时,力对刚体的作用效果将会改变。为了对力系进行简化,需要研究力的平移定理。

如图 4 - 2 - 28(a)所示,设在物体的 A 点作用有一力 **F**,若要将此力平行移动到物体上距离 **F** 为 d 的任意一点 B 处,可根据加减平衡力系公理,先在 B 点处加上一对与力 **F** 作用线平行的平衡力 F' 和 F"。且使 F' = F" = F(见图 4 - 2 - 28(b))。加上一对平衡力后的新力系与原力 **F** 等效,新力系中的 **F** 和 F" 组成一力偶,其力偶矩为

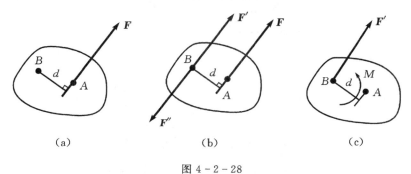

图 4 - 2 - 28

$$M(\boldsymbol{F}, \boldsymbol{F}'') = Fd = M_B(\boldsymbol{F})$$

因此,与 **F** 等效的新力系也可表示为一个过 B 点且与 **F** 平行的力 F' 加一个力偶 M(见图 4 - 2 - 28(c))。由此得到力的平移定理:

作用于刚体上的力 **F**,可以从原作用点等效地平行移动到刚体内任一指定点,但必须在该力与指定点所决定的平面内附加一力偶,其力偶矩等于原力对指定点之矩。

力的平移定理表明:一个力可以与一个力加一个力偶等效。反之,在同一平面内的力 **F** 和一个力偶 M 也可进一步合成一个合力。

2)平面任意力系向一点的简化

作用于刚体上的平面任意力系 $F_1, F_2, \cdots, F_n$,如图 4 - 2 - 29(a)所示,力系中各力作用点分别为 $A_1, A_2, \cdots, A_n$。在平面内任取一点 O,称为简化中心。根据力的平移定理,将力系中各力平移至 O 点,得到一个作用于 O 点的平面汇交力系 $F_1', F_2', \cdots, F_n'$,和一个由各个附加力偶组成的平面力偶系 $M_1, M_2, \cdots, M_n$,且 $M_1 = M_O(\boldsymbol{F}_1), M_2 = M_O(\boldsymbol{F}_2), \cdots, M_n = M_O(\boldsymbol{F}_n)$,如图 4 - 2 - 29(b)所示。

将平面汇交力系 $F_1', F_2', \cdots, F_n'$ 和平面力偶系 $M_1, M_2, \cdots, M_n$ 分别合成,可得到一个作用于简化中心 O 点的力 FR' 与一个力偶 M_O,如图 4 - 2 - 29(c)所示。

力 $\boldsymbol{F}_R'$ 的矢量和为:$\boldsymbol{F}_R' = \boldsymbol{F}_1' + \boldsymbol{F}_2' + \cdots + \boldsymbol{F}_n' = \boldsymbol{F}_1 + \boldsymbol{F}_2 + \cdots + \boldsymbol{F}_n = \sum \boldsymbol{F}$

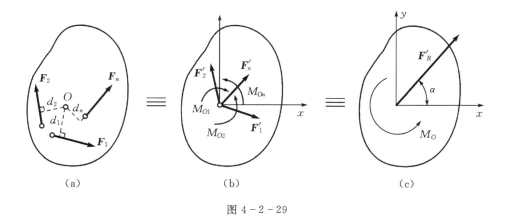

图 4-2-29

上式表明力 F_R' 等于原力系中各力的矢量和,称为原力系的主矢。显然,当取不同点为简化中心时,主矢的大小和方向保持不变,即主矢与简化中心的位置无关。主矢 F_R' 的大小和方向可按照平面汇交力系的合力公式计算:

$$\begin{cases} F'_{Rx} = \sum F_x \\ F'_{Ry} = \sum F_y \\ F'_R = \sqrt{F'_{Rx} + F'_{Ry}} = \sqrt{\left(\sum F_x\right)^2 + \left(\sum F_y\right)^2} \\ \tan\alpha = \left|\dfrac{\sum F_y}{\sum F_x}\right| \end{cases} \quad (4-2-9)$$

式中,F'_{Rx},F'_{Ry},F_x,F_y 分别为主矢与各力在 x,y 轴上的投影;F'_R 为主矢的大小;夹角 α 为锐角,F_R' 的指向由 $\sum F_x$ 和 $\sum F_y$ 的正负号决定。

由各附加力偶组成的平面力偶系可以合成为一合力偶,其合力偶矩

$$M_O = M_1 + M_2 + \cdots + M_n = \sum M_O(F) = \sum M \quad (4-2-10)$$

M_O 称为原力系对简化中心 O 点的主矩,其值等于原力系中各力对简化中心 O 点之矩的代数和。不难看出,取不同点作为简化中心,所得主矩是不同的,即主矩与简化中心的位置有关。

综上所述,平面任意力系向平面内任意一点 O 简化,可得一个力和一个力偶,这个力等于原力系中各力的矢量和,作用于简化中心 O 点,称为原力系的主矢;这个力偶的力偶矩等于原力系中各力对简化中心 O 点的力矩的代数和,称为原力系的主矩。

注意,主矢 F_R' 或主矩 M_O 并不与原力系等效,所以,主矢 F_R' 并不是原力系的合力,主矩 M_O 也不是原力系的合力偶。

前面曾介绍过的固定端约束是工程中常见的一种约束类型,如图 4-2-30 所示,建筑物上的阳台,又如图 4-2-31 所示车床上的刀具等,在外力作用下都不能产生任何方向的移动和转动,构件所受到的这种约束称为固定端约束,在平面问题中,一般用图 4-2-32(a)所示简图符号表示。下面应用力系简化的理论,分析固定端约束的约束反力。

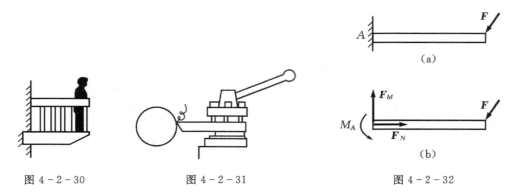

图 4-2-30　　　　　　　图 4-2-31　　　　　　　图 4-2-32

固定端对物体的约束反力为一平面任意力系,向 A 点简化可得到一个约束反力 F_A 和一约束力偶,其力偶矩记为 M_A。一般情况下约束反力 F_A 的大小和方向均未知,可用两个正交分力 F_{Ax}、F_{Ay} 来代替,如图 4-2-47(b)所示。其中两个正交约束反力 F_{Ax}、F_{Ay} 表示限制构件移动的约束作用,约束反力偶 M_A 表示限制构件转动的约束作用。

如前所述,平面任意力系向平面内任一点简化,一般可以得到一个力(主矢)和一个力偶(主矩),但这并不是简化的最终结果。根据主矢和主矩的存在情况,最终结果可能出现下列四种情况:

①若 $F_R{}' \neq 0$,$M_O \neq 0$,如图 4-2-33 所示。根据力的平移定理的逆定理,可以把主矢和主矩进一步合成为一个合力 F_R,合力 F_R 的作用线到简化中心 O 的垂直距离为

$$d = \frac{\lfloor M_O \rfloor}{F'_R}$$

合力 F_R 的作用线在简化中心 O 的哪一侧,应根据合力 F_R 对简化中心之矩与主矩的转向相一致来确定。

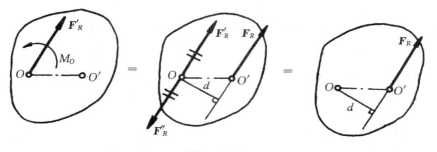

图 4-2-33

②若 $F_R{}'=0$,$M_O \neq 0$,表明原力系与一个力偶等效,其简化结果是一合力偶。由于力偶对其作用面内任一点的矩恒等于力偶矩,故合力偶的力偶矩等于力系的主矩,在此情况下主矩与简化中心的位置无关。

③若 $F_R{}' \neq 0$,$M_O = 0$。表明原力系与主矢等效,此时主矢 $F_R{}'$ 就是原力系的合力,即 $F_R{}' = F_R$,合力的作用线通过简化中心。

④若 $F_R{}'=0$,$M_O=0$,原力系是一平衡力系,这种情况将在下面专门讨论。

例 4-2-8　如图 4-2-34(a)所示,矩形平板在其平面内受力 P_1、P_2 和力偶 m 作用,已知 $P_1 = 20$ kN,$P_2 = 30$ kN,$m = 100$ kN·m,求此力系的合成结果。

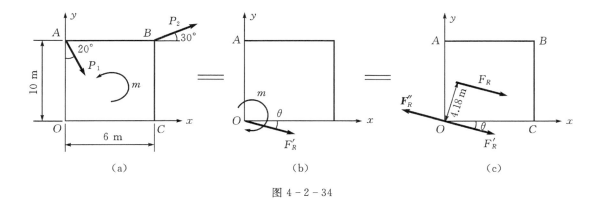

图 4 - 2 - 34

解：取 O 点为简化中心，建立坐标系 Oxy。

1）求主矢 F'_R

$$F'_{Rx} = \sum F_x = P_1 \sin 20° + P_2 \cos 30° = 20 \times 0.342 + 30 \times 0.866 = 32.82 \text{ kN}$$

$$F'_{Ry} = \sum F_y = -P_1 \cos 20° + P_2 \sin 30° = -20 \times 0.940 + 30 \times 0.5 = -3.8 \text{ kN}$$

所以

$$F'_R = \sqrt{\left(\sum F_x\right)^2 + \left(\sum F_y\right)^2} = \sqrt{32.82^2 + (-3.8)^2} = 33 \text{ kN}$$

$$\theta = \arctan \left| \frac{F'_{Ry}}{F'_{Rx}} \right| = \arctan \frac{3.8}{32.82} = 6.6°$$

因为 F'_{Ry} 为负值，F'_{Rx} 为正值，故 θ 在第四象限，如图 4 - 2 - 34(b)所示。

2）求主矩 M_O

$$M_O = \sum M_O(F) = -P_1 \sin 20° \times OA - P_2 \cos 30° \times OA + P_2 \sin 30° \times OC + m$$

$$= -20 \times 0.342 \times 10 - 30 \times 0.866 \times 10 + 30 \times 0.5 \times 6 + 100 = -138 \text{ kN} \cdot \text{m}$$

3）求合力 F_R

$$F_R = F'_R = 33 \text{ kN}, \theta = 6.6°$$

$$d = \frac{|M_O|}{F'_R} = \frac{138}{33} = 4.18 \text{ m}$$

因 M_O 顺时针转向，故合力 F_R 应在 F'_R 的上方，如图 4 - 2 - 34(c)所示。

（2）平面任意力系的平衡方程及其应用

1）平面任意力系的平衡方程

由前面的讨论可知，平面任意力系平衡的必要与充分条件是力系的主矢和主矩同时等于零。即

$$\begin{cases} F'_R = \sqrt{\left(\sum F_x\right)^2 + \left(\sum F_y\right)^2} = 0 \\ M_O = \sum M_O(F) \end{cases} \qquad (4 - 2 - 11)$$

由此可得平面任意力系的平衡方程为

$$\begin{cases} \sum F_x = 0 \\ \sum F_y = 0 \\ \sum M_O(F) = 0 \end{cases} \qquad (4 - 2 - 12)$$

171

上式称为平面任意力系平衡方程的基本形式。表明平面任意力系平衡时,力系中各力在两个正交轴上投影的代数和分别等于零,同时力系中各力对作用面内任一点之矩的代数和也等于零。

上述平衡方程中的前两式为投影形式的平衡方程,第三式为力矩形式的平衡方程,因此,可将这组平衡方程简称为二投影一矩式。三个独立的平衡方程,可以求解包含三个未知量的平衡问题。

2)平面任意力系平衡方程的其他形式

平面任意力系的平衡方程除了基本形式外,还有另外两种形式:

二力矩形式

$$\begin{cases} \sum F_x = 0 \\ \sum M_A(F) = 0 \\ \sum M_B(F) = 0 \end{cases} \qquad (4-2-13)$$

A、B 两点的连线不能与投影轴 x 垂直。

三力矩形式

$$\begin{cases} \sum M_A(F) = 0 \\ \sum M_B(F) = 0 \\ \sum M_C(F) = 0 \end{cases} \qquad (4-2-14)$$

矩心 A、B、C 三点不能共线。

下面举例说明平衡方程的应用。

例 4-2-9 简易起重机如图 4-2-35(a)所示。其中 A、B、C 处均为铰链连接,起吊重量 $G=10$ kN,各构件自重不计,有关尺寸如图所示。试求 BC 杆所受的力和铰链 A 处的约束反力。

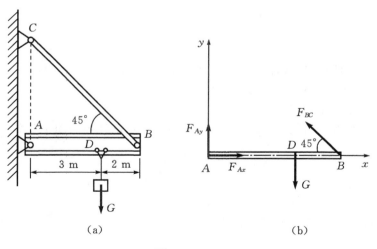

图 4-2-35

解:1)取横梁 AB 为研究对象,画受力图如图 4-2-35(b)所示。

2)建立 Axy 直角坐标系,列平衡方程求解

$$\sum F_x = 0, \quad F_{Ax} - F_{BC}\cos45° = 0$$

$$\sum F_y = 0, \quad F_{Ay} + F_{BC}\sin45° - G = 0$$

$$\sum M_O(F) = 0, \quad F_{BC}\sin45° \times 5 - G \times 3 = 0$$

联立以上三式可解得:$F_{Ax} = 6$ kN,$F_{Ay} = 4$ kN,$F_{BC} = 6\sqrt{2}$ kN

注意:如果先列矩平衡方程 $\sum M_O(\boldsymbol{F}) = 0$,则可避免求解联立方程,同学们不妨试试看。

例 4-2-10 图 4-2-36 所示梁 AB 一端固定,另一端自由,称为悬臂梁。受载荷作用如图所示,已知 $q = 2$ kN/m,$l = 2$ m,$P = 3$ kN,$\alpha = 45°$,不计梁的自重,求固定端 A 的约束反力。

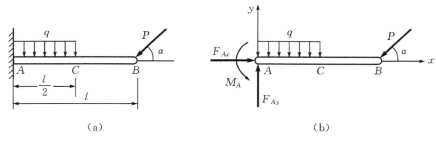

(a)　　　　　　　　　　　　　　　(b)

图 4-2-36

解:取梁 AB 为研究对象,画受力图,并建立 Axy 直角坐标系如图 4-2-36(b)所示。

$$\sum F_x = 0, \quad F_{Ax} - P\cos\alpha = 0$$

解得

$$F_{Ax} = P\cos\alpha = P\cos45° = 3 \times \frac{\sqrt{2}}{2} = 2.12 \text{ kN}$$

$$\sum F_y = 0, \quad F_{Ay} - q \cdot \frac{l}{2} - P\sin\alpha = 0$$

解得

$$F_{Ay} = q \cdot \frac{l}{2} + P\sin\alpha = 2 \times 1 + 3 \times \frac{\sqrt{2}}{2} = 4.12 \text{ kN}$$

$$\sum M_A(F) = 0: \quad M_A - q \cdot \frac{l}{2} \cdot \frac{l}{4} - P\sin\alpha \times l = 0$$

解得

$$M_A = \frac{1}{8} \times 2 \times 2^2 - 3 \times \frac{\sqrt{2}}{2} \times 2 = -3.24 \text{ kN}$$

应当注意,为了使计算得到简化,在列平衡方程时,要选取适当的矩心和投影轴,力求在一个平衡方程中只含一个未知量。

2)物体系统的平衡问题

若干个构件通过一定的约束组合在一起,称为物体系统,简称物系。物体系统所受的外部约束反力,属于系统的外力,系统内各物体之间的相互作用力属于系统的内力。在考察整个系统的平衡时,不必计及系统的内力。

当整个物体系统处于平衡状态时,组成该系统的每一物体也处于平衡状态。求解物体系

统平衡问题,关键在于选取适当的研究对象。根据需要可选取物系整体、单个物体或几个物体组成的局部为研究对象。选取研究对象的先后顺序应当遵守以下基本原则:

①首先从有已知力作用、而未知量数目少于或等于独立平衡方程数的物体开始,这个条件称为可解条件。

②若取整体可以解出部分未知量,则应先取整体为研究对象,这样做往往可使求解过程得到简化。

下面举例说明求解物体系统平衡问题的一般方法。

例 4 - 2 - 11 如图 4 - 2 - 37(a)所示的组合梁,约束和载荷情况如图所示。已知 $F=10$ kN,$q=2$ kN/m,$\alpha=45°$,试求 A、B、C 三处的约束反力。

解:分别画出 AB、BC 及系统整体的受力图(图 4 - 2 - 37(b),(c),(d)),不难发现,BC 符合可解条件。因此,可先取 BC 为研究对象,求出 B、C 两铰链的约束反力,然后再取 AB 或整体为研究对象,便可求出 A 处的约束反力。

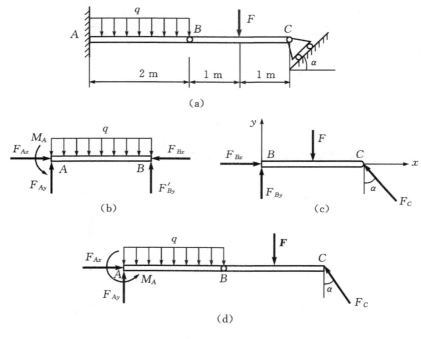

图 4 - 2 - 37

1)取 BC 梁为研究对象(图 4 - 2 - 37(c)),列平衡方程:

$$\sum M_B(F)=0, \quad F_C\cos45°\times2-F\times1=0$$

$$F_C=\frac{F\times1}{2\times\cos45°}=\frac{10\times1}{2\times\frac{\sqrt{2}}{2}}=7.07\text{ kN}$$

$$\sum F_x=0, \quad F_{Bx}-F_C\sin45°=0$$

$$F_{Bx}=F_C\sin45°=7.07\times\frac{\sqrt{2}}{2}=5\text{ kN}$$

$$\sum F_y = 0, \quad F_{By} + F_C \sin 45° - F = 0$$

$$F_{By} = F - F_C \sin 45° = 10 - 7.07 \times \frac{\sqrt{2}}{2} = 5 \text{ kN}$$

2)取 AB 梁(也可以取整体)为研究对象(图 4-2-37(d)),列平衡方程:

$$\sum F_x = 0, \quad F_{Ax} - F'_{Bx} = 0$$

$$F_{Ax} = F'_{Bx} = 5 \text{ kN}$$

$$\sum F_y = 0, \quad F_{Ay} - F'_{By} - q \times 2 = 0$$

$$F_{Ay} = q \times 2 + F'_{By} = 2 \times 2 + 5 = 9 \text{ kN}$$

$$\sum M_A(F) = 0, \quad M_A - F'_{By} \times 2 - q \times 2 \times 1 = 0$$

$$M_A = q \times 2 \times 1 + F'_{By} \times 2 = 2 \times 2 \times 1 + 5 \times 2 = 14 \text{ kN} \cdot \text{m}$$

通过以上例题可以归纳出求解物体系平衡问题的基本步骤如下:

①取适当的研究对象。研究对象可取物系整体、局部或单个物体。选取的原则是尽量使计算过程得到简化。

②画出研究对象的受力图。约束反力必须按约束的性质画出,切忌凭想象画力;在受力图上只画研究对象的外力,不画内力;两物体间的相互作用力要符合作用与反作用定律。

③列平衡方程求解。为了避免解联立方程,在合理选取研究对象的基础上,应选取适当的投影轴和矩心,力求一个平衡方程中只包含一个未知量。

练 习 题

4-2-1　试画出题 4-2-1 图中圆柱或圆盘的受力图。与其他物体接触处的摩擦力均略去。

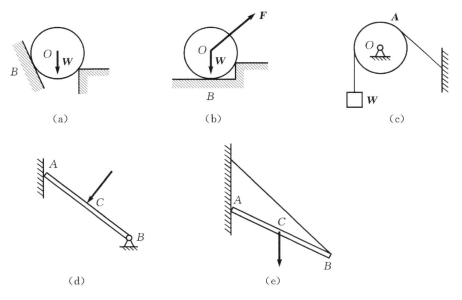

(a)　　　　　　(b)　　　　　　(c)

(d)　　　　　　(e)

题 4-2-1 图

4-2-2 试画出题4-2-2图中 AB 梁的受力图。

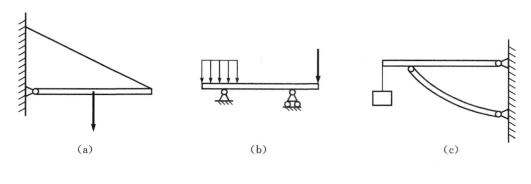

（a）   （b）   （c）

题4-2-2图

4-2-3 已知 $F_1=200$ N, $F_2=250$ N, $F_3=300$ N, $F_4=250$ N,各力的方向如题4-2-3图所示。试求各力在 x、y 轴上的投影。

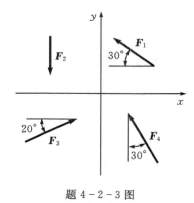

题4-2-3图

4-2-4 三个小拖船拖着一条大船,每根缆绳的拉力为15 kN,方向如题4-2-4图所示。(1)试求作用于大船上合力的大小和方向;(2)当 A 船与大船的夹角 α 为何值时,合力沿大船轴线方向。

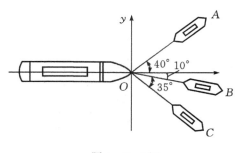

题4-2-4图

4-2-5 三角支架由杆 AB 和 AC 铰接而成,在 A 处作用有重力 $G=10$ kN,如题4-2-5图所示,试分别求图中各种情况下杆 AB 和杆 AC 所受的力(杆自重不计)。

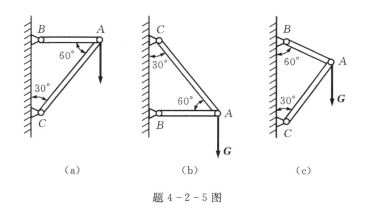

(a)　　　　　　　(b)　　　　　　　(c)

题 4-2-5 图

4-2-6　试计算图题 4-2-6 各图中力 F 对点 O 之矩。

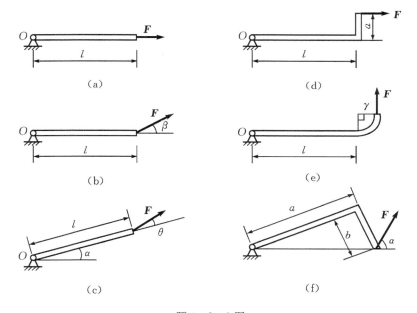

(a)　　　　　　　　　　　　　(d)

(b)　　　　　　　　　　　　　(e)

(c)　　　　　　　　　　　　　(f)

题 4-2-6 图

4-2-7　在简支梁 AB 的中点 C 作用一个倾斜 45°的力 **F**,力的大小等于 20 kN,如题 4-2-7 图所示。若梁的自重不计,试求两支座的约束力。

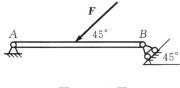

题 4-2-7 图

4-2-8　如题 4-2-8 图所示结构由两弯杆 ABC 和 DE 构成。构件重量不计,图中的长度单位为 cm。已知 F=200 N,试求支座 A 和 E 的约束力。

4-2-9 在四连杆机构 $ABCD$ 的铰链 B 和 C 上分别作用有力 F_1 和 F_2，机构在题 4-2-9 图示位置平衡。试求平衡时力 F_1 和 F_2 的大小之间的关系。

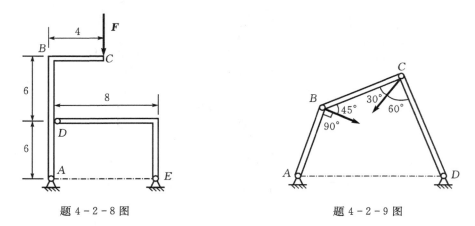

题 4-2-8 图   题 4-2-9 图

4-2-10 已知梁 AB 上作用一力偶，力偶矩为 M，梁长为 l，梁重不计。求在图 4-2-10 (a)，(b)，(c)三种情况下，支座 A 和 B 的约束力

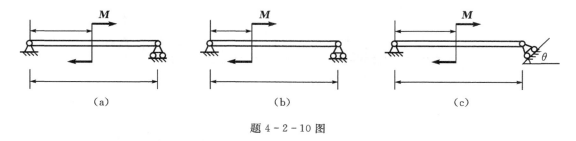

(a)   (b)   (c)

题 4-2-10 图

4-2-11 在题 4-2-11 图所示结构中各曲杆自重不计，曲杆 AB 上作用有主动力偶，其力偶矩为 M，试求 A 和 C 点处的约束力。

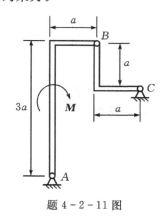

题 4-2-11 图

4-2-12 组合梁 AC 和 CE 用铰链 C 相连，A 端为固定端，E 端为活动铰链支座。受力如题 4-2-12 图所示。已知：$l=8\ \text{m}$，$P=5\ \text{kN}$，均布载荷集度 $q=2.5\ \text{kN/m}$，力偶矩的大小 $L=5\ \text{kN·m}$，试求固端 A、铰链 C 和支座 E 的约束力。

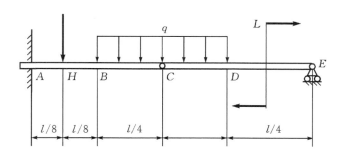

题 4-2-12 图

4-2-13　由 AC 和 CD 构成的复合梁通过铰链 C 连接,它的支承和受力如题 4-2-13 图所示。已知均布载荷集度 $q=10$ kN/m,力偶 $M=40$ kN·m,$a=2$ m,不计梁重,试求支座 A、B、D 的约束力和铰链 C 所受的力。

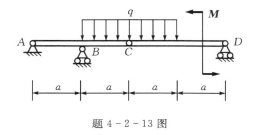

题 4-2-13 图

4-2-14　由杆 AB、BC 和 CE 组成的支架和滑轮 E 支持着物体。物体重 12 kN。D 处亦为铰链连接,尺寸如题 4-2-14 图所示,滑轮尺寸不计。试求固定铰链支座 A 和滚动铰链支座 B 的约束力以及杆 BC 所受的力。

4-2-15　作用于半径为 120 mm 的齿轮上的啮合力 F 推动皮带绕水平轴 AB 作匀速转动。已知皮带紧边拉力为 200 N,松边拉力为 100 N,尺寸如题 4-2-15 图所示。试求力 F 的大小以及轴承 A、B 的约束力。(尺寸单位 mm)。

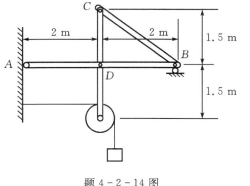

题 4-2-14 图

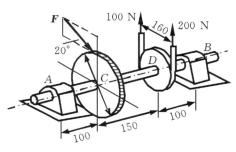

题 4-2-15 图

任务三　构件的强度

知识点

1. 轴扭转变形时的内力分析、会画扭矩图；

2. 轴扭转变形的应力分析和强度计算；

3. 梁弯曲时的内力分析，能用截面法画出梁的弯矩图、剪力图；

4. 梁弯曲时的应力分析和强度计算；

5. 弯扭组合变形强度计算。

技能点

1. 能正确分析轴和梁的受力特点和基本变形；

2. 能够计算构件的内力，绘制内力图；

3. 应用强度条件进行构件的设计和强度校核，判断构件的安全性；

4. 利用强度理论分析组合变形构件的强度及安全性。

📚 知识链接

一、圆轴的扭转

以扭转为主要变形的构件称轴。以弯曲为主要变形的杆件称梁。在此任务中介绍了轴扭转变形时的内力分析、梁弯曲时的内力分析，进而知道其内力分布情况，再结合它们的尺寸，分析其上最大应力。由此分析轴的扭转强度、梁弯曲强度，及弯扭组合变形的构件的强度，并进一步判断其安全性。

1. 圆轴扭转的概念

我们研究的轴发生扭转变形的很多，圆轴的扭转简称轴的扭转。其受力特点：在垂直于杆件轴线平面内，作用一对大小相等，转向相反，作用面平行的外力偶矩，如图 4-3-1 所示。变形特点：纵向线 AB 倾斜了一个小角度，A、B 两横截面绕轴线相对转动，产生了相对转角 φ_{AB}，如图 4-3-1 所示。

图 4-3-1　圆轴扭转的概念

2. 扭矩与扭矩图

（1）外力偶矩的计算

工程实际中给定轴的参数一般是转速 n 和轴传递的功率 P，外力偶矩通过以下公式求得：

$$M = 9550 \frac{P}{n} \text{N} \cdot \text{m} \tag{4-3-1}$$

式中 P——功率,单位是 kW;

　　　n——转速,单位是 r/min。

(2)圆轴扭转时的内力——扭矩

圆轴在外力偶矩的作用下,其横截面上将产生内力,应用截面法可以求出横截面上的内力。如图 4-3-2(a)圆轴扭转简图,应用截面法,假想地用一截面 $m—m$ 将轴截分为二段,如图 4-3-2(b)所示,任取左或右为研究对象,如取左段为研究对象,由于轴原来处于平衡状态,则其左段也必然是平衡的,$m—m$ 截面为一个内力偶矩与左端面上的外力偶矩平衡。根据力偶只能与力偶来平衡可得:

$$T-M=0$$
$$T=M$$

式中,T 为 $m—m$ 截面的内力偶矩,称为扭矩。

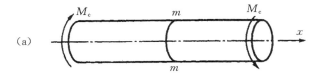

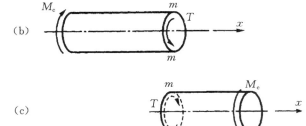

图 4-3-2 圆轴扭转的内力

当然,取截面右段为研究对象,此时求得的扭矩与取左段为研究对象所求得的扭矩大小相等,转向相反,如图 4-3-2(c)。

我们用右手螺旋法则规定扭矩的正负:以右手握轴,使拇指沿截面外法线方向,若截面上的扭矩转向与其他四指转向相同,扭矩取正号,反之取负号。由此法则可得出图 4-3-2(b)、(c)所示 $m—m$ 截面的扭矩皆为正值。这就使同一截面上的扭矩相一致(无论取左段还是取右段为研究对象)。

如果轴上作用三个或三个以上的外力偶矩使轴平衡时,轴上各段横截面的扭矩将不相同,为了能够形象直观地表示出轴上各横截面扭矩的大小,用扭矩图表示。即横轴坐标代表横截面位置,垂直于横轴的坐标表示横截面上对应的扭矩大小。

求扭矩简便方法:轴上任一横截面的扭矩等于该截面一侧(左侧或右侧)轴段上所有外力偶矩的代数和,外力偶矩正负应用右手螺旋法则确定,以右手四指方向与外力偶矩转向相同,拇指背离截面外力偶矩为正,指向截面外力偶矩为负。这样正的外力偶矩产生正的扭矩,即外力偶矩的代数和为正时,截面上的扭矩为正,反之为负。

例 4-3-1 如图 4-3-3(a)所示传动轴,转速 $n=500$ r/min,主动轮 B 输入的功率 $P_B=60$ kW,从动轮 A、C、D 输出的功率 $P_A=28$ kW,$P_C=20$ kW,$P_D=12$ kW,不计摩擦,试问最大扭矩发生在何段,其值为多少?

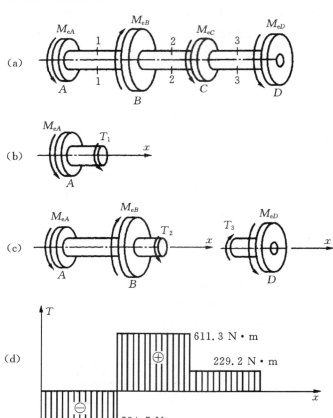

图 4-3-3 传动轴的扭矩及扭矩图

解:

1)计算外力偶矩

$$M_{eB} = 9550 \frac{P_B}{n} = 9550 \times \frac{60}{500} = 1146 \text{ N} \cdot \text{m}$$

$$M_{eA} = 9550 \frac{P_A}{n} = 9550 \times \frac{28}{500} = 534.8 \text{ N} \cdot \text{m}$$

$$M_{eC} = 9550 \frac{P_C}{n} = 9550 \times \frac{20}{500} = 382 \text{ N} \cdot \text{m}$$

$$M_{eD} = 9550 \frac{P_D}{n} = 9550 \times \frac{12}{500} = 229.2 \text{ N} \cdot \text{m}$$

2)计算各段横截面上的扭矩

$$T_1 = -M_{eA} = -534.8 \text{ N} \cdot \text{m}$$

$$T_2 = M_{eB} - M_{eA} = 611.2 \text{ N} \cdot \text{m}$$
$$T_3 = M_{eD} = 229.2 \text{ N} \cdot \text{m}$$

4）画扭矩图,如图 4-3-3(d)所示。

5）最大扭矩发生在 BC 段 $|T|_{\max} = 611.3 \text{ N} \cdot \text{m}$

3.圆轴扭转时横截面上的应力

扭转变形横截面上没有正应力,只有切应力,且切应力方向与半径垂直,圆轴各点切应力的大小与该点到圆心的距离成正比,其分布规律如图 4-3-4,公式为

$$\tau_\rho = \frac{T\rho}{I_P} \tag{4-3-2}$$

式中　τ_ρ——为横截面上任一点的切应力,MPa;

　　T——为横截面上的扭矩,N·mm;

　　ρ——为欲求应力的点到圆心的径向距离,mm;

　　I_P——为截面对圆心的极惯性矩,mm⁴。

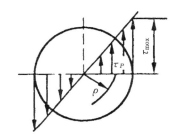

图 4-3-4　圆轴扭转横截面上的应力

显然,圆轴扭转时,横截面边缘上各点的切应力最大,其值为

$$\tau_R = \frac{TR}{I_P}$$

若令

$$W_P = \frac{I_P}{R} \tag{4-3-3}$$

则

$$\tau_{\max} = \frac{T}{W_P} \tag{4-3-4}$$

式中,W_P 为抗扭截面系数,mm³。

极惯性矩 I_p 与抗扭截面系数 W_P 表示了截面的几何性质,其大小与截面的形状和尺寸有关。通常,工程上经常采用的轴有实心圆轴和空心圆轴两种,它们的极惯性矩与抗扭截面系数按下式计算:

（1）实心轴　设直径为 D

$$I_P = \frac{\pi D^4}{32} = 0.1D^4 \tag{4-3-5}$$

$$W_P = I_P/R = \frac{\pi D^3}{16} = 0.2D^3 \tag{4-3-6}$$

（2）空心轴　设外径为 D,内径为 d,$\alpha = d/D$

$$I_P = \frac{\pi D^4}{32} - \frac{\pi d^4}{32} = \frac{\pi D^4}{32}(1 - \alpha^4) = 0.1 D^4(1 - \alpha^4) \tag{4-3-7}$$

$$W_P = I_P/R = \frac{\pi D^3}{16}(1 - \alpha^4) = 0.2 D^3(1 - \alpha^4) \tag{4-3-8}$$

例 4-3-2　已知图 4-3-3 中所示传动轴的直径 $d = 50$ mm,试计算该轴 3—3 截面上 A 点（$\rho_A = 20$ mm）的切应力及轴的最大切应力。

解： 由扭矩图（见图 4-3-3(d)）可以得到 3—3 截面的扭矩,$T_3 = 229.2$ N·m,该截面上 A 点的切应力

$$\tau_A = \frac{T_3 \rho_A}{I_P} = \frac{229.2 \times 10^3 \times 20}{0.1 \times 50^4} = 7.3 \text{ MPa}$$

轴的最大切应力必然发生在最大扭矩 $T_{max} = 611.3$ N·m 所在轴段的外边缘上

$$\tau_{max} = \frac{T_{max}}{W_P} = \frac{611.3 \times 10^3}{0.2 \times 50^3} = 24.5 \text{ MPa}$$

4.圆轴扭转的强度条件

圆轴扭转的强度条件为

$$\tau_{max} = \frac{T_{max}}{W_P} \leqslant [\tau] \tag{4-3-9}$$

对于阶梯轴,要综合考虑 T 与 W_P 两个因素来确定最大切应力 τ_{max}。许用切应力 $[\tau]$ 由试验确定,可查阅有关手册。扭转强度条件亦可解决校核、许可载荷和设计截面尺寸三方面问题。

例 4-3-3　某一传动轴所传递的力率 $P = 80$ kW,其转速 $n = 582$ r/min,直径 $d = 55$ mm,材料的许用切应力 $[\tau] = 50$ MPa,试校核该轴的强度。

解：

1）计算外力偶矩

$$M = 9550 \frac{P}{n} = 9550 \times \frac{80}{582} = 1312.7 \text{ N·m}$$

2）计算扭矩

$$T = M = 1312.7 \text{ N·m}$$

3）校核强度

$$\tau_{max} = \frac{T}{W_P} = \frac{1312.7 \times 10^3}{0.2 \times 55^3} = 39.5 \text{ MPa} < [\tau]$$

所以,轴的强度满足要求。

二、弯曲变形

1.平面弯曲的工程实例及力学模型

（1）弯曲变形的概念

在工程实际中,常常会遇到发生弯曲的杆件。如图 4-3-5(a)所示的桥式吊车梁,再如图 4-3-5(b)所示的火车轮轴,它们在各自的载荷作用下,其轴线将由原来的直线弯成曲线,此种变形称为弯曲。以弯曲变形为主的杆件通常称为梁。

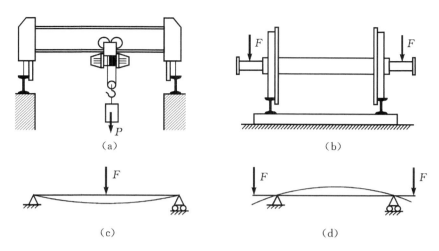

图 4-3-5　桥式吊车梁

（2）对称弯曲

工程实际中，绝大部分梁的横截面至少有一根对称轴，全梁至少有一个纵向对称面。使杆件产生弯曲变形的外力一定垂直于杆轴线，若这样的外力又均作用在梁的某个纵向对称面内（如图 4-3-6 所示），则该梁的轴线将弯成位于此对称面内的一条平面曲线，这种弯曲称为对称弯曲。

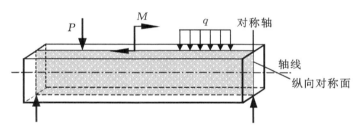

图 4-3-6　对称弯曲

对称弯曲是弯曲问题中最基本和最常见的情况。上述起重机的大梁和火车轮轴的弯曲即为对称弯曲。

2. 梁的计算简图及分类

在计算梁的强度及刚度时，必须针对所研究问题的主要矛盾，对梁所受的实际约束及载荷进行简化，从而得到便于进行定量分析梁的计算简图。

（1）载荷的简化

一般可将载荷简化为两种形式。当载荷的作用范围很小时，可将其简化为集中载荷（如图 4-3-6 中的集中力 P、集中力偶 M）。若载荷连续作用于梁上，则可将其简化为分布载荷（如水作用于水坝坝体上的作用力），呈均匀分布的载荷称均布载荷（如图 4-3-6 中的均布载荷 q）。如图 4-3-5(a) 中的吊车大梁，若考虑大梁自身重量对梁强度及刚度的影响，则可将梁自身重量简化为作用于全梁上的均布载荷。分布于单位长度上的载荷大小，称为载荷集度，通常以 q 表示。国际单位制中，集度单位为 N/m，或 kN/m。

（2）实际约束的简化

根据梁构件所受实际约束方式，可将约束简化为下列几种形式：

1）滑动铰支座

这种支座只在支承处限定梁沿垂直于支座平面方向的位移，因此，只产生一个垂直于支座平面的约束力，如图4-3-7（a）所示。桥梁中的滚轴支座、机械中的短滑动轴承及滚动轴承都可简化为滑动铰支座。

2）固定铰支座

这种支座在支承处限定梁沿任何方向的位移，因此，可用两个分力表示相应的约束力，如图4-3-7（b）所示。桥梁下的固定支座、机械中的止推轴承可简化为固定铰支座。

3）固定端

这种约束既限定梁端的线位移，也限定其角位移，因此，相应的约束力有三个：两个约束分力，一个约束力偶，如图4-3-7（c）所示。水坝的下端约束、机械中的止推长轴承均可简化为固定端。

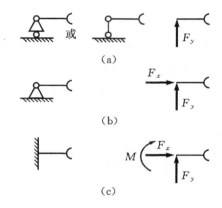

图4-3-7 梁的约束方式

（3）梁的类型

如约束反力全部可以根据平衡方程直接确定，这样的梁称为静定梁。根据约束的类型及其所处位置，可将静定梁分为三种基本类型：

1）简支梁 一端为固定铰支座，另一端为滑动铰支座的梁，如图4-3-5（c）所示。

2）外伸梁 简支梁的一端或两端外伸，如图4-3-5（d）所示。

3）悬臂梁 一端固定而另一端自由的梁，如图4-3-8所示。

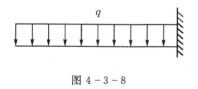

图4-3-8

3. 梁弯曲时的内力——剪力与弯矩

作用于梁上的外力如果确定后，梁的内力同样可由截面法求出。首先依据平衡条件确定约束力，再由平衡方程求解弯曲内力大小，内力的符号做如下规定：有使研究段产生顺时针旋转趋势的剪力为正,如图 4-3-9(a)所示;反之为负,如图 4-3-9(b)所示。使保留段产生下凹变形的弯矩为正,如图 4-3-9(c)所示;反之为负,如图 4-3-9(d)所示。

这样,当采用截面法计算弯曲内力时,以一个假想平面将梁截开后,无论选择哪一段作为研究对象,所计算出的同一位置截面的内力就会具有相同的符号。

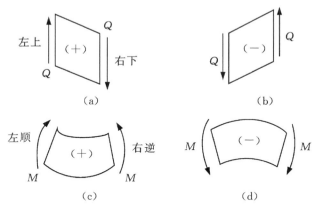

图 4-3-9　剪力、弯矩正方向

弯曲内力由截面法列平衡方程来求解,这种方法较麻烦。下面给出求弯曲内力简便方法:轴上任一横截面上的剪力等于该截面一侧(左侧或右侧)轴段上所有外力的代数和,左段外力向上,右段外力向下为正,反之为负;即左上右下为正,反之为负。轴上任一横截面上的弯矩等于该截面一侧(左侧或右侧)轴段上所有外力对截面形心的力矩代数和,左段外力对截面形心力矩为顺时针,右段外力对截面形心力矩为逆时针为正,反之为负;即左顺右逆为正,反之为负。

例 4-3-4　如图 4-3-10 所示为简支梁,试根据外力直接求图中各指定截面上的剪力与弯矩。

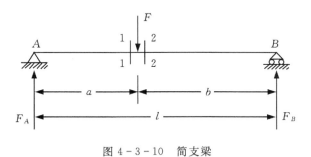

图 4-3-10　简支梁

解:

1)求支反力

$$\sum M_B(F) = 0$$

求得

$$F_A = \frac{Fb}{l}$$

$$\sum M_A(F) = 0$$

求得
$$F_B = \frac{Fa}{l}$$

2)求 1—1 截面内力
$$Q_1 = F_A = \frac{Fb}{l} \ , \qquad M_1 = F_A a = \frac{Fab}{l}$$

3)求 2—2 截面内力
$$Q_2 = F_A - F = -\frac{Fa}{l}, \qquad M_2 = F_A a - F \cdot 0 = F_A a = \frac{Fab}{l}$$

例 4-3-5 外伸梁如图 4-3-11 所示,试根据外力直接求图中各指定截面上的剪力和弯矩。

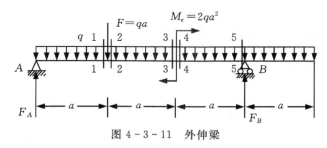

图 4-3-11 外伸梁

解:

1)求支反力
$$\sum M_B(F) = 0, -F_A \times 3a + F \times 2a - M_e + q \times 3a \times \frac{3a}{2} - qa \times \frac{a}{2} = 0$$

求得
$$F_A = \frac{4}{3}qa$$

$$\sum M_A(F) = 0, -q \times 4a \times 2a - Fa - M_e + F_B \times 3a = 0$$

求得
$$F_B = \frac{11}{3}qa$$

2)求截面内力

1—1 截面
$$Q_1 = F_A - qa = \frac{4}{3}qa - qa = \frac{1}{3}qa$$

$$M_1 = F_A a - qa \times \frac{a}{2} = \frac{4}{3}qa^2 - \frac{qa^2}{2} = \frac{5}{6}qa^2$$

2—2 截面
$$Q_2 = F_A - qa - F = \frac{4}{3}qa^2 - qa - qa = -\frac{2}{3}qa$$

$$M_2 = F_A a - qa \times \frac{a}{2} - F \times 0 = \frac{4}{3}qa^2 - \frac{qa^2}{2} = \frac{5}{6}qa^2$$

3—3 截面
$$Q_3 = F_A - q \times 2a - F = \frac{4qa}{3} - 2qa - qa = -\frac{5}{3}qa$$

$$M_3 = F_A \times 2a - q \times 2a \times a - F \times a = \frac{8}{3}qa^2 - 2qa^2 - qa^2 = -\frac{1}{3}qa^2$$

4—4 截面

$$Q_4 = F_A - q \times 2a - F = \frac{4}{3}qa - 2qa - qa = -\frac{5}{3}qa$$

$$M_4 = F_A \times 2a - q \times 2a \times a - F \times a + M_e = \frac{8}{3}qa^2 - 2qa^2 - qa^2 + 2qa^2 = \frac{5}{3}qa^2$$

5—5 截面

$$Q_5 = F_A - q \times 3a - F = \frac{4}{3}qa - 3qa - qa = -\frac{8}{3}qa$$

$$M_5 = F_A \times 3a - q \times 3a \times \frac{3}{2}a - F \times 2a + M_e = 4qa^2 - \frac{9qa^2}{2} - 2qa^2 + 2qa^2 = -\frac{1}{2}qa^2$$

4.剪力方程和弯矩方程、剪力图与弯矩图

梁横截面上的剪力与弯矩是随截面的位置而变化的。在计算梁的强度及刚度时,必须先了解剪力及弯矩沿梁轴线的变化规律,从而找出最大剪力与最大弯矩的数值及其所在的截面位置。因此,我们沿梁轴方向选取坐标 x,以此表示各横截面的位置,建立梁内各横截面的剪力、弯矩与 x 的函数关系,即:

$$Q = Q(x)$$
$$M = M(x)$$

上述关系式分别称为剪力方程和弯矩方程,此方程从数学角度精确地给出了弯曲内力沿梁轴线的变化规律。

若以 x 为横坐标,以 Q 或 M 为纵坐标,将剪力、弯矩方程所对应的图线绘出来,即可得到剪力图与弯矩图,这可使我们更直观地了解梁各横截面的内力变化规律。

例 4 - 3 - 6　一悬臂梁 AB 如图 4 - 3 - 12(a)所示,右端固定,左端受集中力 P 作用。试做出此梁的剪力图及弯矩图。

解:

1)求剪力方程和弯矩方程

以 A 为坐标原点,在距原点 x 处将梁截开,取左段梁为研究对象,其受力分析如图 4 - 3 - 12(b)所示。

列平衡方程求 x 截面的剪力与弯矩分别为

$$\sum F_Y = -Q - P = 0, Q = -P$$

$$\sum M_O(F) = Px + M = 0, M = -Px$$

因截面的位置是任意的,故式中的 X 是一个变量。以上两式即为 AB 梁的剪力方程与弯矩方程。

(2)依据剪力方程与弯矩方程做出剪力图与弯矩图

由剪力方程可知,梁各截面的剪力不随截面的位置而变,因此剪力图为一条水平直线。如图 4 - 3 - 12(c)所示。

由弯矩方程可知,弯矩是 x 的一次函数,故弯矩图为一条斜直线(两点确定一线,$x = 0$ 时,$M = 0$;$x = L$ 时,$M = -PL$)。如图 4 - 3 - 12(d)所示。

由于在剪力图与弯矩图中的坐标比较明确,故习惯上往往不再将坐标轴画出。

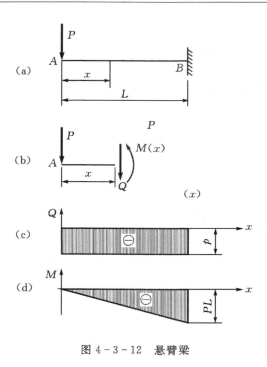

图 4-3-12 悬臂梁

5.剪力、弯矩和载荷集度之间的关系

对于内力方程较多的梁,依据内力方程做剪力与弯矩图,则是项较烦琐的工作。因此,我们来分析剪力、弯矩与载荷集度之间是否存在着某种数学关系,以便据此找到剪力、弯矩图的某些规律,从而快速、简便地画出剪力、弯矩图。

(1)剪力、弯矩与载荷集度间的微分关系

如图 4-3-13(a)所示为梁,受均布载荷 $q = q(x)$ 作用。为了寻找剪力、弯矩沿梁轴的变化情况,我们选梁的左端为坐标原点,用距离原点分别为 x、$x + dx$ 的两个横截面 $m-m$、$n-n$ 从梁中切取一微段进行分析,其受力如图 4-3-13(b)所示。

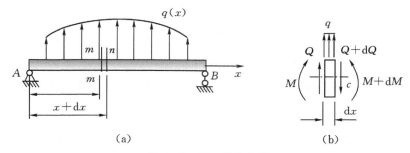

图 4-3-13 梁受力图

设微段的 $m-m$ 截面上的内力为 Q、M,$n-n$ 截面上的内力则应为 $Q + dQ$、$M + dM$。此外,微段上还作用着分布载荷(dx 上作用的分布载荷可视为均布)。

由平衡方程

$$\sum F_Y = Q + q dx - (Q + dQ) = 0$$

得：

$$\frac{\mathrm{d}Q}{\mathrm{d}x} = q \qquad\qquad (4-3-10)$$

由平衡方程　$\sum M_C(F) = M + \mathrm{d}M - q\mathrm{d}x \cdot \dfrac{\mathrm{d}x}{2} - Q\mathrm{d}x - M = 0$（略去其中的高阶微量 $q\mathrm{d}x \cdot$

$\dfrac{\mathrm{d}x}{2}$）

得：

$$\frac{\mathrm{d}M}{\mathrm{d}x} = Q \qquad\qquad (4-3-11)$$

由（4-3-10）、（4-3-11）两式又可得：

$$\frac{\mathrm{d}^2 M}{\mathrm{d}x^2} = q \qquad\qquad (4-3-12)$$

以上三式即为剪力、弯矩与载荷集度之间的微分关系式。

（2）Q、M、q 间微分关系在绘制剪力、弯矩图中的应用

依据上面所推出的 Q、M、q 之间的微分关系，加之例 4-3-5、例 4-3-6 所给出的结论，我们可以总结出在几种载荷作用下剪力图、弯矩图的固有规律、特征（如表 4-3-1 所示），以帮助我们快速做出弯曲内力图。

表 4-3-1　在几种载荷下 Q 图与 M 图的特征

梁上载荷情况	无载荷 $q=0$ $q=0$		均布载荷 q q		集中力 c	集中力偶 m c
Q 图特征	水平直线		上倾斜直线	下倾斜直线	在 C 截面有突变 c P	在 C 截面无变化 c
	$Q>0$ $\oplus$	$Q<0$ $\ominus$	$q>0$	$q<0$		
M 图特征	上倾斜直线	下倾斜直线	下凸抛物线	上凸抛物线	在 C 截面有转折角	在 C 截面有突变 c m
			$Q=0$ 处，M 有极植			

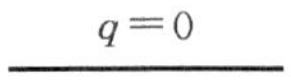

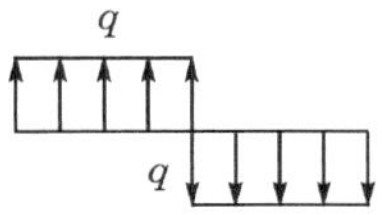

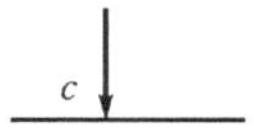

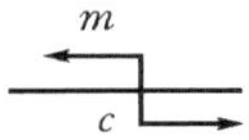

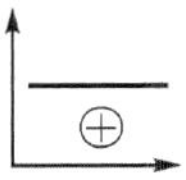

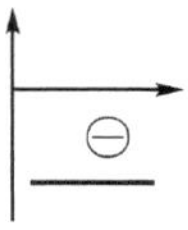

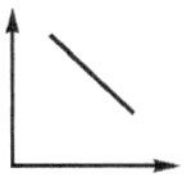

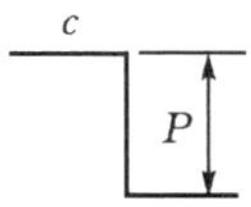

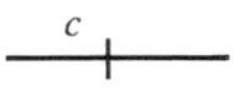

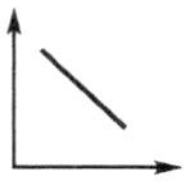

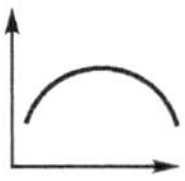

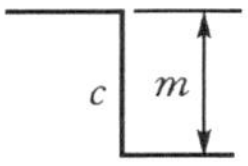

结合表 4-3-1 绘制弯曲内力图简便方法：从左向右画，把横坐标轴在外力作用点处分段。剪力图在集中力作用点发生突变，突变方向与集中力方向相同，突变大小为集中力大小，梁端点无集中力时剪力为零。弯矩图在集中力偶作用点发生突变，突变方向为集中力偶顺时针时向上突变，反之向下突变，突变大小为集中力偶矩大小，梁端点无集中力偶时弯矩为零。内力图其他特征参照表 4-3-1 绘制。

例 4-3-7　如图 4-3-14(a)所示为悬臂梁，在其 BC 段作用有均布载荷 q，自由端作用一个 $P=qa/2$ 的集中力，试作梁的剪力图与弯矩图。

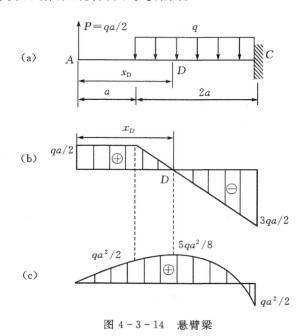

图 4-3-14　悬臂梁

分析：(1)此梁为悬臂梁，可以不求约束力。(2)根据该梁受力特点，内力图需分 AB、BC 两段考虑。(3)AB 段上无均布载荷作用，剪力图为水平直线，弯矩图为斜直线，我们可以选 A^+、B 为关键点，用截面法分别求出 A^+ 截面的剪力、弯矩及 B 截面的弯矩。(4)BC 段有向下作用的均布载荷，其剪力图为斜直线，弯矩图为上凸的抛物线。我们需求出 B、C 两截面的剪力及弯矩。另需确定该段上剪力为零之点所在位置，依此确定弯矩极值点所在位置，并求出弯矩的极值。

解：

1)用截面法计算 AB、BC 段关键截面的剪力、弯矩值

根据梁上的受力情况，再结合载荷集度 q 与剪力 Q 之间的微分关系，分析出梁上的剪力分布情况，如表 4-3-2 所示。

表 4-3-2　梁上的剪力分布情况

段	AB	BC	
横截面	A^+	B	C^-
Q	$qa/2$	$qa/2$	$-3qa/2$

再根据剪力和弯矩之间的微分关系,分析弯矩在梁上的分布情况,如表 4-3-3 所示。

表 4-3-3　弯矩在梁上的分布情况

段	AB		BC		
横截面	A^+	B	B	C^-	$D:Q=0$ 时,$x_D=3a/2$
M	0	$qa^2/2$	$qa^2/2$	$-qa^2/2$	$5qa^2/8$

2)画剪力图、弯矩图。如图 4-3-14(b)、(c)所示

6.梁的应力和强度计算

(1)梁的纯弯曲

在上节中,通过对梁弯曲内力的分析,可以确定梁受力后的危险截面,这是解决梁强度问题的重要步骤之一。但要最终对梁进行强度计算,还必须确定梁横截面上的应力,即需要确定横截面上的应力分布情况及最大应力值,因为构件的破坏往往首先开始于危险截面上应力最大的地方。因此,研究梁弯曲时横截面上的应力分布规律,确定应力计算公式,是研究梁的强度前所必须解决的问题。

通过上一节的学习,我们知道梁产生弯曲时,其横截面上有剪力与弯矩两种内力,而剪力是由横截面上的切向内力元素 τdA 所组成,弯矩则由法向内力元素 σdA 所组成,故梁横截面上将同时存在正应力 σ 与剪应力 τ。但对一般梁而言,正应力往往是引起梁破坏的主要因素,而剪应力则为次要因素。因此,本节着重研究梁横截面上的正应力,并且,仅研究工程实际中常见的对称弯曲情况。

图 4-3-15(a)所示简支梁,在 P 力作用下,产生对称弯曲。观察如图 4-3-15(b)、(c)所示的该梁的剪力图与弯矩图,CD 段梁的各横截面上只有弯矩,而剪力为零,我们称这种弯曲为纯弯曲。AC、BD 段梁的各横截面上同时有剪力与弯矩,这种弯曲称为横力弯曲。为了更集中地分析正应力与弯矩的关系,下面我们将以纯弯曲为研究对象,去分析梁横截面上的正应力。

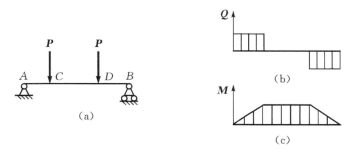

图 4-3-15　简支梁

(2)纯弯曲时梁横截面上的正应力

1)纯弯曲的实验现象及相关假设

为了研究横截面上的正应力,我们首先观察在外力作用下梁的弯曲变形现象:

取一根矩形截面梁,在梁的两端沿其纵向对称面,施加一对大小相等、方向相反的力偶,即使梁发生纯弯曲(如图 4-3-16 所示)。我们观察到如下的实验现象:

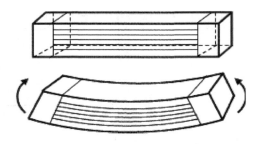

图 4-3-16　梁发生弯曲

①梁表面的纵向直线均弯曲成弧线,而且,靠顶面的纵线缩短,靠底面的纵线拉长,而位于中间位置的纵线长度不变。

②横向直线仍为直线,只是横截面间作相对转动,但仍与纵线正交。

③在纵向拉长区,梁的宽度略减小,在纵向缩短区,梁的宽度略增大。

根据上述表面变形现象,我们对梁内部的变形及受力作如下假设:

①梁的横截面在梁变形后仍保持为平面,且仍与梁轴线正交(此为平面假设)。

②梁的所有与轴线平行的纵向纤维都是轴向拉长或缩短(即纵向纤维之间无相互挤压)。此为单向受力假设。

基于上述假设,我们将与底层平行、纵向长度不变的那层纵向纤维称为中性层。中性层即为梁内纵向纤维伸长区与纵向纤维缩短区的分界层。中性层与横截面的交线称为中性轴。

概括起来就是:纯弯梁变形时,所有横截面均保持为平面,只是绕各自的中性轴转过一角度,各纵向纤维承受纵向力,横截面上各点只有拉应力或压应力。

2)纯弯梁变形的几何规律

纯弯梁内纵向拉长或缩短的纤维所受力一定与其变形量相关,所以,我们要寻找各层纵向纤维变形的几何规律,以便能进一步得出横截面上正应力的规律。

我们用相距为 dx 的两横截面 1-1 与 2-2,从矩形截面的纯弯梁中切取一微段作为分析对象(如图 4-3-17(a)所示),并建立图示坐标系:z 轴沿中性轴,y 轴沿截面对称轴。梁弯曲后,设 1-1 与 2-2 截面间的相对转角为 $d\theta$、中性层 O_1O_2 的曲率半径为 ρ,我们分析距中性层为 y 处的纵线 ab 的变形量:

$$\Delta l_{ab} = (\rho + y)d\theta - dx = (\rho + y)d\theta - \rho d\theta = y d\theta$$

故 ab 纵线的正应变则为:

$$\varepsilon = \frac{\Delta l_{ab}}{l_{ab}} = \frac{y d\theta}{dx} = \frac{y d\theta}{\rho d\theta} = \frac{y}{\rho} \qquad (4-3-13)$$

上式表明:每层纵向纤维的正应变与其到中性层的距离成线形关系。

3)物理方程与应力分布

由于各纵向纤维只承受轴向拉伸或压缩,于是在正应力不超过比例极限时,由胡克定律知

$$\sigma = E\varepsilon = E \cdot \frac{y}{\rho} \qquad (4-3-14)$$

上式表明了横截面上正应力的分布规律,即横截面上任意一点的正应力与该点到中性轴

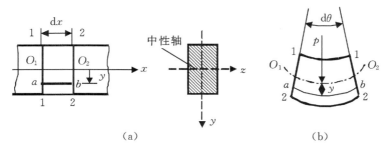

图 4 - 3 - 17 纯弯梁受力分析

之距成线形关系,即正应力沿截面高度呈线形分布,而中性轴上各点的正应力为零,如图 4 - 3 - 18所示。

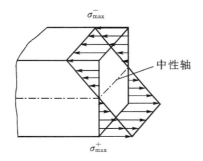

图 4 - 3 - 18 中性轴上各点的正应力

(4 - 3 - 14)式给出了正应力的分布规律,但还不能直接用于计算正应力,因为中性层的几何位置及其曲率半径 ρ 均未知。下面我们将利用应力与内力间的静力学关系,解决这两个问题。

4)静力学关系

如图 4 - 3 - 19 所示,横截面上各处的法向微内力 $\sigma \mathrm{d}A$ 组成一空间平行力系,而且,由于横截面上没有轴力,只有位于梁对称面内的弯矩 $\boldsymbol{M}$,因此:

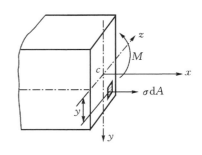

图 4 - 3 - 19 梁横截面受力分析

$$\int_A \sigma \mathrm{d}A = 0 \qquad (4 - 3 - 15)$$

$$\int_A y\sigma \mathrm{d}A = M \qquad (4 - 3 - 16)$$

将(4 - 3 - 14)式代入(4 - 3 - 15)式,得:

$$\int_A \frac{E}{\rho} y \mathrm{d}A = \frac{E}{\rho} \int_A y \mathrm{d}A = 0$$

即

$$\int_A y \mathrm{d}A = 0 \qquad (4 - 3 - 17)$$

由静力学知道,截面形心 C 的 y 坐标为:

$$y_C = \frac{\int_A y \, dA}{A}$$

将(4-3-17)式代入得：　　　$y_C = 0$

由此可见,中性轴过截面形心。

再将(4-3-14)式代入(4-3-16)式,并令：

$$I_z = \int_A y^2 \, dA \qquad (4-3-18)$$

得：$\int_A \dfrac{E}{\rho} y^2 \, dA = \dfrac{E}{\rho} I_z = M$

由此可知,中性层的曲率为：

$$\frac{1}{\rho} = \frac{M}{EI_z} \qquad (4-3-19)$$

式中,I_z 为截面对 Z 轴的惯性矩,它是仅与截面形状及尺寸有关的几何量。由(4-3-19)式可知,中性层的曲率 $1/\rho$ 与弯矩 M 成正比,与 EI_z 成反比。可见,EI_z 的大小直接决定了梁抵抗变形的能力,因此我们称 EI_z 为梁的截面抗弯刚度,简称为抗弯刚度。

通过推导,我们得知了梁弯曲后中性轴的位置及中性层的曲率半径。将(4-3-19)式代入(4-3-14)式中,即可得横截面上任一点的正应力计算公式：

$$\sigma = \frac{My}{I_z} \qquad (4-3-20)$$

当弯矩为正时,中性层以下属拉伸区,产生拉应力;中性层以上部分属压缩区,产生压应力。弯矩为负时,情况则相反。用公式(3-20)计算正应力时,M 与 y 均代入绝对值,正应力的拉、压则由观察而定。

(3)常见截面的惯性矩、抗弯截面系数

由公式(4-3-20)可知,弯曲正应力不仅与外力有关,而且与截面对中性轴的惯性矩 I_z 有关。下面将介绍常见截面惯性矩的计算。

1)常见截面的惯性矩

①矩形截面的惯性矩 I_z

如图 4-3-20 所示为矩形截面,其高、宽分别为 h、b,z 轴通过截面形心 C 并平行于矩形底边。为求该截面对 z 轴的惯性矩,在截面上距 z 轴为 y 处取一微元面积(图中阴影部分),其面积 $dA = b \, dy$,根据惯性矩定义有：

$$I_z = \int_A y^2 \, dA = \int_{-\frac{h}{2}}^{\frac{h}{2}} y^2 b \, dy = \frac{bh^3}{12} \qquad (4-3-21)$$

同理可得截面对 y 轴的惯性矩：

$$I_y = \frac{hb^3}{12} \qquad (4-3-22)$$

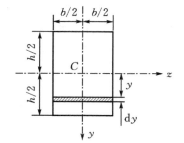

图 4-3-20　矩形截面

注意,应用公式(4-3-20)计算弯曲正应力时,首先需判断梁发生弯曲的方位,从而确定中性轴的位置。

②圆形截面的惯性矩 I_z

如图 4-3-21 所示为直径为 d 的圆形截面，Z、y 轴均过形心 C。因为圆形对任意直径都是对称的，因此有 $I_z = I_y$。在圆截面上取微面积 dA，因为 $\rho^2 = y^2 + z^2$，于是，圆截面对中心的极惯性矩 I_P 与其对中性轴的惯性矩 I_z 有如下关系：

$$I_P = \int_A \rho^2 \, dA = \int_A y^2 \, dA + \int_A z^2 \, dA = I_z + I_y = 2I_z$$

故有：

$$I_z = \frac{I_P}{2} = \frac{\pi d^4}{64} \qquad\qquad (4-3-23)$$

同理，空心圆截面对中性轴的惯性矩为：

$$I_z = \frac{I_P}{2} = \frac{\pi D^4}{64}(1 - \alpha^4) \qquad\qquad (4-3-24)$$

式中，D 为空心圆截面的外径；α 为内、外径的比值。

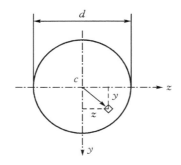

图 4-3-21　圆形截面

2）常见截面的抗弯截面系数

在对梁进行强度计算时，总要寻找最大正应力。由公式（4-3-20）可知，当 $y = y_{\max}$ 时，即截面上离中性轴最远的各点处，弯曲正应力最大，其值为：

$$\sigma_{\max} = \frac{M y_{\max}}{I_z} = \frac{M}{I_z / y_{\max}}$$

式中，$I_z / y_{\max}$ 也是只与截面的形状及尺寸相关的几何量，称其为抗弯截面模量，用 W_z 表示，即：

$$W_z = \frac{I_z}{y_{\max}} \qquad\qquad (4-3-25)$$

因此，最大弯曲正应力即为：

$$\sigma_{\max} = \frac{M}{W_z} \qquad\qquad (4-3-26)$$

①矩形截面抗弯截面系数

$$W_z = \frac{\dfrac{bh^3}{12}}{\dfrac{h}{2}} = \frac{bh^2}{6} \qquad\qquad (4-3-27)$$

②圆形截面抗弯截面系数

$$W_z = \frac{\dfrac{\pi d^4}{64}}{\dfrac{d}{2}} = \frac{\pi d^3}{32} \tag{4-3-28}$$

同理,空心圆截面的抗弯截面系数

$$W_z = \frac{\dfrac{\pi D^4}{64}(1-\alpha^4)}{\dfrac{D}{2}} = \frac{\pi D^3}{32}(1-\alpha^4) \tag{4-3-29}$$

(4)横力弯曲时梁的正应力计算

在前面的内容中,我们推导出了纯弯梁的弯曲正应力计算公式(4-3-20),此式是在纯弯曲的情况下建立的。但在工程实际中,梁横截面上常常既有弯矩又有剪力,即梁产生横力弯曲。那么,要计算横力弯曲时的正应力,此式是否适用呢。大量的理论计算与实验结果表明:只要梁是细长的,例如 $L/h > 5$(梁的跨高之比大于5),剪力对弯曲正应力的影响将是很小的,可以忽略不计。因此,应用公式(4-3-20)计算横力弯曲时的正应力,其值仍然是准确的。

例4-3-8 如图4-3-22(a)所示矩形截面悬臂梁,承受均布载荷 q 作用。已知 $q=10$ N/mm,$l=300$ mm。$b=20$ mm,$h=30$ mm。试求 B 截面上 c、d 两点的正应力。

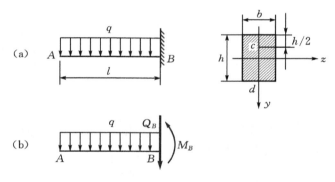

图4-3-22 矩形截面悬臂梁

解:1)求 B 截面上的弯矩

由截面法(AB 受力分析如图4-3-22(b)所示)

$$M_B = -\frac{ql^2}{2} = -\frac{10 \times 300^2}{2} = -4.5 \times 10^5 \text{ N} \cdot \text{mm}$$

2)求 B 截面上 c、d 处的正应力

由公式(4-3-20)得:

$$\sigma_c = \frac{M_B y_c}{I_z} = \frac{4.5 \times 10^5 \times \dfrac{30}{4}}{\dfrac{20 \times 30^3}{12}} = 75 \text{ MPa}$$

$$\sigma_d = \frac{M_B y_d}{I_z} = \frac{4.5 \times 10^5 \times \dfrac{30}{2}}{\dfrac{20 \times 30^3}{12}} = 150 \text{ MPa}$$

因 B 截面上的弯矩为负,故横截面上中性轴 z 以上各点产生拉应力、以下各点产生压应力。所以,C 点处为拉应力,d 点处为压应力。

例 4-3-9　求如图 4-3-23(a)所示的铸铁悬臂梁内最大拉应力及最大压应力。已知 $P=20$ kN,$I_z=10200$ cm^4。

解:

1)画弯矩图,确定危险面

因为梁是等截面的,且横截面相对 z 轴不对称,铸铁的抗拉能力与抗压能力又不同,故绝对值最大的正、负弯矩所在面均可能为梁的危险面。弯矩图如图 4-3-23(b)所示。

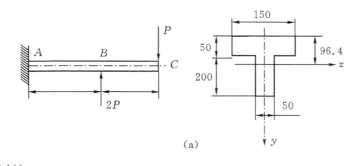

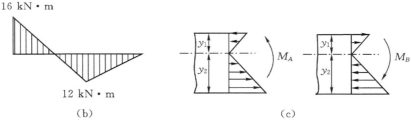

图 4-3-23　铸铁悬臂梁

2)确定危险点,计算最大拉应力与最大压应力

由弯矩图看出,A、B 两截面均可能为危险面。A 截面上有最大正弯矩,该截面下边缘各点处将产生最大拉应力,上边缘各点处将产生最大压应力;而 B 截面上有最大负弯矩,该截面下边缘各点处将产生最大压应力,上边缘各点处将产生最大拉应力。A、B 截面正应力分布如图 4-3-23(c)所示。

显然,A 截面上的最大拉应力要大于 B 截面上的最大拉应力,故梁内最大拉应力发生在 A 截面下边缘各点处,其值为:

$$\sigma_{\max}^+=\frac{M_A y_2}{I_z}=\frac{16\times10^6\times(250-96.4)}{1.02\times10^8}=24.09 \text{ MPa}$$

对 A、B 两截面,需经计算,才能得知哪个截面上的最大压应力更大:

$$\sigma_{A\max}^-=\frac{M_A y_1}{I_z}=\frac{16\times10^6\times96.4}{1.02\times10^8}=15.12 \text{ MPa}$$

$$\sigma_{B\max}^-=\frac{M_B y_2}{I_z}=\frac{12\times10^6\times(250-96.4)}{1.02\times10^8}=18.07 \text{ MPa}$$

由此可见,梁内最大压应力发生在 B 截面的下边缘各点处。

7.梁的强度条件及其应用

(1)弯曲强度条件

在一般载荷作用下的细长、非薄壁截面梁,弯矩对强度的影响要远大于剪力的影响。因此,对细长非薄壁梁进行强度计算时,主要是限制弯矩所引起的梁内最大弯曲正应力不得超过材料的许用正应力,即:

$$\sigma_{\max} \leqslant [\sigma] \qquad\qquad (4-3-30)$$

上式即为弯曲强度条件。

(2)强度条件的应用

我们常常应用强度条件来解决三类强度问题:强度校核、设计截面、确定许可载荷。在进行这类强度计算时,一般应遵循下列步骤:

1)分析梁的受力,依据平衡条件确定约束力;分析梁的内力(画出弯矩图)。

2)依据弯矩图及截面沿梁轴线变化的情况,确定可能的危险面:对等截面梁,弯矩最大截面即为危险面。对变截面梁,则需依据弯矩及截面变化情况,才能确定危险面。

3)确定危险点:对于拉、压力学性能相同的材料(如钢材),其最大拉应力点和最大压应力点具有同样的危险程度,因此,危险点显然位于危险面上离中性轴最远处。而对于拉、压力学性能不等的材料(如铸铁),则需分别计算梁内绝对值最大的拉应力与压应力(如例4-3-9),因为最大拉应力点与最大压应力点均可能是危险点。

4)依据强度条件,进行强度计算。

例 4-3-10 如图4-3-24(a)所示为简支梁,受均布载荷 q 作用,梁跨度 $l=2\text{ m}$,$[\sigma]=140\text{ MPa}$,$q=2\text{ kN/m}$,试按以下两个方案设计轴的截面尺寸,并比较重量。(1)实心圆截面梁;(2)空心圆截面梁,其内、外径之比 $\alpha=0.9$。

解:画梁的弯矩图(如图4-3-24(b)所示),由弯矩图可知,梁中点截面为危险截面,其上弯矩值为:

$$M_{\max} = \frac{ql^2}{8} = \frac{2 \times 2^2 \times 10^6}{8} = 1 \times 10^6 \text{ N} \cdot \text{mm}$$

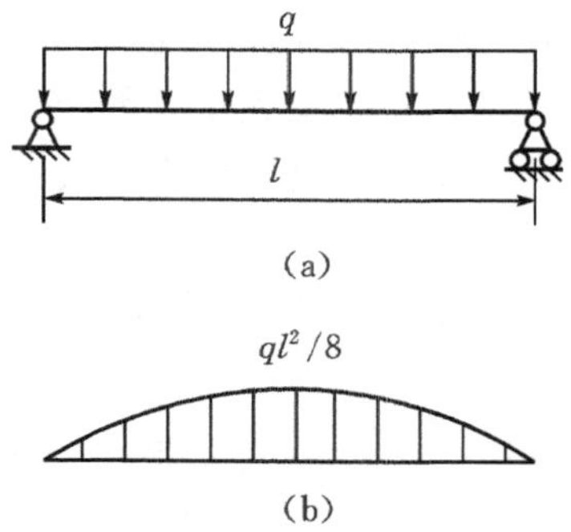

图 4-3-24 简支梁

1)设计实心截面梁的直径 d

依据强度条件:

$$\sigma_{\max} = \frac{M_{\max}}{W_z} \leqslant [\sigma]$$

将 $W_z = \dfrac{\pi \cdot d^3}{32}$ 代入上式，并求解得：

$$d \geqslant \sqrt[3]{\frac{32 M_{max}}{\pi [\sigma]}} = \sqrt[3]{\frac{32 \times 1 \times 10^6}{\pi \times 140}} = 41.75 \text{ mm}$$

取

$$d = 42 \text{ mm}$$

2）确定空心截面梁的内、外径 d_1 及 D

将 $W_z = \dfrac{\pi \cdot D^3}{32}(1 - \alpha^4)$ 代入强度条件 $\sigma_{max} = \dfrac{M_{max}}{W_z} \leqslant [\sigma]$

解得

$$D \geqslant \sqrt[3]{\frac{32 M_{max}}{\pi (1 - \alpha^4)[\sigma]}} = \sqrt[3]{\frac{32 \times 1 \times 10^6}{\pi \times (1 - 0.9^4) \times 140}} = 59.59 \text{ mm}$$

取

$$D = 60 \text{ mm}，则 d_1 = 0.9，D = 54 \text{ mm}$$

3）比较两种不同截面梁的重量

因材料及长度相同，故两种截面梁的重量之比等于其截面积之比。

$$重量比 = \frac{\dfrac{\pi}{4}(D^2 - d_1{}^2)}{\dfrac{\pi}{4} d^2} = 0.388$$

上面计算结果表明，空心截面梁的重量比实心截面梁的重量小很多。因此，在满足强度要求的前提下，采用空心截面梁，可节省材料、减轻结构重量。

在一般情况下，对梁进行强度分析时，我们只需考虑弯曲正应力的强度条件是否得以满足，因为弯曲正应力远大于弯曲剪应力（两者之比大约等于梁的跨高之比）。

但是，在下列几种特殊情况下，则应同时考虑弯曲正应力强度条件及剪应力强度条件。因为这类特殊情况下，梁内往往产生较大的弯曲剪应力。

①薄壁截面梁。

②弯矩较小而剪力较大的、如短而粗的梁。

③集中载荷作用于支座附近的梁。

三、弯曲与扭转组合变形

工程中的许多受扭构件在发生扭转变形的同时，还常会发生弯曲变形。当这种弯曲变形不能忽略时，则应按弯曲与扭转的组合变形问题来处理。如图 4-3-25 中所示的传动轴，在两个轮子的边缘上作用有沿切线方向的力 P_1 和 P_2，这些力不但会使轴发生扭转，同时还会使它发生弯曲。构件这种既发生弯曲，又发生扭转变形，称为弯曲与扭转组合变形，简称弯扭组合变形。

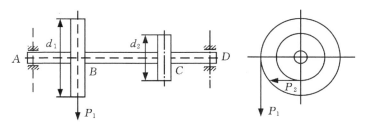

图 4-3-25　传动轴

现以如图 4-3-26 所示传动轴为例,说明弯扭组合变形的强度计算方法。图中轴上齿轮受水平力 F 的作用,齿轮的直径为 R。

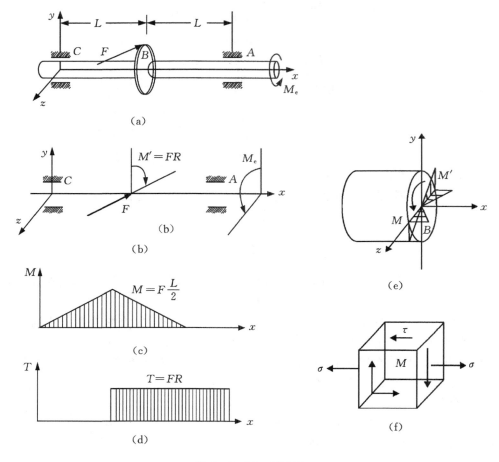

图 4-3-26 传动轴

1)外力分析

为分析轴 AC 的受力,将力 F 移至轴心,得到轴 AC 的受力,如图 4-3-26(b)所示,水平力 F 使轴 AC 产生弯曲变形,而外力偶 M_e 和附加力偶 M' 使轴产生扭转变形,故轴 AC 的变形为弯曲和扭转组合变形。

2)内力分析

分别作轴 AC 的弯矩图(如图 4-3-26(c)所示)和扭矩图(如图 4-3-26(d)所示),由图可知,危险截面为中间截面 B 处,其弯矩和扭矩值为:

$$M = F\frac{l}{2}, T = FR \tag{4-3-31}$$

3)应力分析

作出危险截面的切应力和正应力分布图(如图 4-3-26(e)所示),由图可知,截面上水平直接的两端 M 和 M' 点的弯曲正应力和扭转正应力均为最大,故 M 和 M' 点为危险点,其正应力和切应力的大小分别为:

$$\sigma = \frac{M}{W_z} \ , \ \tau = \frac{T}{W_P} \tag{4-3-32}$$

式中，W_z 为弯曲截面系数，对圆轴 $W_z = \frac{\pi d^3}{32}$；W_P 为扭转截面系数，对圆轴 $W_P = \frac{\pi d^3}{16}$。

4）强度计算

对于由塑性材料制成的轴，因其抗拉能力和抗压能力相同，故可取其中一点 M 进行分析。围绕 M 点截取单元体，应力状态如图 4-3-26(f)所示。考虑到轴通常采用塑性材料，因此可选用第三强度或第四强度理论。

根据第三强度理论，强度条件为：

$$\sigma_{r3} = \sqrt{\sigma^2 + 4\tau^2} \leqslant [\sigma] \tag{4-3-33}$$

将式(4-3-32)带入式(4-3-33)，并注意到圆截面轴的 $W_P = 2W_z$，可得到弯扭组合变形的强度条件：

$$\sigma_{r3} = \frac{\sqrt{M^2 + T^2}}{W_z} \leqslant [\sigma] \tag{4-3-34}$$

或根据第四强度理论得到的强度条件为：

$$\sigma_{r4} = \sqrt{\sigma^2 + 3\tau^2} \leqslant [\sigma] \tag{4-3-35}$$

将式(4-3-32)及 $W_P = 2W_z$ 带入式(4-3-35)，可得到弯扭组合变形的强度条件：

$$\sigma_{r4} = \frac{\sqrt{M^2 + 0.75T^2}}{W_z} \leqslant [\sigma] \tag{4-3-36}$$

例 4-3-11　如图 4-3-27 所示的钢制传动轴 AB，外力偶矩 M 作用在轴外端的联轴器上，已知带轮直径 $D = 0.5$ m，$F_1 = 8$ kN，$F_2 = 4$ kN，轴径 $d = 90$ mm，$a = 500$ mm，其许用应力 $[\sigma] = 50$ MPa。试按第三强度理论校核轴的强度。

解：

1）外力分析

分析轴 AB 的受力，将力 F_1 和 F_2 移到轴线得到轴的受力如图 4-3-27(b)所示，其外力简化为：

$$F_1 + F_2 = 12 \text{ kN}$$

$$M' = (F_1 - F_2)\frac{D}{2} = 1 \text{ kN} \cdot \text{m}$$

垂直力 $F_1 + F_2$ 和 A、B 处的支座约束力使轴产生弯曲变形，而力偶 M 和 M' 使轴产生扭转变形，故轴 AB 为弯扭组合变形。

2）内力分析

分析作轴的弯矩图（如图 4-3-27(c)所示）和扭矩图（如图 4-3-27(d)所示），可知横截面 B 为危险截面，该截面的弯矩和扭矩分别为：

$$M_B = (F_1 + F_2)\frac{D}{2} = 3 \text{ kN} \cdot \text{m}, T = M = 1 \text{ kN} \cdot \text{m}$$

3）轴强度的校核

$$\sigma_{r3} = \frac{\sqrt{M_B{}^2 + T^2}}{W_z} = \frac{32\sqrt{M_B{}^2 + T^2}}{\pi d^3} = \frac{32 \times \sqrt{3^2 + 1^2} \times 10^6}{3.14 \times 90^3} \text{ MPa} = 44.2 \text{ MPa} < [\sigma]$$

故轴的强度足够。

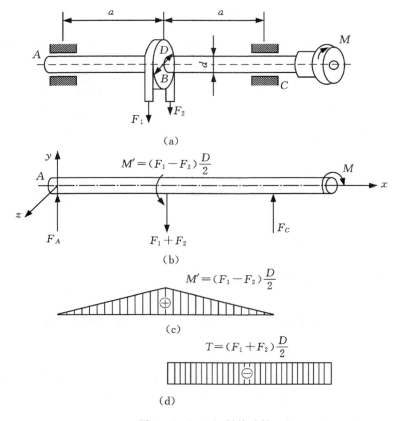

图 4-3-27　钢制传动轴

练　习　题

4-3-1　某传动轴如题 4-3-1 图所示,转速 $n=300$ r/min(转/分),轮 1 为主动轮,输入的功率 $P_1=50$ kW,轮 2、轮 3 与轮 4 为从动轮,输出功率分别为 $P_2=10$ kW,$P_3=P_4=20$ kW。

(1)试画轴的扭矩图,并求轴的最大扭矩。

(2)若将轮 1 与论 3 的位置对调,轴的最大扭矩变为何值? 对轴的受力是否有利?

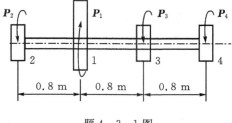

题 4-3-1 图

4-3-2　如题 4-3-图所示实心轴通过牙嵌离合器把功率传给空心轴。传递的功率 $P=7.5$ kW,轴的转速 $n=100$ r/min,试选择实心轴的直径 d_1 和空心轴外径 D_2。已知 $d_2/D_2=0.5$,$[\tau]=40$ MPa。

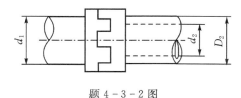

题 4-3-2 图

4-3-3　如题 4-3-3 图所示的船用推进器的轴,一段是实心,直径为 280 mm;另一段为空心的,其内径为外径的一半。在两段产生相同的最大切应力条件下,求空心部分轴的外径 D。

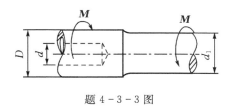

题 4-3-3 图

4-3-4　如题 4-3-3 图所示为阶梯轴,已知:$P_A=15$ kW,$P_B=35$ kW,$n=200$ r/min,截面直径为 40 mm 和 70 mm,$[\tau]=60$ MPa。试校核阶梯轴的强度。

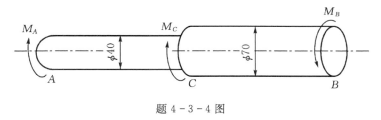

题 4-3-4 图

4-3-5　求题 4-3-5 图所示梁 1-1、2-2、3-3、4-4 截面上的剪力和弯矩。

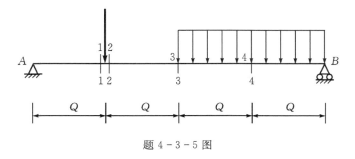

题 4-3-5 图

4-3-6　荷集度、剪力、弯矩之间的微分关系,作出下列各梁的剪力图和弯矩图。

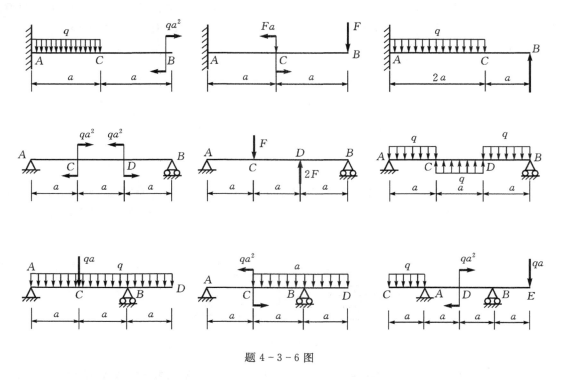

题 4－3－6 图

4－3－7　受力及截面尺寸如图所示，设 $q＝60$ kN/m，$F＝100$ kN，试求：

(1)1－1 截面上 A、B 两点的正应力；

(2)整个梁横截面上的最大正应力和最大切应力。

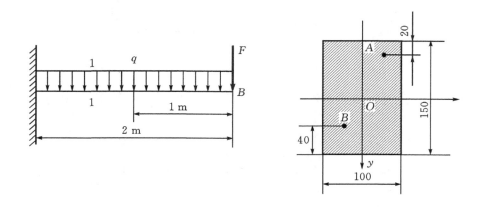

题 4－3－7 图

4－3－8　一简支梁受力如图所示。梁为圆截面，其直径 $d＝40$ mm，求梁横截面上的最大正应力。

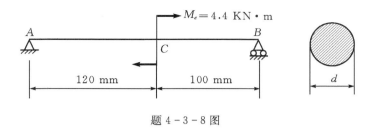

题 4 - 3 - 8 图

4 - 3 - 9　如题图 4 - 3 - 9 所示。一圆形截面木梁受力 $F = 3$ kN，$q = 3$ kN/m，弯曲许用应力 $[\sigma] = 10$ MPa 试设计截面直径 d。

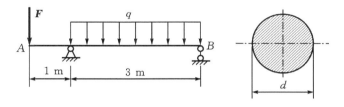

题 4 - 3 - 9 图

4 - 3 - 10　一铸铁梁受力和截面尺寸如题 4 - 3 - 10 图所示。已知 $q = 10$ kN/m，$F = 20$ kN，许用拉应力 $[\sigma_t] = 40$ MPa，许用压应力 $[\sigma_c] = 160$ MPa，试按正应力强度条件校核轴的强度。若载荷不变，将该 T 形梁倒置成为倒 T 形，是否合理？

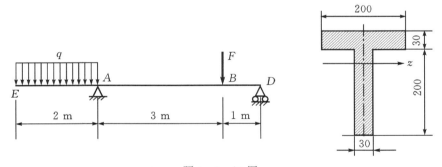

题 4 - 3 - 10 图

4 - 3 - 11　如题 4 - 3 - 11 图所示，轴上装有两个轮子，轮上分别作用力 F_1 和 F_2 而处于平衡状态。已知 $F_2 = 12$ kN，$D_1 = 200$ mm，$D_2 = 100$ mm，长度单位为 mm，轴材料的许用应力 $[\sigma] = 80$ MPa. 试设计轴的直径 d。

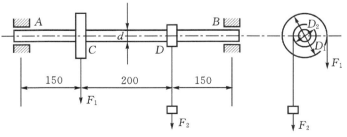

题 4 - 3 - 11 图

任务四　轴系部分设计

知识点

　　1.轴的功用及类型；

　　2.轴的结构工艺性、轴上零件定位方式；

　　3.轴的结构设计。

技能点

　　1.分析轴的功用、类型、轴常用的材料、设计轴的基本要求和一般步骤；

　　2.分析选择最合适的轴的设计方案，进行轴的结构设计和；

　　3.能进行轴的强度计算，绘制出轴的零件图。

 知识链接

一、轴的概述

　　轴是组成机器的重要零件，主要用来支承机器中作回转运动的零件（如带轮、链轮、齿轮、蜗轮等），以实现传递运动和动力。

　　1.轴的类型

　　按照轴的轴线形状的不同，轴可分为直轴（见图4-4-1(a)、(b)）和曲轴（见图4-4-2）两大类。曲轴（通过连杆机构）可将旋转运动改变为往复直线运动，或作相反的运动转换，曲轴属专用零件。

　　直轴按其工作的承载情况可分为心轴、转轴和传动轴三类，见表4-4-1。

　　（1）心轴　只承受弯矩的轴称为心轴。心轴又分为转动心轴和固定心轴，前者如火车车轮轴，后者如支承滑轮的轴。

（a）　　　　　　　　　　　　　　　　　　　（b）

图4-4-1　直轴

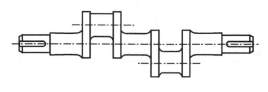

图4-4-2　曲轴

（2）转轴　既承受弯矩又承受转矩的轴称为转轴,如减速器的输出轴。

（3）传动轴　只承受转矩而不承受弯矩或弯矩很小的轴称为传动轴,如汽车的传动轴。

直轴根据外形的不同,可分为光轴(图 4-4-1(a))和阶梯轴(图 4-4-1(b))两种。光轴形状简单,加工容易,应力集中源少,但轴上零件不易装配和定位;阶梯轴则正好与光轴相反。因此,光轴主要用于传动轴,阶梯轴则常用于转轴。

直轴一般都制成实心的。但有时由于机器结构的要求而需在轴中装设其他零件或减轻轴的重量而将轴制成空心轴,如车床的主轴,汽车的传动轴等。空心轴内径与外径之比通常为0.5~0.6,以保证轴的刚度及扭转稳定性。

此外还有一些特殊用途的轴,如凸轮轴(即凸轮与轴制成一体)和钢丝软轴等 。

表 4-4-1　轴按所受载荷情况分类

分类	结构简图	受载情况
转轴		同时承受弯矩和扭矩
芯轴	 转动心轴　　　固定心轴	只承受弯矩,不传递扭矩
传动轴		主要承受扭矩,不承受或只承受较小弯矩

2. 轴的材料

工作时轴所受力都为变应力,轴的失效多为疲劳破坏,因此轴的材料应具有足够的疲劳强度,且对应力集中的敏感性低。轴与滑动轴承发生相对运动的表面应具有足够的耐磨性。同时还应考虑轴的工艺性和经济性等因素,合理选用轴的材料。轴的材料主要是碳素钢和合金钢。

碳素钢 碳素钢比合金钢价廉,对应力集中的敏感性较低,并能通过热处理改善其综合机械性能,故应用广泛。其中最常见的是45号钢,并通过正火或调质处理保证其机械性能。不重要或受力较小的轴,则可采用Q235等普通碳素钢。

合金钢 合金钢具有较高的机械性能和较好的淬火性能,但对应力集中比较敏感,且价格较贵,故多用于传递大功率并要求减轻重量和提高轴颈耐磨性,以及在高温或低温条件下工作的轴。常用的合金钢有20Cr、20CrMnTi、35SiMn、35CrMo、40Cr、40MnB等。由于在一般工作温度下(200℃)碳素钢和合金钢的弹性模量相差无几,因此用合金钢代替碳素钢并不能提高轴的刚度。

轴的毛坯多数用轧制圆钢和锻件,有的则直接用圆钢。锻件内部组织均匀性好,强度高,故重要的轴以及大尺寸阶梯轴,应采用锻制毛坯。

各种热处理(如高频淬火、渗碳、氮化、氰化等)以及表面强化处理(如喷丸、滚压等),对提高轴的抗疲劳强度都有着显著的效果。

高强度铸铁和球墨铸铁容易制成复杂的形状,且具有价廉、良好吸振性和耐磨性、以及对应力集中的敏感性较低等优点,可用于制造外形复杂的轴(如曲轴、凸轮轴等)。缺点是冲击韧性低,工艺过程不易控制,质量不够稳定。表4-4-2列出了轴的常用材料及其机械性能。

表4-4-2 轴常用材料和主要力学性能及许用弯曲应力

钢号	热处理	毛坯直径/mm	硬度HBS	力学性能				许用弯曲应力			应用
				抗拉强度 σ_b	屈服点 σ_s	弯曲疲劳极限 σ_{-1}	扭转疲劳极限 τ_{-1}	静应力 $[\sigma_{+1}]$	脉动循环应力 $[\sigma_0]$	对称循环应力 $[\sigma_{-1}]$	
				NPa≥				MPa			
20	正火回火	≤100 >100~300 >300~500	103~156	390 375 365	215 195 190	170	95 90 85	125	70	40	用于载荷不大,要求韧性较高的轴
35	正火回火	≤100 >100~300	149~187	510 490	265 255	240	120 115	165	75	45	用于要求有一定强度和加工塑性的轴
	调质	≤100 >100~300	156~207	550 530	295 275	230	130 125	175	85	50	

钢号	热处理	毛坯直径/mm	硬度 HBS	力学性能				许用弯曲应力			应用
				抗拉强度 σ_b	屈服点 σ_s	弯曲疲劳极限 σ_{-1}	扭转疲劳极限 τ_{-1}	静应力 $[\sigma_{+1}]$	脉动循环应力 $[\sigma_0]$	对称循环应力 $[\sigma_{-1}]$	
				NPa≥				MPa			
45	正火回火	≤100	170～217	590	295	255	140	195	95	55	应用最广泛
		>100～300	162～217	570	285	245	135				
		>300～500	156～217	540	272	230	130				
	调质	≤200	217～255	640	355	275	155	215	100	60	
40Cr	调质	≤100	241～286	735	540	355	200	245	120	70	用于载荷较大,而无很大冲击的重要的轴
		>100～300		685	490	335	185				
		>300～500	229～269	630	430	310	165				
40MnB	调质	≤200	241～286	735	490	345	195	245	120	70	性能接近40Cr,用于重要的轴
40CrNi	调质	≤100	270～300	900	735	430	260	285	130	75	用于很重要的轴
		>100～300	240～270	785	570	370	210				
38SiMnMo	调质	≤100	229～286	735	590	365	210	275	120	70	性能接近35CrMo
		>100～300	217～269	685	540	345	195				
		>300～500	196～241	630	480	320	175				
20Cr	渗碳、淬火、回火	≤100	表面 56～62HRC	640	390	305	160	210	100	60	用于要求强度和韧性均较高的轴
38CrMoA1A	调质	≤60	293～321	930	785	440	280	275	125	75	用于要求高耐磨性、高强度且热处理(氮化)变形小的轴
		>60～100	277～302	835	685	410	270				
		>100～160	241～277	785	590	375	220				
3Cr13	调质	≤100	≥241	835	635	395	230	275	130	75	用于在腐蚀条件下工作的轴
QT 400—15	—	—	156～197	400	300	145	125	100	—	—	用于制造形状复杂的轴
QT 600—3	—	—	197～269	600	420	215	185	150	—	—	

注:1.表中疲劳极限数值,均按下列各式计算:碳钢 $\sigma_{-1}=0.43\sigma_b$,合金钢 $\sigma_{-1}=0.2(\sigma_b+\sigma_s)+100$,不锈钢 $\sigma_{-1}=0.27(\sigma_b+\sigma_s)$,各种钢 $\tau_1=0.156(\sigma_b+\sigma_s)$;球墨铸铁 $\sigma_{-1}=0.36\sigma_b$,$\tau_{-1}=0.31\sigma_b$。

2.球墨铸铁的屈服点为 $\sigma_{0.2}$。

3.其他性能,一般可取 $\tau_s=(0.55\sim0.62)\sigma_s$,$\sigma_0=1.4\sigma_{-1}$,$\tau_0=1.5\tau_{-1}$。

3.设计轴的基本要求和一般步骤

设计轴的基本要求是结构合理和具有足够的强度。不同机械对轴的工作有不同的要求。对于机械中的转轴,主要应满足强度和结构的要求;对于工作时不许有过大变形的轴(如机床主轴),则主要应满足刚度要求;对于高速运转轴(如高速磨床主轴和汽轮机主轴等),则应满足振动稳定性的要求,以免发生共振而破坏。

设计轴的一般步骤是:

(1)先按工作要求选择材料;

(2)初步计算基本直径、确定轴各段直径和长度等结构尺寸,即进行结构设计;

(3)然后进行强度计算,必要时还需进行刚度或振动稳定性验算;

(4)最后绘制工作图。

二、轴的结构设计

轴的结构设计主要是确定轴的合理外形和全部结构尺寸。影响轴的结构的因素较多,且其结构型式又要随着具体应用及要求等具体情况的不同而异,因此轴没有标准的结构形式。一般轴的结构设计应满足:(1)轴及轴上零件能准确牢固地安装在其工作位置上,即固定牢靠,定位准确;(2)轴上零件应便于装拆和调整;(3)轴应具有良好的制造工艺性;(4)尽量做到受力合理。下面以锥齿轮一圆柱齿轮减速器(见图4-4-3)的输出轴为例来加以说明(注:a,c取为 $1\sim20$ mm;s 取为 $5\sim10$ mm;L 根据轴承端盖和联轴器的装拆要求定出)。

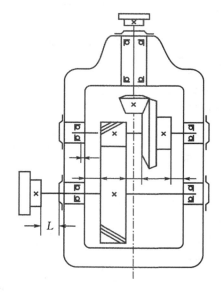

图 4-4-3   锥齿轮一圆柱齿轮二级减速器简图

在进行轴的结构设计时,一般应已知:装配简图(见图4-4-3),轴的转速、传递的功率、传动零件(如齿轮)的主要参数和尺寸等。

根据减速器的安装要求,图4-4-3中给出了减速器中主要零件的相互位置关系。设计时,即可按此确定轴上主要零件的相互位置。齿轮距箱体内壁的距离 a,圆锥齿轮与圆柱齿轮间的距离 c,以及滚动轴承内侧与箱体内壁间的距离 S(用以考虑箱体可能有的铸造误差)等均示于图 4-4-3 中。

现将轴的结构设计步骤和方法简述如下：

1.拟定轴上零件的装配方案

不同的装配方案可以得出不同的轴的结构形式。因此，必须拟订几种不同的装配方案，以便进行分析对比与选择。如图 4-4-4(a)、(b)所示为两种装配方案，通过比较后者较前者增加了一个作为轴向定位的长套筒，使机器的零件增多，重量增大。所以相比之下，图 4-4-4(a)所示方案较为合理。

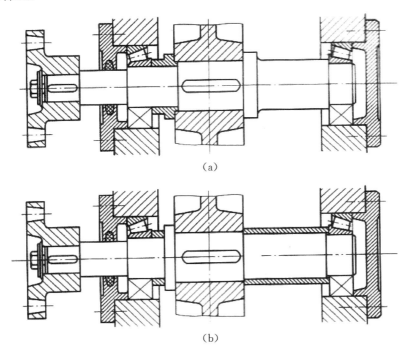

(a)

(b)

图 4-4-4　输出轴的两种结构方案

2.确定轴的各段直径和长度

图 4-4-4(a)中轴上装配传动零件的轴段称为轴头，装配轴承的轴段称为轴颈，联接轴头和轴颈的轴段称为轴身，轴上直径变化所形成的阶梯称为轴肩(单向变化)或轴环(双向变化)。

一般先用计算法(详见知识链接三)或类比法来确定轴上最小部分的直径，如图 4-4-4(b)中轴外伸端装联轴器处的直径，然后根据装配要求确定轴上其余各段的直径及长度，轴的各段长度主要根据各零件与轴配合部分的轴向尺寸而定。

3.轴上零件的轴向定位和固定

轴上零件的轴向定位和固定方法有轴肩(或轴环)、挡圈、套筒、圆螺母、圆锥形轴端等，其具体应用见表 4-4-3。

(1)轴肩或轴环

利用轴肩(或轴环)定位是最方便而可靠的方法，但采用轴肩就必然使轴的直径加大，并且轴肩处因剖面突变而引起应力集中；同时，轴肩过多也不利于加工。轴肩分为定位轴肩和非定位轴肩，定位轴肩的高度 h 一般取$(2\sim3)C_1$(C_1 为相配零件的轮毂倒角尺寸，如为轴承定位，轴肩高度必须小于轴承内圈的高度，以便于装拆），非定位轴肩的高度一般取 1.5～2 mm。

（2）套筒

在轴的中部，当两个零件间距较小时，常用套筒作相对固定。在（图 4-4-4(a)）中齿轮左侧靠套筒固定，而左轴承右侧靠套筒定位。使用套筒可简化轴的结构，减少应力集中源。但若套筒过长，则增加了轴的重量，且套筒与轴为松配合，不宜用于高速轴。

（3）圆螺母

圆螺母可承受较大的轴向力，但在螺纹处有应力集中，会降低轴的疲劳强度，故多用于固定安装在轴端的零件，一般采用细牙螺纹。为防止圆螺母松脱，可采用加止动垫圈或用双圆螺母。

（4）挡圈

常用的有螺钉锁紧挡圈、弹性挡圈和轴端挡圈三种。螺钉锁紧挡圈用紧定螺钉固定在轴上，若在轴上零件两侧各用一个锁紧挡圈时，可任意调整轴上零件的位置、装拆方便。但紧定螺钉不能承受大的轴向力，而且钉端会引起轴应力集中。轴上零件作轴向固定也可使用弹性挡圈，这种固定方法结构简单，但承受轴向力小，而且轴上要设沟槽，这样应力集中会削弱轴的强度。弹性挡圈常用作滚动轴承的轴向固定。轴端挡圈（又称压板）常用于轴端零件的固定，如图 4-4-4 中的联轴器就是利用轴端挡圈和螺母将零件压紧在轴肩上。这种固定方法工作可靠，应用广泛。

（5）圆锥形轴头

轴和毂孔利用锥面配合，对中性好，轴上零件装拆方便，且可兼作周向固定，常用于转速较高时。当用于轴端零件的固定时，可与轴端挡圈配合使用，使零件得到双向定位和固定。

在用套筒、圆螺母、轴端挡圈作轴向固定时，为确保轴上零件定位可靠，轴头的长度应比零件轮毂的宽度短 2～3 mm。

4.轴上零件的周向定位及固定方法

为了满足机器传递运动和转矩的要求，防止轴上零件与轴作相对转动，必须有可靠的周向定位。常用的周向定位方法有键、花键、成型、销、过盈等联接形式，当传力不大时还可用紧定螺钉作周向定位。详见知识链接四。

表 4-4-3 轴上零件的轴向定位和固定方法

定位、固定方法	简图	特点与应用
轴肩、轴环	 轴肩　　　　轴环	结构简单、可靠、能承受较大轴向力
圆锥面	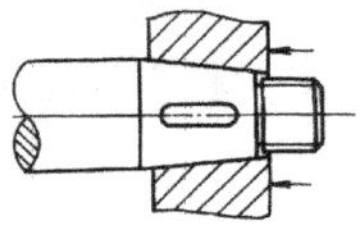	轴和轮毂间无径向间隙，装拆较方便，能承受冲击载荷。锥面加工稍麻烦，用于轴端零件的定位和固定
圆螺母	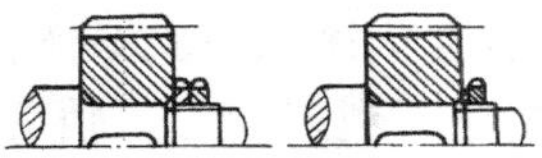	可靠，能承受较大轴向力

定位、固定方法	简图	特点与应用
弹性挡圈		结构简单、紧凑,只承受较小的轴向力,可靠性差
轴端挡圈		适用轴端零件的定位和固定,可承受剧烈的振动和冲击载荷
锁紧挡圈		结构简单、不能承受大的轴向力
套筒		结构简单、可靠,当轴的转速很高时不适用
紧定螺钉		适用于轴向力很小,转速很低 仅为防止偶然的轴向滑移的场合。同时可起到轴向定位和固定作用

5.轴的结构工艺性

为了改善轴的抗疲劳强度,减小轴在剖面突变处的应力集中,应适当增大其过渡圆角半径 R(见图 4-4-5(a)),不过同时还要使零件能得到可靠的定位,所以过渡圆角半径又必须小于与之相配的零件的圆角半径或倒角尺寸(图 4-4-5(d))。当与轴相配的零件必须采用很小的圆角半径,而又要减小轴肩处的应力集中时,可采用内凹圆角(图 4-4-5(c))或加装隔离环(图 4-4-5(b))的结构形式。此外,为了制造方便,节省工时,轴上各处的圆角半径应尽可能统一。

为了便于装配零件,轴端应制出 45°的倒角,并去掉毛刺。当轴的某段需磨削加工或要车

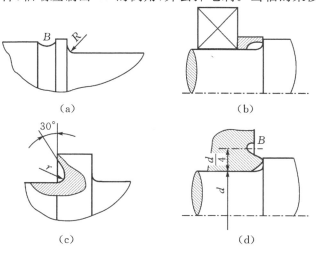

图 4-4-5　减小应力集中的措施

削螺纹时,须留出砂轮越程槽(图4-4-6(a))或退刀槽(图4-4-6(b))。它们的尺寸可参考机械设计手册。

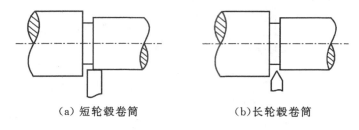

（a）短轮毂卷筒　　　　　　　　　（b）长轮毂卷筒

图4-4-6　越程槽与退刀槽

当轴上有两个以上的键槽时,应置于同一直线上,槽宽应尽可能统一,以利于加工。轴的表面粗糙度对其疲劳强度有很大影响,粗糙的轴表面容易产生疲劳裂纹,引起应力集中,因此,设计时应注意提高轴的表面质量。采用表面强化处理,如辗压、喷丸、渗碳淬火、氮化、氰化等热处理和化学处理,都可显著提高轴的疲劳强度。

此外,还可以采用改进轴上零件的结构来提高轴的强度,图4-4-7所示为卷筒的两种结构形式,如将卷筒的长轮毂(图4-4-7(a))改制成两段短轮毂(图4-4-7(b)),不仅减小了轴所承受的最大弯矩 M_{max},提高了轴的强度和刚度,而且能减小轮毂的精加工面。

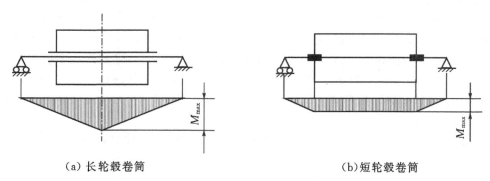

（a）长轮毂卷筒　　　　　　　　　（b）短轮毂卷筒

图4-4-7　卷筒轮毂的结构

若同一根轴上有多个传动零件,则应合理布置输入轮和输出轮的位置,减少轴所受载荷,提高轴的承载能力。图4-4-8就是通过改变零件位置而减小了轴上载荷的例子。将输入轮

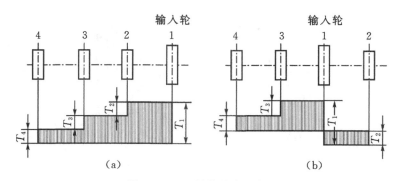

（a）　　　　　　　　　　　　　　（b）

图4-4-8　零件的合理布置

1 从图(a)所示位置改变为图(b)所示位置,就可使轴所承受的最大转矩 $T_{\max}=T_2+T_3+T_4$ 减至 $T_{\max}=T_3+T_4$

三、轴的强度计算

轴的强度计算方法主要有三种:按扭转强度的初步计算,按弯扭组合的校核计算和按疲劳强度安全系数的精确校核计算。对于用普通碳素钢和优质碳素钢制造的一般用途的轴,当单件或小批量生产时,安全系数的精确校核计算通常可以不必进行。故本教材只介绍前两种计算方法,第三种计算方法可查阅有关资料获取。

1.按扭转强度初步计算轴径

确定轴的直径时,由于轴上零件的位置和两轴承间的距离通常尚未确定,所以还不能按轴所受的实际载荷来进行计算。这时,通常只能先按扭转强度初步计算轴的最小直径。

按扭转强度计算轴径时,只需知道传递转矩的大小,方法简便,但计算精度低。它主要用于承受载荷以转矩为主的传动轴。

由构件的强度知识可知,轴受转矩时的强度条件为:

$$\tau_T=\frac{T}{W_T}=\frac{T}{0.2d^3}=\frac{9.55\times10^6\frac{P}{n}}{0.2d^3}\leqslant[\tau_T]$$

由上式可得轴的直径为:

$$d\geqslant\sqrt[3]{\frac{9.55\times10^6P}{0.2[\tau_T]n}}=C\sqrt[3]{\frac{P}{n}} \qquad (4-4-1)$$

式中　τ_T——扭转剪切应力(MPa);

　　　T——轴传递的转矩(N·mm);

　　　W_T——轴的抗扭截面模量(mm³);

　　　P——轴传递的功率(kW);

　　　n——轴的转速 (r/min);

　　　$[\tau_T]$——轴的许用扭转剪应力 (MPa)。

$C=\sqrt[3]{\dfrac{9.55\times10^6}{0.2[\tau_T]}}$,其值决定于轴的材料和相应的$[\tau_T]$,其值见表 4-4-4。

表 4-4-4　常用材料的$[\tau_T]$和 C 值

轴的材料	Q235、20	35	45	40Cr、35SiMn
$[\tau_T]$(MPa)	12~20	20~30	30~40	40~52
C	160~135	135~118	118~107	107~98

注:①当弯矩相对转矩很小或只受转矩时,$[\tau_T]$取较大值,C 取小值。

　　②当用 Q235 及 35SiMn 钢时,$[\tau_T]$取小值,C 取较大值。

对于受弯矩较大的轴宜取较小的$[\tau_T]$值,以补偿弯矩对轴强度的影响。当轴上有键槽时,应增大轴径以考虑键槽对轴的强度的削弱:单键槽增大 3%,双键槽增大 7%,然后圆整。

2.按弯扭合成校核轴的强度

在轴的结构设计完成以后,轴上零件的位置,载荷的大小和方向都已经确定,轴各截面的弯矩即可算出,因此可按弯矩和扭矩的综合作用来校核轴的强度。

按弯扭合成强度计算轴的一般步骤如下:

(1)画出轴的计算简图。将轴上作用力分为水平面受力图和垂直面受力图,并求出水平面内和垂直面内的支承反力图。

(2)分别画出水平面内的弯矩 M_H 图和垂直面内的弯矩 M_V 图。

(3)画出合成弯矩 $M = \sqrt{M_H^2 + M_V^2}$ 图。

(4)画出轴的扭矩图。

(5)应用公式 $M_e = \sqrt{M^2 + (\alpha T)^2}$,画出当量弯矩 M_e 图。式中 α 是根据扭矩性质而定的应力校正系数。对于对称循环变化的扭矩,取 $\alpha = 1$;对于脉动循环变化的扭矩,取 $\alpha = [\sigma_{-1}]_b / [\sigma_0]_b = 0.6$;对于不变的扭矩,取 $\alpha = [\sigma_{-1}]_b / [\sigma_{+1}]_b = 0.3$。$[\sigma_{-1}]_b$、$[\sigma_0]_b$、$[\sigma_{+1}]_b$ 分别为材料在对称循环,脉动循环和静应力状态下的许用弯曲应力,其值可由表 4-4-2 查得。

(6)按当量弯矩 M_e 用弯扭合成强度条件计算:

$$\sigma_e = \frac{M_e}{W} = \frac{\sqrt{M^2 + (\alpha T)^2}}{W} \leqslant [\sigma_{-1}]_b \qquad (4-4-2)$$

式中,W 为轴的抗弯截面模量。

表 4-4-5　抗弯、抗扭截面模量计算公式

截面形状	W	W_r	截面形状	W	W_r
(a)	$\frac{\pi d^3}{32} = 0.1d^3$	$2W$	(b)	$\frac{\pi d^3}{32}(1-\alpha^4)$ $=0.1d^3(1-\alpha^4)$ $(\alpha = \frac{d_0}{d})$	$2W$
(c)	$\frac{\pi d^3}{32} -$ $\frac{bt(d-t)^2}{2d}$	$\frac{\pi d^3}{16} -$ $\frac{bt(d-t)^2}{2d}$	(d)	$\frac{\pi d^3}{32} - \frac{bt(d-t)^2}{d}$	$\frac{\pi d^3}{16} -$ $\frac{bt(d-t)^2}{d}$
(e)	$\frac{\pi d^3}{32}(1-1.54\frac{d_0}{d})$	$\frac{\pi d^3}{16}(1-\frac{d_0}{d})$	(f)	$\frac{\pi d^4 + BN(D-d)(D+d)^2}{32D}$ （N—花键齿数）	$2W$

在同一轴上各截面所受的载荷是不同的,设计计算时应选择若干危险截面(即当量弯矩较

大而直径较小的截面）进行计算。

例 4-4-23　一台装配工艺用的带式运输机以圆锥—圆柱齿轮减速器作为减速装置。试设计该减速器的输出轴。减速器的装置简图可参看图 4-4-3。输入轴与电机相联，输出轴通过联轴器与工作机相联，输出轴为单向旋转（从左端看为顺时针旋转）。已知电机功率 $P=10$ kW，转速 $n_1=1450$ r/min，齿轮机构的参数列于下表：

表 4-4-6　齿轮机构的参数

级别	Z_1	Z_2	Mn(mm)	Mt(mm)	β	α_n	h_a^*	齿宽(mm)
高速级	20	75		35		20°	1	$B=45,L=50$
低速级	23	95	4	4.0404	8°06′34″	20°	1	$B_l=85,B_2=80$

解：

1）求输出轴的功率 P_3，转速 n_3 和转矩 T。

若取每级齿轮传动效率（包括轴承效率在内）$\eta=0.97$，则

$$P_3=P\eta^2=10\times0.97^2=9.4\text{（kW）}$$

又 $n_3=n_1\dfrac{1}{i}=1450\times\dfrac{20}{75}\times\dfrac{23}{95}=93.6\text{（r/min）}$

$$T=9.55\times10^6\frac{P_3}{n_3}=9.55\times10^6\times\frac{9.4}{93.6}=959080\text{（N·mm）}$$

2）选择轴的材料，确定许用应力

选用 45 钢，并经正火处理，由表 4-4-2 查得 $\sigma_b=590$ MPa，由表 4-4-2 查得其许用弯曲应力 $[\sigma_{-1}]b=55$ MPa。

3）按扭转强度初步确定轴的最小直径

查表 4-4-4 得 $C=110$，根据式 4-4-54 得

$$d\geqslant C\sqrt[3]{\frac{P_3}{n_3}}=110\times\sqrt[3]{\frac{9.4}{93.6}}=51.2\text{（mm）}$$

因有键槽需将轴径增大 3％，即 $d_{\min}=51.2\times1.03=52.7$（mm），输出轴的最小直径显然是

安装联轴器处轴的直径 $d_{\text{I-II}}$（图 4-4-9）。为了使所选轴径 $d_{\text{I-II}}$ 与联轴器的孔径相适应，故需同时选取联轴器。

按转矩 $T=959080$ N·mm，查设计手册选用 TL9 型弹性套柱销联轴器，其孔径 $d_1=55$ mm，故取 $d_{\text{I-II}}=55$ m，半联轴器长 $L\leqslant112$ mm。

（1）轴的结构设计

1）拟定轴上零件的装配方案

本题的装配方案已在前面分析比较，现选用第一方案（图 4-4-4(a)）。

2）根据轴向定位的要求确定轴各段的直径和长度。

①为了满足联轴器的轴向定位要求，Ⅰ-Ⅱ轴段右端需制出一轴肩，故取 $d_{\text{II-III}}=60$ mm；左端用轴端挡圈定位，取挡圈直径 $D=65$ mm。因联轴器长 $L=112$ mm，而联轴器与轴的配合部分长度 $L_1=84$ mm，但为了保证轴端挡圈只压在联轴器上而不压在轴的端面上，现取

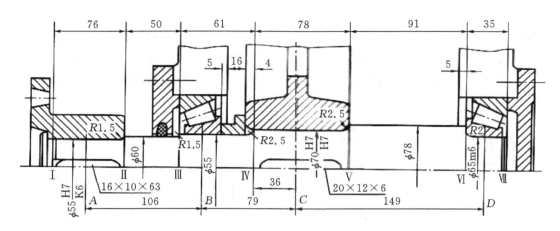

图 4-4-9 轴的结构与装配

$L_{\text{I-II}} = 76$ mm。

②初步选择滚动轴承。因轴承同时受径向力和轴向力的作用,故选用单列圆锥滚子轴承 30313,其尺寸为 $d \times D \times T = 65 \times 140 \times 36$,故 $d_{\text{III-IV}} = d_{\text{VI-VII}} = 65$ mm; $L_{\text{VI-VII}} = 35$ mm。

为了右端滚动轴承的轴向定位,需将 V-VI 段直径放大以构成轴肩,而轴承 30313 的定位轴肩高度最小为 3 mm,现取 $d_{\text{V-VI}} = 78$ mm。

考虑到箱体的铸造误差,装配时应留有余地,滚动轴承应距箱内边一段距离 S,取 $S = 5$ mm(查看图 4-4-3)。

③取安装齿轮处的轴段 IV-V 的直径 $d_{\text{IV-V}} = 70$ mm。齿轮左端用套筒顶住轴承来定位,已知齿轮轮毂长 $B_2 = 80$ mm,为了使套筒端面和齿轮轮毂端面紧贴以保证定位可靠,取 $L_{\text{IV-V}} = 78$ mm。齿轮的右端靠轴肩定位。

④轴承端盖的总宽度设计为 20 mm,并根据轴承端盖的装拆及便于对轴承添加润滑脂的要求,取端盖的外端面与联轴器右端面间距为 30 mm,故取 $L_{\text{II-III}} = 50$ mm。

⑤取齿轮距箱体内壁距离 $a = 16$ mm,锥齿轮与圆柱齿轮之间的距离 $c = 20$ mm(参看图 4-4-3),则

$$L_{\text{III-IV}} = T + S + a + (80 - 76) = 36 + 5 + 16 + 4 = 61(\text{mm})$$
$$L_{\text{V-VI}} = L + c + a + s = 50 + 20 + 16 + 5 = 91(\text{mm})$$

3)轴上零件的周向定位

齿轮、联轴器与轴的周向定位均采用平键联接。按 $d_{\text{IV-V}} = 70$ mm 由手册选择平键剖面 $b \times h = 20 \times 12$,长为 63 mm,同时为了保证齿轮与轴配合有良好的对中性,选择齿轮轮毂与轴的配合为 H7/r6。同样,联轴器与轴的联接,选用 $16 \times 10 \times 63$ 的平键,配合为 H7/r6。滚动轴承与轴的周向定位借过渡配合来保证,此处选 m6。

4)按前面所述的原则,定出轴肩处的圆角半径 r 值,轴端倒角取 $2 \times 45°$。

(2)求轴上的载荷

由所确定的轴的结构图(见图 4-4-9)可确定出简支梁的支承跨距为 $L_2 + L_3 = 79 + 149 = 228$ mm。据此求出齿轮所在截面 C 处的 M_H、M_V 及 M_e 的值。

1)确定轴上的作用力,画出轴的受力图(见图 4-4-10(a))

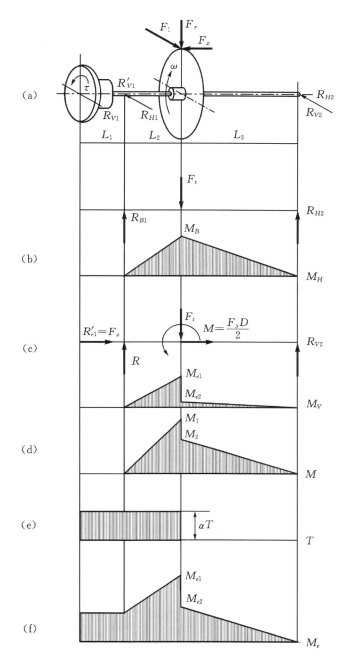

图 4 - 4 - 10　轴的载荷分析图

输出轴齿轮的分度圆直径为

$$d_2 = m_t Z_2 = 4.0404 \times 95 = 383.84(\text{mm})$$

则：$F_t = \dfrac{2T}{d_2} = \dfrac{2 \times 959080}{383.84} \equiv 4995(\text{N}) = 5000(\text{N})$

$$F_r = F_t \frac{\text{tg}\alpha_n}{\cos\beta} = 5000 \times \frac{\text{tg} 20°}{\cos 8°06'34''} = 1840(\text{N})$$

$$F_a = F_t \text{tg}\beta = 5000 \times \text{tg} 8°06'34'' = 715(\text{N})$$

圆周力 F_t，径向力 F_r 及轴向力 F_a 的方向如图 4-4-10(a)所示。

2)作水平面内的弯矩 M_H 图(图 4-4-10(b))：

支承反力　$R_{H1} = F_t \dfrac{L_3}{L_2+L_3} = 5000 \times \dfrac{149}{228} = 3268(\text{N})$

$$R_{H2} = 1732(\text{N})$$

则　　　　　　　　$M_H = R_{H1}L_2 = 3268 \times 79 = 258172 \ (\text{N} \cdot \text{mm})$

3)作垂直面内的弯矩 M_V 图(见图 4-4-10(c))

$$R_{V1} = F_r \frac{L_3}{L_2+L_3} + \frac{F_a d_2}{2(L_2+L_3)} = 1840 \times \frac{149}{228} + \frac{715 \times 383.84}{2 \times 228} = 1804(\text{N})$$

$$R_{V2} = F_r \frac{L_2}{L_2+L_3} - \frac{F_a d_2}{2(L_2+L_3)} = 1840 \times \frac{79}{228} - \frac{715 \times 383.84}{2 \times 228} = 36(\text{N})$$

$$M_{V1} = R_{V1}L_2 = 1840 \times 79 = 145360(\text{N} \cdot \text{mm})$$

$$M_{V2} = R_{V2}L_3 = 36 \times 149 = 5364(\text{N} \cdot \text{mm})$$

4)作合成弯矩图(图 4-4-10(d)) 截面 C 左侧的合成弯矩

$$M_1 = \sqrt{M_H^2 + M_{V1}^2} = \sqrt{258172^2 + 145360^2} = 296280(\text{N} \cdot \text{mm})$$

截面 C 右侧的合成弯矩

$$M_2 = \sqrt{M_H^2 + M_{V2}^2} = \sqrt{258172^2 + 5364^2} = 258228(\text{N} \cdot \text{mm})$$

5)作转矩 T 图(以 α_T 代替 T 作图 4-4-10(e))

因单向传动，转矩可认为按脉动循环变化，所以校正系数 $\alpha = \dfrac{[\sigma_{-1}]_b}{[\sigma_0]_b} = 0.6$

$\alpha T = 0.6 \times 959080 = 575448(\text{N} \cdot \text{mm})$

危险截面处的当量弯矩

$$M_{e1} = \sqrt{M_1^2 + (\alpha T)^2} = \sqrt{296280^2 + 575448^2} = 647242(\text{N} \cdot \text{mm})$$

$$M_{e2} = M_2 = 258228(\text{N} \cdot \text{mm})$$

则取 $M_e = M_{e1} = 646610(\text{N} \cdot \text{mm})$

6)查表 4-4-5 可得单键槽抗弯截面模量近似为 $W = 0.1d^3$

则由式 3-4-1 得

$$d \geqslant \sqrt[3]{\frac{M_e}{0.1[\sigma_{-1}]_b}} = \sqrt[3]{\frac{647242}{0.1 \times 55}} = 49(\text{mm}) < 70(\text{mm})$$

所以该轴强度足够，但考虑到外伸端直径为 $\varphi 55$，以及轴结构上的需要，不宜将 C 处轴径减小，所以仍保持结构草图中的尺寸。这样轴的刚度也较好。

绘制轴的工作图(如图 4-4-11)。

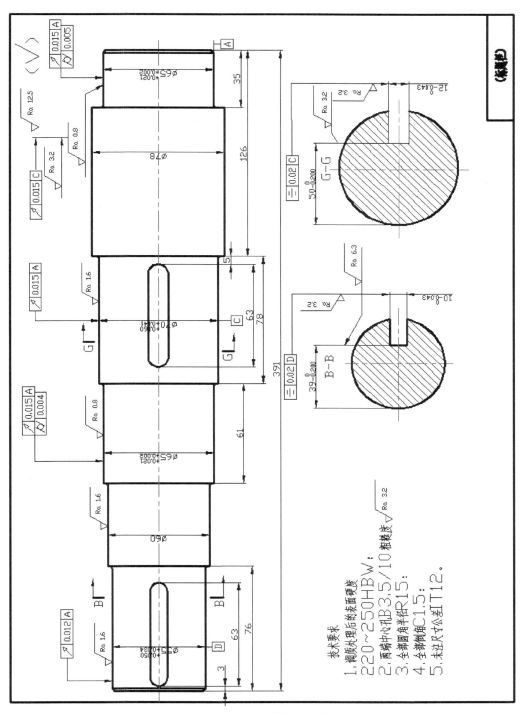

图 4-4-11　轴的工作图

四、轴系结构分析与拼装

(一)实验目的

1.熟悉并掌握轴上零件的结构形状及功用、工艺要求和装配关系;

2.熟悉并掌握轴及轴上零件的定位与固定方法;

3.了解轴承的类型、布置、安装及调整方法,了解润滑和密封方式。

(二)实验设备及工具

1.组合式轴系结构实验箱(箱内提供可组成圆柱齿轮轴系,小圆锥齿轮轴系和蜗杆轴系等结构模型的成套零件),工具配件箱、轴承箱。

2.测量及绘图工具(游标卡尺,长直尺,铅笔橡皮和三角板等)。

(三)实验内容及要求

1.按所提供的轴系图例搭接若干个完整轴系并指出轴系类型(一端固定一端游走或两端固定或两端游走),不同组别所选的轴系图例尽量不同(可事先指定)。

2.分析所搭接的轴系,包括:

1)轴上零件(包括轴上所套的齿轮及轴承等)的固定、定位方式(如轴肩、轴环、轴套或说套筒、套杯、端盖、圆螺母和止动垫圈、弹性挡圈、轴端挡圈、封油环、挡油环等);

2)轴承类型(可分析轴承间隙调整);

3)密封形式;

4)端盖的选用;

5)润滑方式(主要指轴承);

6)轴上典型零件(可以包括轴承)的安装或拆卸(方法、顺序),注意考虑轴上零件的安装和拆卸时将拼接而成的轴作为一根整轴来对待;

3.拆除搭接的轴系。由于轴是由相应的轴段用双头螺柱拼接而成,而事实上这根轴是作为一根整轴对待的,因此要求拆除轴上零件(包括轴上所套的齿轮及轴承等)时,将轴作为一个整体,当轴上零件全部拆除后,再将光轴分解为轴段。

4.在原始数据记录纸上写明所搭接的轴系图例编号以及对应轴系的分析。

5.写实验报告时,要求将所搭接的轴系图例绘制在实验报告本上。

(四)注意事项

1.实验所用轴承统一从轴承箱中取用,实验做完再放回原处。

2.实验所用工具及所需配件(主要用于固定、定位、密封等)统一从工具配件箱中取用,实验做完再放回原处。

3.实验做完拆除轴系并物归其所,其中轴类、套筒类、垫片类、箱体类、套杯类、端盖类及齿轮零件整齐分类地放入实验箱内,游标卡尺放入盒中,其它零件及工具放置见上面 1、2 点说明。

4.搭接轴系所需零件请在自己的实验箱内寻找,不同组别不得串拿零件。

(五)附图

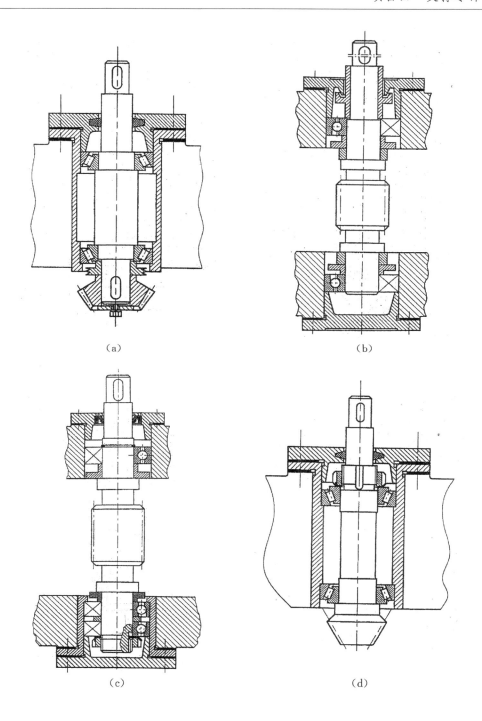

（a）

（b）

（c）

（d）

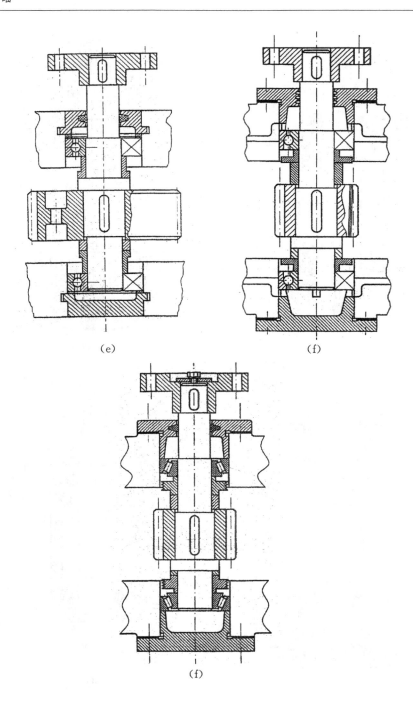

(e)　　　　　　　　　　(f)

(f)

（六）实验报告

1.说明轴系结构图例编号及轴系类型（一端固定一端游走或两端固定或两端游走等）。

2.绘制轴系结构装配简图。

3.轴系结构分析说明（简要说明所绘制的轴系中轴上零件特别是齿轮和轴承的定位和固

定方式、端盖处的密封方式、滚动轴承的安装调整及润滑等问题)。

练　习　题

4-4-1　在轴的材料中,哪种材料应用最普遍? 为什么?

4-4-2　为保证机械性能,轴应进行哪种热处理?

4-4-3　用合金钢代替碳素钢而不改变轴的结构尺寸,对其强度和刚度各有何影响?

4-4-4　试比较光轴与阶梯轴在加工、装配、强度及零件的固定等方面的优缺点。

4-4-5　已知一传动轴所传递的功率 $P=16$ kW,转速 $n=720$ r/min,材料为 Q235 钢。求该轴所需的最小直径。

4-4-6　如题 4-4-6 图所示,减速器输出轴的输出功率 $P=55$ kW,转速 $n=300$ r/min,轴上齿轮对称分布在轴承之间,其分度圆直径 $d=200$ mm,轴承跨距为 400 mm。建议轴选用 45 号调质钢。试画出该轴的受力图、弯矩图、转矩图,并求出其危险截面直径 d。

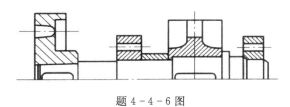

题 4-4-6 图

4-4-7　设计单级斜齿圆柱齿轮减速器中的从动轴,其简图如题 4-4-7 图所示。已知齿轮的圆周力为 $Fl=4350$ N,径向力 $F_r=1610$ N,轴向力 $Fa=630$ N。齿轮节圆直径 $d'=240$ mm,轴承跨距 $L=120$ mm,建议轴的材料选用 45 号调质钢。

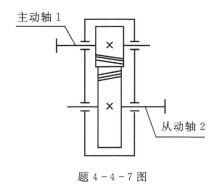

主动轴 1

从动轴 2

题 4-4-7 图

项目五　联接件设计

由于使用、制造、安装、运输和维修等方面的原因,机械中广泛使用各种联接。常用的机械联接有两大类:一种是在机器工作时,被联接的零、部件之间可以有相对位置的变化,这种联接称为动联接,如变速器中滑移齿轮与轴的联接。另一种是在机器工作时,被联接的零、部件之间位置相对固定不变,不允许产生相对运动,这种联接称为静联接,如减速器中箱体与箱盖的螺纹联接,轴与轴之间的联轴器联接等。

联接还可分为可拆联接和不可拆联接。可拆联接是指联接拆开时,不会损坏联接件和被联接件,如螺纹联接、键联接、联轴器和离合器等。不可拆联接是指联接拆开时,要损坏联接件或被联接件,如铆接、焊接和粘接等。螺纹联接是利用螺纹零件构成的可拆联接,其结构简单,装拆方便,成本低,广泛用于各类机械设备中。

螺纹联接和螺旋传动都是利用螺纹零件工作的。螺纹联接结构简单、装拆方便、类型多样,是机械和结构中应用最广泛的紧固件联接。螺旋传动将回转运动变成直线运动,是一种常用的机械传动形式,如千斤顶就是应用螺旋传动工作的。

轴间联接有联轴器和离合器,他们都是用来联接两轴,使两轴一起转动并传递转矩的装置。

任务一　　螺纹联接的类型及应用

知识点

　　1.螺纹的类型、主要参数;

　　2.螺纹联接的类型及其应用;

　　3.螺纹联接的防松方法;

　　4.螺栓组联接的结构设计。

技能点

　　1.根据螺纹的类型、特点及主要参数选用螺纹联接;

　　2.比较不同类型的螺纹联接特点及应用。

📚 知识链接

一、螺纹联接的基本知识

1.螺纹及其主要参数

在圆柱表面上,沿螺旋线切制出特定形状的沟槽即形成螺纹。在圆柱内、外表面上分别形成内、外螺纹,共同组成螺旋副使用。沿一条螺旋线形成的为单线螺纹(图 5-1-1(a)),其自锁性好,常用于联接;沿两条或两条以上等距螺旋线形成的为多线螺纹(图5-1-1(b)),其效率较高,常用于传动。圆柱轴线竖立时,螺旋线向右上升的为右旋螺纹(图5-1-1(a)),向左上升的为左旋螺纹(图5-1-1(b))。常用右旋螺纹。

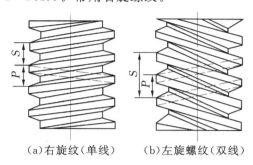

（a）右旋纹（单线）　　（b）左旋螺纹（双线）

图5-1-1　螺纹的旋向和线数

螺纹的主要参数有(参见图5-1-2)。

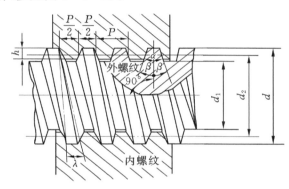

图5-1-2　螺纹的主要参数

(1)大径 d——螺纹的最大直径,标准中定为公称直径。

(2)小径 d_1——螺纹的最小直径,常作为强度计算直径。

(3)中径 d_2——螺纹轴向截面内,牙型上沟槽与凸起宽度相等处的假想圆柱面的直径,是确定螺纹几何参数和配合性质的直径。

(4)线数 n——螺纹的螺旋线数目。

(5)螺距 P——螺纹相邻两个牙型在中径圆柱上对应两点间的轴向距离。

(6)导程 S——螺纹上任一点沿同一条螺旋线旋转一周所移动的轴向距离,$S=nP$。

(7)螺纹升角 λ——在中径圆柱上螺旋线的切线与垂直于螺纹轴的平面间的夹角,由图5-1-3可知:

$$\tan\lambda = \frac{s}{\pi d_2} = \frac{np}{\pi d_2} \qquad (5-1-1)$$

(8)牙型角 α——螺纹轴向截面内,牙型两侧边的夹角。螺纹牙型的侧边与螺纹轴线的垂直平面的夹角,称为

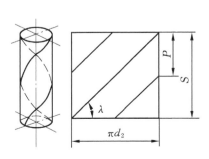

图5-1-3　升角与导程、螺距间的关系

229

牙侧角 β。

2. 螺纹的类型、特点及应用

按照牙型的不同,螺纹可分为普通螺纹、管螺纹、矩形螺纹、梯形螺纹、锯齿形螺纹等(见图5-1-4)。除矩形螺纹外,其余均已标准化。除管螺纹采用英制(以每英寸牙数表示螺距)外,均采用米制。

普通螺纹的牙型为等边三角形,$\alpha=60°$,故又称为三角形螺纹。对于同一公称直径,按螺距大小分为粗牙螺纹和细牙螺纹。粗牙螺纹常用于一般联接;细牙螺纹自锁性好,强度高,但不耐磨,常用于细小零件、薄壁管件,或用于受冲击、振动和变载荷的联接,有时也作为调整螺纹用于微调机构。

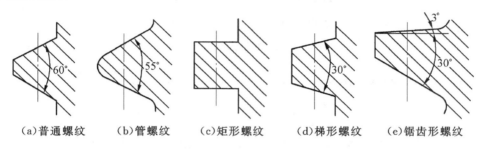

(a)普通螺纹　　(b)管螺纹　　(c)矩形螺纹　　(d)梯形螺纹　　(e)锯齿形螺纹

图 5-1-4　螺纹的牙型

管螺纹的牙型为等腰三角形,$\alpha=55°$,内外螺纹旋合后无径向间隙,用于有紧密性要求的管件联接。

矩形螺纹的牙型为正方形,$\alpha=0°$,其传动效率高,但牙根强度弱,螺旋副磨损后的间隙难以修复和补偿,使传动精度降低,因此逐渐被梯形螺纹所代替。

梯形螺纹的牙型为等腰梯形,$\alpha=30°$,其传动效率略低于矩形螺纹,但牙根强度高,工艺性和对中性好,可补偿磨损后的间隙,是最常用的传动螺纹。

锯齿形螺纹的牙型为不等腰梯形,工作面的牙侧角 $\beta_1=3°$,非工作面 $\beta_2=30°$,兼有矩形螺纹传动效率高和梯形螺纹牙根强度高的特点,用于单向受力的传动或联接中。

二、螺纹联接的类型、特点和应用

1. 螺纹联接的主要类型

螺纹联接由联接件和被联接件组成。表5-1-1列出了螺纹联接的主要类型、构造、特点、应用及主要尺寸关系。

2. 螺纹联接件

螺纹联接件品种繁多,已标准化。下面介绍常用的几种。

(1)螺栓(见图5-1-5)六角头螺栓最常用,有粗牙和细牙两种,杆部有部分螺纹和全螺纹两种。六角头铰制孔用螺栓的栓杆直径 d_s 大于公称直径 d。T型槽螺栓用于工艺装夹设备。地脚螺栓用于将机器设备固定在地基上。

(2)双头螺柱(见图5-1-6)双头螺柱的两端螺纹有等长及不等长两种;A型制成退刀槽,末端倒角;B型制成腰杆,末端碾制。

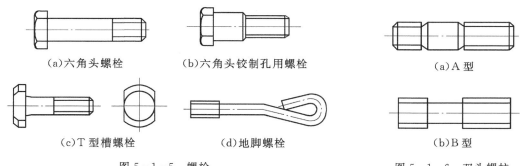

（a）六角头螺栓　　　　（b）六角头铰制孔用螺栓　　　　（a）A 型

（c）T 型槽螺栓　　　　（d）地脚螺栓　　　　（b）B 型

图 5-1-5　螺栓　　　　　　　　　图 5-1-6　双头螺柱

（3）螺母（见图 5-1-7）　六角螺母最常用，高 $m=0.8d$；六角薄螺母 $m=(0.35\sim0.6)d$，用于铰制孔用螺栓或空间受限处。此外，还有方形、蝶形、环形、盖形螺母，以及圆螺母，锁紧螺母等品种。

（4）垫圈（见图 5-1-8）平垫圈可保护被联接件的表面不被划伤；弹簧垫圈 $65°\sim80°$ 的左旋开口，用于摩擦防松。此外还有斜垫圈、止动垫圈等品种。

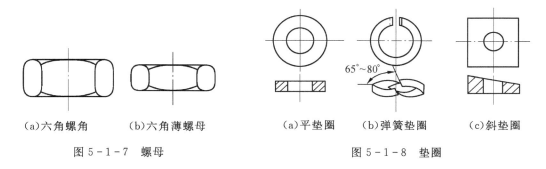

（a）六角螺角　　　（b）六角薄螺母　　　　（a）平垫圈　　　（b）弹簧垫圈　　　（c）斜垫圈

图 5-1-7　螺母　　　　　　　　　　　图 5-1-8　垫圈

（5）螺钉（见图 5-1-9）螺钉头部有六角头、圆柱头、半圆头、沉头等形状；起子槽有一字槽、便于自动装配的十字槽、能承受较大转矩的内六角孔等形式。机器上常设吊环螺钉。螺栓也可以作螺钉使用。

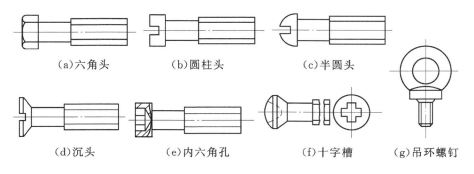

（a）六角头　　　　（b）圆柱头　　　　（c）半圆头

（d）沉头　　　（e）内六角孔　　　（f）十字槽　　　（g）吊环螺钉

图 5-1-9　螺钉

（6）紧定螺钉（见图 5-1-10）　头部为一字槽的紧定螺钉最常用。尾部有多种形状：平端用于高硬度表面或经常拆卸处；圆柱端压入空心轴上的凹坑以紧定零件位置；锥端用于低硬度表面或不常拆卸处。

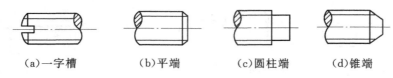

（a）一字槽	（b）平端	（c）圆柱端	（d）锥端

图 5-1-10　紧定螺钉

表 1-1　螺纹联接的主要类型

类型		构造	特点及应用	主要尺寸关系
螺栓联接	普通螺栓联接	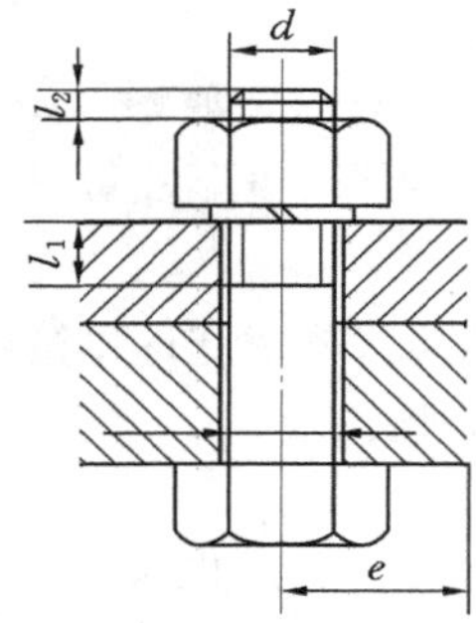	螺栓穿过被联接件的通孔，与螺母组合使用，装拆方便，成本低，不被联接件材料限制。广泛用于传递轴向载荷且被联接件厚度不大、能从两边进普通螺栓联接行安装的场合	1.螺纹余留长度 静载荷 $l_1 \geqslant (0.3 \sim 0.5)d$ 变载荷 $l_1 \geqslant 0.75d$ 冲击、弯曲载荷 $l_1 \geqslant d$ 铰制孔时 $l_1 = 0$ 2.螺纹伸出长度 $l_2 = (0.2 \sim 0.3)d$
	铰制孔用螺栓联接	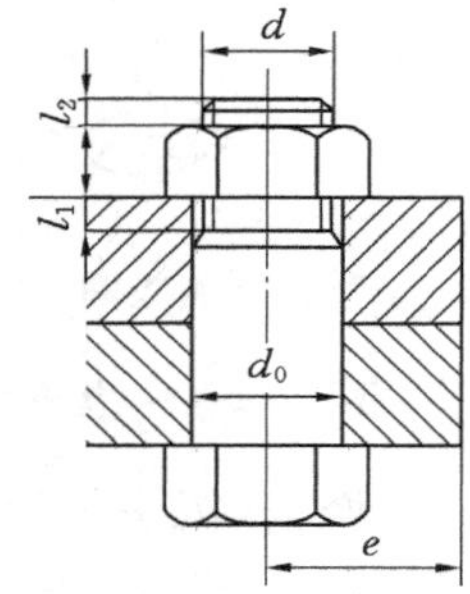	螺栓穿过被联接件的铰制孔并与之过渡配合，与螺母组合使用，适用于传递横向载荷或需要精确固定被铰制孔用螺栓联接联接件的相互位置的场合	3.旋入被联接件中的长度被联接件的材料为钢或青铜 $l_3 = d$ 铸铁 $l_3 = (1.25 \sim 1.5)d$ 铝合金 $l_3 = (1.5 \sim 2.5)d$
双头螺柱联接		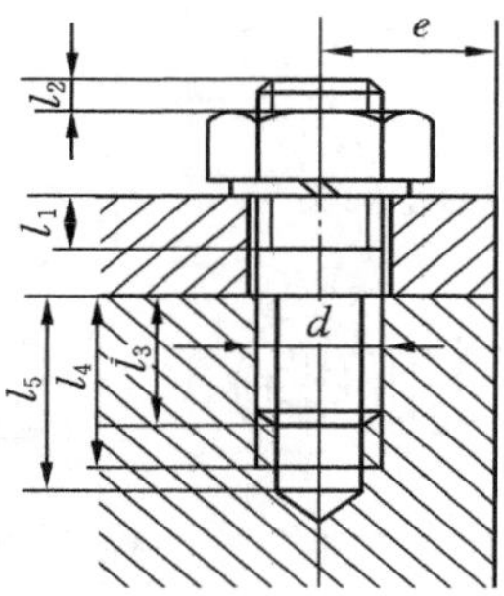	双头螺柱的一端旋入较厚被联接件的螺纹孔中并固定，另一端穿过较薄被联接件的通孔，与螺母组合使用，适用于被联接件之一较厚、材料较软且经常装拆，联接紧固或紧密程度要求较高的场合。	4.螺纹孔的深度 $l_4 = L3 + (2 \sim 2.5)P$ 5.钻孔深度 $l_5 = L3 + (3 \sim 3.5)P$ 6.螺栓轴线到被联接件边缘的距离 $e = d + (3 \sim 6)\text{mm}$ 7.通孔直径 $d_0 = 1.1d$ 8.紧定螺钉直径 $d = (0.2 \sim 0.3)d_h$

类型	构造	特点及应用	主要尺寸关系
螺钉联接		螺钉穿过较薄被联接件的通孔,直接旋入较厚被联接件的螺纹孔中,不用螺母,结构紧凑,适用于被联接件之一较厚、受力不大且不经常装拆,联接紧固或紧密程度要求不太高的场合	
紧定螺钉联接		紧定螺钉旋入一被联接件的螺纹孔中,并用尾部顶住另一被联接件的表面或相应的凹坑中,固定它们的相对位置,还可传递不大的力或转矩	

3.螺纹联接的预紧

螺纹联接在承受工作载荷之前,一般需要预紧,这种联接称为紧联接;个别不需要预紧的联接,称为松联接。预紧可提高螺纹联接的紧密性、紧固性和可靠性。

预紧时螺栓所受拉力 F' 称为预紧力。预紧力要适度,通常的控制方法有:采用指针式扭力扳手或预置式的定力扳手(图 5-1-11);对重要的联接,可采用测量螺栓伸长法。

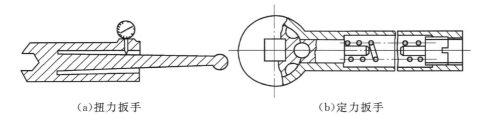

（a)扭力扳手　　　　　　　　　　　　　（b)定力扳手

图 5-1-11　控制预紧力扳手

预紧力矩 T' 用来克服螺旋副及螺母支承面上的摩擦力矩,对 M10～M68 的粗牙普通螺纹,无润滑时,有近似公式

$$T' = F'0.2d \qquad (5-1-2)$$

式中,T' 为预紧力矩(N·mm);F' 为预紧力(N);d 为螺纹联接件的公称直径(mm)。

一般标准开口扳手的长度 $L=15d$,若其端部受力为 F,则 $T=FL$,由上式得 $F'=75F$。设

$F=200\text{ N}$,则 $F'=15000\text{ N}$,对于 M12 以下的钢制螺栓易造成过载折断。因此,对于重要的联接,不宜采用小于 M12～M16 的螺栓。必须使用时,要严格控制预紧力 T'。同理,不允许滥用自行加长的扳手。

为了使被联接件均匀受压,互相贴合紧密、联接牢固,在装配时要根据螺栓实际分布情况,按一定的顺序(图 5-1-12)逐次(常为 2～3 次)拧紧。对于铸锻焊件等的粗糙表面,应加工成凸台、沉头座或采用球面垫圈;支承面倾斜时应采用斜面垫圈(见图 5-1-13)。这样可使螺栓轴线垂直于支承面,避免承受偏心载荷。图中尺寸 E 为要保证扳手所需活动空间。

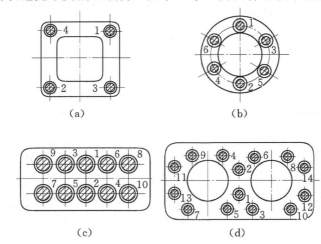

(a) (b)

(c) (d)

图 5-1-12 拧紧螺栓的顺序示例

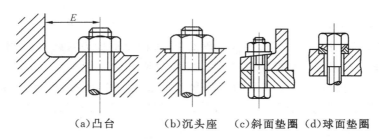

(a)凸台　　(b)沉头座　　(c)斜面垫圈　(d)球面垫圈

图 5-1-13 避免螺栓承受偏心载荷的措施

4. 螺纹联接的防松

螺纹联接件常为单线螺纹,满足自锁条件,螺纹联接在拧紧后,一般不会松动。但是,在变载荷、冲击、振动作用下,在工作温度急剧变化时,都会使预紧力减小,摩擦力降低,导致螺旋副相对转动,螺纹联接松动,其危害很大,必须采取防松措施。

常用的防松方法有三种:

(1)摩擦防松。摩擦防松的原理是,在螺旋副中产生不随外力变化的正压力,形成阻止螺旋副相对转动的摩擦力(见图 5-1-14)。对顶螺母防松效果较好,金属锁紧螺母次之,弹簧垫圈效果较差。这种方法适用于机械外部静止构件的联接,以及防松要求不严格的场合。

(2)锁住防松。锁住防松是利用各种止动件机械地限制螺旋副相对转动的方法(见图 5-1-15)。这种方法可靠,但装拆麻烦,适用于机械内部运动构件的联接,以及防松要求较高的场合。

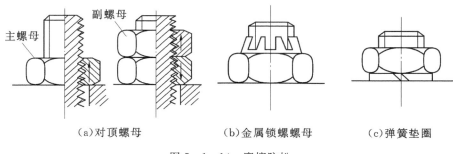

（a）对顶螺母　　　　（b）金属锁螺螺母　　　　（c）弹簧垫圈

图 5-1-14　摩擦防松

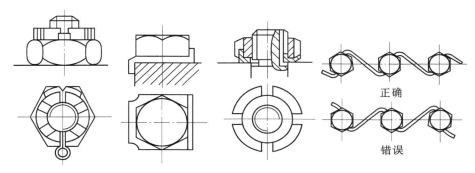

（a）开口销与槽形螺母　（b）止动垫片　（c）止动垫片与圆螺母　（d）串联金属丝

图 5-1-15　锁住防松

（3）不可拆防松

不可拆防松是在螺旋副拧紧后采用端铆、冲点、焊接、胶接等措施，使螺纹联接不可拆的方法（见图 5-1-16）。这种方法简单可靠，适用于装配后不再拆卸的联接。

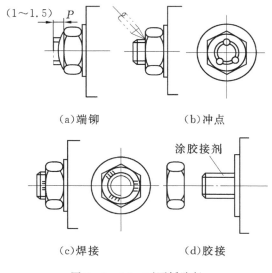

（a）端铆　　　　　　（b）冲点

（c）焊接　　　　　　（d）胶接

图 5-1-16　不可拆防松

三、螺栓组联接的结构设计

螺纹联接件经常是成组使用的,其中螺栓组联接最为典型。螺栓组联接的结构设计应考虑以下几方面问题。

1. 联接接合面的几何形状

通常设计成轴对称的简单几何形状,如圆形、环形、矩形、框形、三角形等,使螺栓组的对称中心与联接接合面的形心重合,从而使联接接合面受力比较均匀,如图 5-1-17 所示。

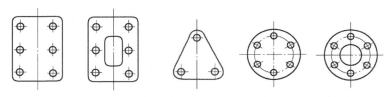

图 5-1-17　常用联接接合面的几何形状

2. 螺栓的数目与规格

螺栓分布在同一圆周上且均匀布置,以便于钻孔和划线。沿外力作用方向不宜成排地布置 8 个以上的螺栓,以免受载过于不均。为了减少所用螺栓的规格和提高联接的结构工艺性,对于同一螺栓组,通常采用相同的螺栓材料、直径和长度。

3. 结构和空间的合理性

联接件与被联接件的尺寸关系应符合表 5-1-1 所示的规定。留有的扳手空间应使扳手的最小转角不小于 60°。

4. 螺栓组的平面布局

当被联接件承受翻转力矩时,螺栓应尽量远离翻转轴线。如图 5-1-18 所示的两种支架结构,图 5-1-18(b)的布局比较合理。当被联接件承受旋转力矩时,螺栓应尽量远离螺栓组形心。如图 5-1-19 所示的悬臂梁结构,处于螺栓组形心 O 点的螺栓没有充分发挥作用。

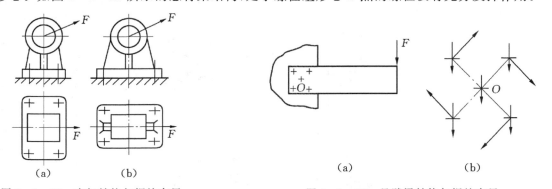

图 5-1-18　支架结构与螺栓布局　　　　图 5-1-19　悬臂梁结构与螺栓布局

5. 采用卸荷装置

对于承受横向载荷的螺栓组联接,为了减小螺栓预紧力,可采用图 5-1-20 所示的卸载装置。

此外,前面提到的避免偏载和防松措施,也是螺栓组联接结构设计的内容。

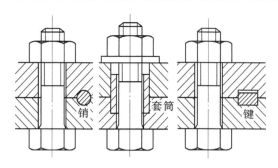

图 5-1-20　受横向载荷的螺栓联接的卸载装置

练　习　题

5-1-1　常用螺纹的种类有哪些？各用于什么场合？

5-1-2　螺纹的主要参数有哪些？怎样计算？

5-1-3　螺纹的导程和螺距有什么区别？螺纹的导程和螺距与螺纹线数有何关系？

5-1-4　根据牙型的不同,螺纹可分为哪几种？各有哪些特点？常用的联接和传动螺纹都有哪些牙型？

5-1-5　螺纹联接的基本形式有哪几种？各适用于何种场合？有何特点？

5-1-6　在实际应用中,绝大多数螺纹联接都要预紧,预紧的目的是什么？

5-1-7　为什么螺纹联接通常要采用防松措施？常用的防松方法和装置有哪些？

5-1-8　被联接件受横向载荷时,螺栓是否一定受到剪切力？

5-1-9　绞制孔用螺栓联接有何特点？用于承受何种载荷？

任务二　键销联接的类型及设计

知识点

　　1.键联接的类型及设计;

　　2.销联接的类型及设计。

技能点

　　1.正确选用键和销联接;

　　2.根据平键联接的强度计算确定键的尺寸。

知识链接

一、键联接的类型

　　键联接主要用作轴上零件的周向固定并传递转矩;有的兼作轴上零件的轴向固定;还有的轴上零件沿轴向移动时起导向作用。

按结构特点和工作原理,键联接可分为平键联接、半圆键联接和楔键联接等。

1.平键联接

平键联接的剖面图如图5-2-1所示。平键的下面与轴上键槽贴紧,上面与轮毂槽顶面留有间隙,两侧面为工作面,依靠键与键槽间的挤压力F_t传递转矩T。平键联接制造容易、装拆方便、对中性良好,用于传动精度要求较高的场合。根据用途可将其分为如下三种:

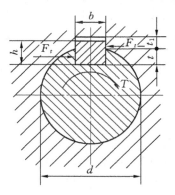

图5-2-1 平键联接剖面图

(1)普通平键联接 如图5-2-2所示,普通平键的主要尺寸是键宽b、键高h和键长L。端部有圆头(A型)、平头(B型)和单圆头(C型)三种形式。A型键定位好,应用广泛。C型键用于轴端。A、C型键的轴上键槽用立铣刀切制,端部应力集中较大。B型键的轴上键槽用盘铣刀铣出,轴上应力集中较小。但对于尺寸较大的键,要用紧定螺钉压紧,以防松动。

(2)薄型平键联接 薄型平键与普通平键比较,在键宽b相同时,键高h较小,薄型平键联接对轴和轮毂的强度削弱较小,用于薄壁结构和特殊场合。

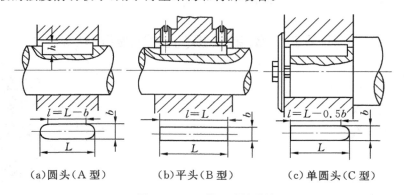

(a)圆头(A型) (b)平头(B型) (c)单圆头(C型)

图5-2-2 普通平键联接

(3)导向平键与滑键联接 当零件需作轴向移动时,可采用导向平键联接(见图5-2-3)。导向平键较普通平键长,为防止键体在轴中松动,用两个螺钉将其固定在轴上键槽中,键的中部设有起键螺孔,以便拆卸。轴上零件作短距离轴向移动时,键起导向作用,构成动联接。当轴上零件移动距离较长时,可采用图5-2-4所示的滑键联接。

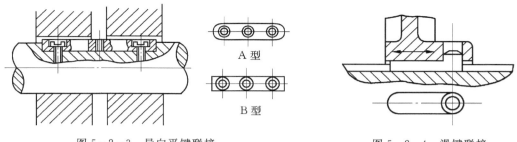

图 5-2-3　导向平键联接　　　　　　图 5-2-4　滑键联接

2.半圆键联接

半圆键联接如图 5-2-5 所示。半圆键呈半圆形,轴槽也呈相应的半圆形,轮毂槽开通。工作时依靠两侧面传递转矩。键在轴槽中能绕其几何中心摆动,可以适应轮毂上键槽的斜度。但键槽窄而深,对轴的强度削弱较大,主要用于轻载联接,尤其适于锥形轴头与轮毂的联接。

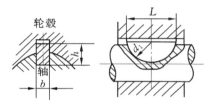

图 5-2-5　半圆键联接

3.楔键联接

楔键联接如图 5-2-6 所示。楔键的上表面和轮毂槽底面均有 1:100 的斜度,键楔紧在轴毂之间。工作时,键的上下表面为工作面,依靠压紧面的摩擦力传递转矩及单向轴向力。楔键分普通楔键和钩头楔键,前者有 A(圆头)、B(平头)两种形式。装配时,对于 A 型楔键要先将键放入键槽,然后打紧轮毂;对于 B 型及钩头楔键,可先将轮毂装到适当位置,再将键打紧。钩头与轮毂端面间应留有余地,以便于拆卸。键楔紧后,轴与轴上零件的对中性差,在冲击、振动或变载荷下,联接容易松动。楔键联接适用于不要求准确定心、低速运转的场合。当轴径 $d>100$ mm 且传递较大转矩时,可采用由一对楔键组成的切向键联接(见图 5-2-7)。

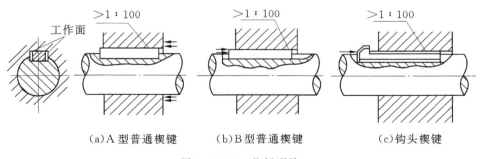

(a)A 型普通楔键　　　　　(b)B 型普通楔键　　　　　(c)钩头楔键

图 5-2-6　楔键联接

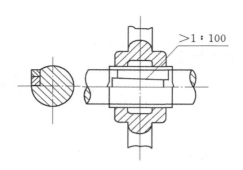

图 5-2-7　切向键联接

二、平键联接的设计

平键联接的设计步骤如下：

(1)根据键联接的工作要求和使用特点,选择平键的类型。

(2)按照轴的公称直径 d,从国家标准中选择平键的尺寸 $b \times h$(普通平键和导向平键见表 5-2-1)。

(3)根据轮毂长度 L_1 选择键长 L:静联接取 $L = L_1 - (5 \sim 10)$ mm;动联接还要涉及移动距离。键长 L 应符合标准长度系列。

(4)校核平键联接的强度。键联接的主要失效形式是较弱工作面的压溃(静联接)或过度磨损(动联接),因此应按挤压应力 σ_p 或压强 p 进行条件性的强度计算,校核公式为

$$\sigma_p (\text{或 } p) = \frac{4T}{dhl} \leqslant [\sigma_p](\text{或}[p]) \qquad (5-2-1)$$

式中,T 为传递的转矩(N·mm);d 为轴的直径(mm);h 为键高(mm);l 为键的工作长度(mm);$[\sigma_p]$(或$[p]$)为键联接的许用挤压应力(或许用压强$[p]$)(MPa),见表 5-2-2,计算时应取联接中较弱材料。

如果强度不足,在结构允许时可适当增加轮毂长度和键长,或者间隔 180°布置两个键。考虑载荷分布不均匀性,双键联接的强度计算按 1.5 个键计算。

(5)选择并标注键联接的轴毂公差。

例 5-2-1　图 5-2-8 所示某钢制输出轴与铸铁齿轮采用键联接,已知装齿轮处轴的直径 $d = 45$ mm,齿轮轮毂长度 $L_1 = 80$ mm,该轴传递的转矩 $T = 2000$ N·mm,载荷有轻微冲击。试设计该键联接。

解：①选择键联接的类型　为保证齿轮传动啮合良好,要求轴毂对中性好,故选用 A 型普通平键联接。

②选择键的主要尺寸　按轴径 $d = 45$ mm,由表 5-2-2 查得键宽 $b = 14$ mm,键高 $h = 9$ mm,键长 $L = 80 - (5 \sim 10) = (75 \sim 70)$ mm,取 $L = 70$ mm。标记为:键 14×70GB 1096—79。

③校核键联接强度　由表 5-2-3 查铸铁材料$[\sigma_p] = 50 \sim 60$ MPa,由式(5-2-1)计算键联接的挤压强度

$$\sigma_p = \frac{4T}{dhl} = \frac{4 \times 2000}{45 \times 9 \times (70-14)} = 32.27 \text{ MPa} \leqslant [\sigma_p]$$

所选键联接强度足够。

④标注键联接的公差　轴、毂公差的标注如图5-2-9所示。

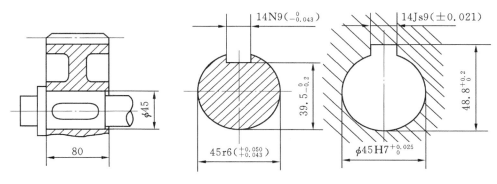

图5-2-8　键联接　　　　　　　图5-2-9　轴、毂公差标注

表5-2-2　普通平键联接键和键槽的截面尺寸及公差

（摘自 GB/T1096—1979，1990 年确认）（mm）

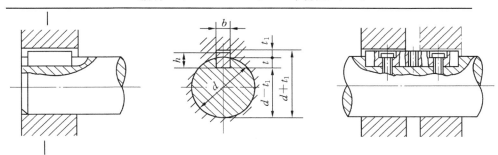

轴	键			键槽									
				宽度 b					深度				
				极限偏差								半径 r	
公称直径 d	B (h9)	H (h11)	L (h14)	较松键联接		一般键联接		较紧键联接	轴 t		毂 t_1		
				轴 H9	毂 D10	轴 N9	毂 Js9	轴和毂 P9	公称尺寸	极限偏差	公称尺寸	极限偏差	最小	最大
>10～12	4	4	8～45						2.5		1.8		0.08	0.16
>12～17	5	5	10～56	+0.030 0	+0.078 +0.030	0 −0.030	+0.015 −0.015	−0.012 −0.042	3.0	+0.1 0	2.3	+0.1 0	0.16	0.25
>17～22	6	6	14～70						3.5		2.8			

轴径	b	h	L						t	t₁	r	
>22~30	8	7	18~90	+0.036 0	+0.098 +0.040	0 -0.036	+0.018 -0.018	-0.015 -0.051	4.0	3.3	0.25	0.40
>30~38	10	8	22~110						5.0	3.3		
>38~44	12	8	22~140						5.0	3.3		
>44~50	14	9	36~160	+0.043 0	+0.120 +0.050	0 -0.043	+0.021 -0.021	-0.018 -0.061	5.5	3.8		
>50~58	16	10	45~180						6.0	4.3		
>58~65	18	11	50~200						7.0 +0.2 0	4.4 +0.2 0	+0.2 0	
>65~75	20	12	56~220						7.5	4.9		
>75~85	22	14	63~250	+0.052 0	+0.149 +0.065	0 -0.052	+0.026 -0.026	-0.022 -0.074	9.0	5.4	0.40	0.60
>85~95	25	14	70~280						9.0	5.4		
>95~110	28	16	80~320						10.0	6.4		
L系列	6、8、10、12、14、16、18、20、25、28、32、36、40、45、50、56、63、70、80、90、100、110、125、140、160、180、200、220、250、280、320、360、400、450、500											

注:1. 在工作图中,轴槽深用 t 或 $(d-t)$ 标注,但 $(d-t)$ 的偏差应取负号;毂槽深用 t_1 或 $(d+t_1)$ 标注;轴槽的长度公差用 H14。

2. 较松键联接用于导向平键;一般键联接用于载荷不大的场合;较紧键联接用于载荷较大、有冲击和双向转矩的场合。

3. 轴槽对轴的轴线和轮毂槽对孔的轴线的对称度公差等级,一般按 GB1184—80 取为 7~9 级。

表 5-2-3 键联接材料的许用应力(压强)(MPa)

项 目	联接性质	键或轴、毂材料	载荷性质		
			静载荷	轻微冲击	冲击
$[\sigma_p]$	静联接	钢	120~150	100~120	60~90
		铸铁	70~80	50~60	30~45
$[p]$	动联接	钢	50	40	30

三、销联接

销通常为标准件,主要用于定位,也可用于轴毂联接,还可作为安全装置中的过载剪断元件(图 5-2-10)。销联接传递的载荷不大,且销孔对轴有削弱作用,故作轴毂联接时,多用于轻载或不重要的场合。

普通圆柱销如图 5-2-10(a)所示。这种销便于加工,但多次拆装后,其定位精度降低。普通圆锥销(图 5-2-10(b))具有 1:50 的锥度,装拆方便,多次拆装对定位精度的影响较小。除此两种基本形式外,销还有许多特殊型式,如对盲孔或拆卸困难的场合可采用螺尾圆锥销或内螺纹圆锥销;对有冲击、振动或受变载的场合可采用开尾圆锥销或螺尾圆锥销或槽销,如图 5-2-10(c)、(d)、(e)所示。

开口销主要用于螺纹联接的防松,具有结构简单,装拆方便的特点。

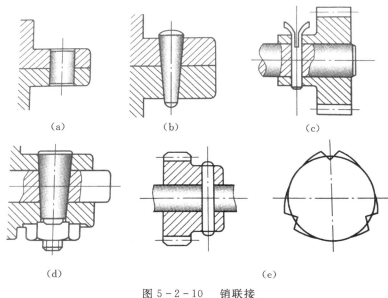

图 5-2-10　销联接

练习题

5-2-1　常用键联接的种类有哪些？简述其特点和应用？

5-2-2　平键联接设计步骤是什么？

5-2-3　说明销联接的类型、特点及应用？

任务三　联轴器和离合器的结构及应用

知识点

1.联轴器和离合器的类型和功用；

2.联轴器的标记。

技能点

1.分析联轴器和离合器的异同点，能够正确的选择联轴器和离合器的类型；

2.举例解释联轴器的标记；

3.分析自行车的飞轮应用了哪种离合器的工作原理，何时接合，何时分离。

知识链接

一、联轴器

联轴器和离合器主要用于联接两轴，使两轴共同回转以传递运动和转矩。在机器工作时，联轴器始终把两轴联接在一起，只有在机器停止运行时，通过拆卸的方法才能使两轴分离；而离合器在机器工作时随时可将两轴联接和分离。

1. 联轴器的分类

联轴器所联接的两轴,由于制造和安装误差、受载变形、温度变化和机座下沉等原因,可能产生轴线的径向偏移、轴向偏移、角偏移或综合偏移,如图5-3-1所示。

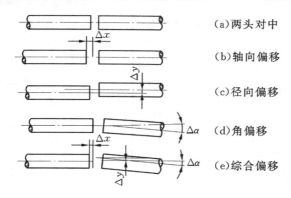

(a)两头对中

(b)轴向偏移

(c)径向偏移

(d)角偏移

(e)综合偏移

图5-3-1 轴线偏移形式

因此,要求联轴器在传递运动和转矩的同时,应具有补偿轴线偏移和缓冲吸振的能力。

按照有无补偿轴线偏移能力,可将联轴器分为刚性联轴器和挠性联轴器两大类型,如下所示。

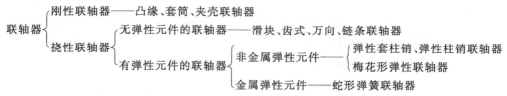

2. 常用联轴器

(1)刚性联轴器

刚性联轴器结构简单,制造方便,承载能力大,成本低,但没有补偿轴线偏移的能力,适用于载荷平稳、两轴对中良好的场合。

1)凸缘联轴器(GY、GYS型) 如图5-3-2所示,凸缘联轴器由两个带有凸缘的半联轴器1、3分别用键与两轴相联接,然后用螺栓组2将1、3联接在一起,从而将两轴联接在一起。

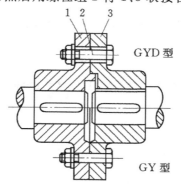

GYD型

GY型

图5-3-2 凸缘联轴器

GY 型由铰制孔用螺栓对中,拆装方便,传递转矩大;GYS 型采用普通螺栓联接,靠凸榫对中,制造成本低,但装拆时轴需作轴向移动。

2)套筒联轴器(GT 型) 如图 5-3-3 所示,套筒联轴器利用套筒将两轴套接,然后用键、销将套筒和轴联接。其特点是径向尺寸小,可用于启动频繁的传动中。

3)夹壳联轴器(GJ 型) 如图 5-3-4 所示,夹壳联轴器由两个轴向剖分的夹壳组成,利用螺栓组夹紧两个夹壳将两轴联在一起,靠摩擦力传递转矩。其特点是装拆方便,常用于低速、载荷平稳的场合。

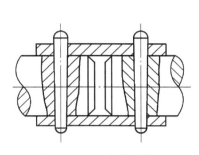

图 5-3-3 套筒联轴器

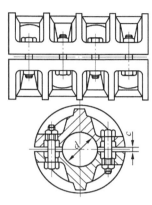

图 5-3-4 夹壳联轴器

(2)挠性联轴器

挠性联轴器具有补偿轴线偏移的能力,适用于载荷和转速有变化及两轴线有偏移的场合。

1)弹性套柱销联轴器(LT 型) 如图 5-3-5 所示,1 和 4 分别是两半联轴器,3 是弹性套,2 为柱销。弹性套柱销联轴器的构造与凸缘联轴器相似,所不同的是用带有弹性套的柱销代替了螺栓,工作时用弹性套传递转矩。因此,可利用弹性套的变形补偿两轴间的偏移,缓和冲击和吸收振动。它制造简单,维修方便,适用于启动及换向频繁的高、中速的中、小转矩轴的联接。弹性套易磨损,为便于更换,要留有装拆柱销的空间尺寸 A。还要防止油类与弹性套接触。

2)弹性柱销联轴器(LX 型) 如图 5-3-6 所示,弹性柱销联轴器利用尼龙柱销 2 将两半联轴器 1 和 3 联接在一起。挡板是为了防止柱销滑出而设制的。弹性柱销联轴器适用于启动及换向频繁、转矩较大的中、低速轴的联接。

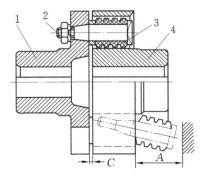

图 5-3-5 弹性套柱销联轴

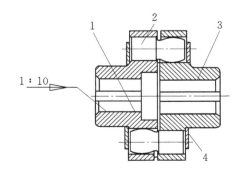

图 5-3-6 弹性柱销联轴器

3)滑块联轴器(WH 型)　如图 5-3-7 所示,滑块联轴器由两个带有一字凹槽的半联轴器 1、3 和带有十字凸榫的中间滑块 2 组成,利用凸榫与凹槽相互嵌合并作相对移动补偿径向偏移。滑动联轴器结构简单,径向尺寸小,但转动时滑块有较大的离心惯性力,适用于两轴径向偏移较大、转矩较大的低速无冲击的场合。

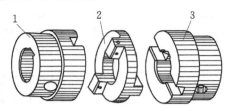

图 5-3-7　滑块联轴器

4)齿式联轴器(WC 型)　如图 5-3-8 所示,齿式联轴器由两个带外齿的半联轴器 2、4 分别与主、从动轴相联,两个具有内齿的外壳 1、3 用螺栓联接,利用内、外齿啮合以实现两轴的联接。为补偿两轴的综合偏移,轮齿制成鼓形,且具有较大的侧隙和顶隙。齿式联轴器啮合齿数多,传递转矩大,具有良好的补偿综合偏移的能力,且外廓尺寸紧凑。但成本较高。齿式联轴器应用广泛,适用于高速、重载、启动频繁和经常正反转的场合。

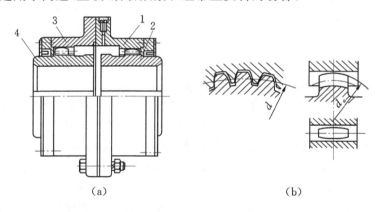

（a）　　　　　　　　　　（b）

图 5-3-8　齿式联轴器

5)万向联轴器(WS 型)　如图 5-3-9 所示,万向联轴器由两个固定在轴端的主动叉 1 和从动叉 3 以及一个十字柱销 2 组成。由于叉形零件和销轴之间构成转动副,因而允许两轴之间有较大的角偏移。角偏移可达 $35° \sim 45°$。对于图示的单个万向联轴器,主动叉 1 以等角速度 ω_1 回转时,从动叉 3 的角速度 ω_3 将在 $\omega_1 \cos\alpha \sim \omega_1 / \cos\alpha$ 范围内作周期性变化,引起动载荷。为使 $\omega_3 = \omega_1$,可将万向联轴器成对使用(如图 5-3-10 所示),且应满足三个条件:主、从动轴与中间轴夹角相等,即 $\alpha_1 = \alpha_3$;中间轴两端的叉形零件应共面;主、从动轴与中间轴的轴线应共面。万向联轴器的特点是径向尺寸小,适用于联接夹角较大的两轴。

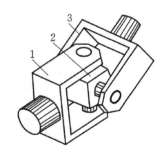

图 5-3-9　万向联轴器图

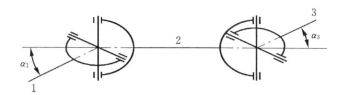

图 5 - 3 - 10 双万向联轴器

6)链条联轴器(WZ 型) 如图 5 - 3 - 11 所示,链条联轴器由两个同齿数的链轮式半联轴器 1、3 和公共链条 2 组成,利用链条和链轮的啮合以实现两轴的联接,链条联轴器重量轻,维护方便,可补偿综合偏移,适用于高温、潮湿及多尘场合。但不宜用于高速和启动频繁及竖直轴间的联接。

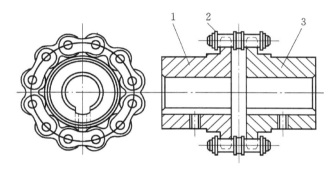

图 5 - 3 - 11 链条联轴器

3.联轴器的选用

联轴器已经标准化,选用时根据工作条件选择合适的类型,然后根据转矩、轴径及转速选择型号。

(1)联轴器类型的选择

根据工作载荷的大小和性质、转速高低、两轴相对偏移的大小和形式、环境状况、使用寿命、装拆维护和经济性等方面的因素,选择合适的类型。例如,载荷平稳、两轴能精确对中、轴的刚度较大时可选用刚性凸缘联轴器;载荷不平稳,两轴对中困难,轴的刚度较差时,可选用弹性柱销联轴器;径向偏移较大、转速较低时可选用滑块联轴器;角偏移较大时,可选用万向联轴器。

(2)联轴器的型号选择

根据计算转矩、轴的直径和工作转速,确定联轴器的型号和相关尺寸。计算转矩 T_c 按下式计算

$$T_c = KT \qquad (5 - 3 - 1)$$

式中,K 为工作情况系数,见表 5 - 3 - 1;T 为联轴器的名义转矩。

确定型号时,应使计算转矩不超过联轴器的公称转矩,工作转速不超过许用转速,联轴器的轴孔形式、直径、长度及键槽形式与相联接两轴的相关参数协调一致。

表 5 - 3 - 1　工作情况系数 K

工作机		原动机			
		电动机 汽轮机	内燃机		
分类	典型机械		四缸及以上	二缸	单缸
转矩变化很小	发电机、小型通风机、小型水泵	1.3	1.5	1.8	2.2
转矩变化小	透平压缩机、木工机床、运输机	1.5	1.7	2.0	2.4
转矩变化中等	搅拌机、有飞轮压缩机、冲床	1.7	1.9	2.2	2.6
转矩变化和冲击载荷中等	织布机、水泥搅拌机、拖拉机	1.9	2.1	2.4	2.8
转矩变化和冲击载荷大	造纸机、挖掘机、起重机、碎石机	2.3	2.5	2.8	3.2
转矩变化大有强烈冲击载荷	压延机、无飞轮活塞泵、重型轧机	3.1	3.3	3.6	4.0

例 5 - 3 - 2　离心式水泵与电动机用联轴器联接。已知电动机功率 $P = 30$ kW，转速 $n = 1470$ r/min；电动机外伸轴直径 $d_1 = 48$ mm，长 $L_1 = 84$ mm。试选择该联轴器的类型，确定型号，写出标记。

解：①类型选择　离心式水泵载荷平稳，轴短，刚性大，其传递的转矩也较大。水泵和电动机通常共用一个底座，便于调整、找正，所以选凸缘联轴器。

②确定型号　名义转矩

$$T = 9.549 \times 10^6 \times \frac{P}{n} = 9.549 \times 10^6 \times \frac{30}{1470} = 194898 \text{ N} \cdot \text{mm}$$

由表 5 - 3 - 1 查得联轴器的工作情况系数 $K = 1.3$，由式(5 - 3 - 1)得

$$T_c = KT = 1.3 \times 194898 = 253367.4 \text{ N} \cdot \text{mm}$$

查凸缘联轴器国家标准，选 GYD9 型有对中榫凸缘联轴器，其公称转矩为

$$T_N = 400 \times 10^3 \text{ N} \cdot \text{mm} > T_c$$

两轴直径均与标准相符，故主动端选 Y 型轴孔，A 型键槽，从动端 J1 型轴孔，A 型键槽。许用转速 $[n] = 6800$ r/min $> n$

③标记 GYS9 联轴器 $\dfrac{48 \times 112}{J_1 42 \times 112}$ GB/T5843—2003

二、离合器

1. 离合器的功用和分类

离合器可根据需要使两轴接合或分离，以满足机器变速、换向、空载启动、过载保护等方面的要求。离合器应当接合迅速、分离彻底、动作准确、调整方便。一般采用操纵离合与自动离合两种方式，其分类如下：

$$离合器 \begin{cases} 操纵式离合器 \begin{cases} 嵌合式——牙嵌转键齿轮离合器 \\ 摩擦式——圆盘圆锥电磁摩擦离合器 \end{cases} \\ 自动式离合器——离心超越安全离合器等 \end{cases}$$

2. 常用离合器

（1）嵌合式离合器

嵌合式离合器是利用特殊形状的牙、齿、键等相互嵌合来传递转矩的。图 5 - 3 - 42 所示

为嵌合式离合器,离合器左半部分 1 固定在主动轴上,右半部分 2 用导键或花键与从动轴构成动联接,并借助操纵机械作轴向移动,使 1、2 端面的爪牙嵌合或分离。为便于两轴对中,设有对中环 3。嵌合式离合器的牙形有三角形、矩形、梯形等。三角形牙易接合,强度低,用于轻载;矩形牙嵌入与脱开难,牙磨损后无法补偿;梯形牙强度高,牙磨损后能自动补偿,冲击小,应用广。牙数一般取 3～60。牙数多,离合容易但受载不均,因此转矩大时,牙数宜少;要求接合时间短时,牙数宜多。

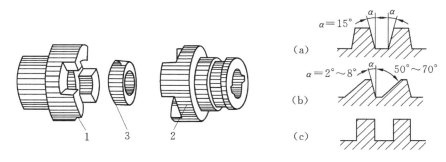

图 5-3-12　嵌合式离合器

　　嵌合式离合器结构简单,主、从动轴能同步回转,外形尺寸小,传递转矩大,在嵌合时有刚性冲击,适于在停机或低速时。

　　(2)摩擦式离合器

　　摩擦式离合器利用摩擦副的摩擦力传递转矩。图 5-3-13 所示为多片圆盘摩擦离合器,离合器左半部分 1 固定在主动轴 I 上,右半部分 4 固定在从动轴 II 上,1 与外摩擦片组 2 以及 4 与内摩擦片组 3 构成类似花键的联接。借助操纵机构向左移动锥形滑环 6,使压板 5 压紧交替安放的内外摩擦片,则两轴接合;若向右移动锥形滑环 6,则两轴分离。这种多片式离合器分离性差,散热不好,各片受力不均。但径向尺寸小,传递转矩大。摩擦片数 $z \leqslant 25 \sim 30$(湿式)或 $z \leqslant 7$(干式)。还有一种单片式离合器,分离彻底,散热良好,但径向尺寸大。

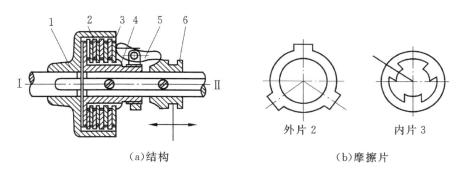

(a)结构　　　　　　(b)摩擦片

图 5-3-13　多片圆盘摩擦离合器

　　摩擦式离合器接合平稳,冲击与振动较小,有过载保护作用。但在离合过程中,主、从动轴不能同步回转,外形尺寸大。摩擦式离合器适用于在高速下接合,而主、从动轴同步要求低的场合。

（3）自动式离合器

自动式离合器利用离心力、弹力限定所传递转矩的数值，自动控制离合；或者利用特殊的楔形效应，在正反转时自动控制离合。

①牙嵌式安全离合器

如图 5-3-14 所示，端面带牙的离合器左半部分 2 和右半部分 3，靠弹簧 1 嵌合压紧以传递转矩。当从动轴 4 上的载荷过大时，牙面 5 上产生的轴向分力将超过弹簧的压力，而迫使离合器发生跳跃式的滑动，使从动轴 4 自动停转。调节螺母 6 可改变弹簧压力，从而改变离合器传递转矩的大小。

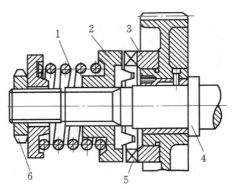

图 5-3-14 牙嵌式安全离合器

②离心离合器

如图 5-3-45 所示为发动机上的离心离合器。当发动机启动后达到一定转速时，在离心惯性力的作用下，与主动轴相联接的闸瓦 2 克服了弹簧 1 的拉力，与装在从动轴上的离合器盘 3 的内表面相接触，带动从动轴自动进入转动状态，可避免启动过载。图示为常开式离心离合器。还有常闭式离心离合器。

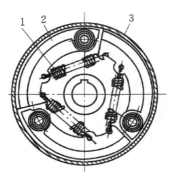

图 5-3-15 离心离合器

③超越离合器

如图 5-3-16 所示，超越离合器的星轮 1 与主动轴相联顺时针回转，滚柱 3 受摩擦力作用滚向狭窄部位被楔紧，外环 2 随星轮 1 同向回转，离合器接合。星轮 1 逆时针回转时，滚柱 3 滚向宽敞部位，外环 2 不与星轮 1 同转，离合器自动分离。滚柱一般为 3～8 个。弹簧 4 起均载作用。

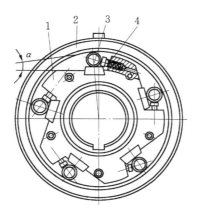

图 5 - 3 - 16 超越离合器

练 习 题

5 - 3 - 1 说明联轴器与离合器类型和各应用在什么场合？

5 - 3 - 2 如何选择联轴器？

5 - 4 - 3 试说明摩擦离合器的结构和工作原理？

附录一　联轴器

附表 1-1　联轴器轴孔和键槽的形式、代号及系列尺寸（GB/T 3852—1997 摘录）

	长圆柱形轴孔 （Y 型）	有沉孔的短圆柱形 轴孔（J 型）	无沉孔的短圆柱形 轴孔（J₁ 型）	有沉孔的圆锥形 轴孔（Z 型）
轴孔				
键槽		A 型　B 型		C 型

轴孔和 C 型键槽尺寸

直径	轴孔长度			沉孔		C 型键槽			直径	轴孔长度			沉孔		C 型键槽		
	L						t_2			L						t_2	
$d,$ d_2	Y 型	J, J₁, Z 型	L_1	d_1	R	b	公称 尺寸	极限 偏差	$d,$ d_2	Y 型	J, J₁, Z 型	L_1	d_1	R	b	公称 尺寸	极限 偏差

d																	
16					3		8.7		55	112	84	112	95	14		29.2	
18	42	30	42				10.1		56							29.7	
19				38	4		10.6		60							31.7	
20							10.9		63				105	16		32.2	
22	52	38	52			1.5	11.9		65	142	107	142			2.5	34.2	
24							13.4	±0.1	70							36.8	
25	62	44	62	48	5		13.7		71				120	18		37.3	
28							15.2		75							39.3	
30							15.8		80				140	20		41.6	±0.2
32	82	60	82	55			17.3		85	172	132	172				44.1	
35					6		18.3		90							47.1	
38							20.3		95				160	22	3	49.6	
40				65	10	2	21.2		100				180	25		51.3	
42							22.2		110	212	167	212				56.3	
45	112	84	112				23.7	±0.2	120				210			62.3	
48				80	12		25.2		125					28	4	64.8	
50				95			26.2		130	252	202	252	235			66.4	

轴孔与轴伸的配合、键槽宽度 b 的极限偏差

d, d_2/mm		圆柱形轴孔与轴伸的配合	圆锥形轴孔的直径偏差	键槽宽度 b 的极限偏差
6～30	H7/j6	根据使用要求也可用 H7/r6 或 H7/n6	JS10（圆锥角度及圆锥形状公差应小于直径公差）	P9（或 JS9,D10）
>30 <50	H7/k6			
>50	H7/m6			

注:1.无沉孔的圆锥形轴孔（Z_1型）和 B_1型、D 型键槽尺寸,详见 GB/T 3852—1977。

　　2.Y 型限用于圆柱形轴伸电动机端。

附表 1－2　弹性套柱销联轴器（摘自 GB/T 4323—2002）

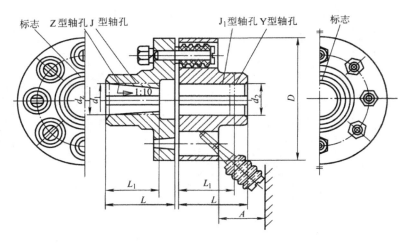

标志　Z 型轴孔 J 型轴孔　　　　　　　　J₁ 型轴孔 Y 型轴孔　　标志

LT 型弹性套柱销联轴器

标记示例：

LT3 弹性套柱销联轴器

主动端：Z 型轴孔、C 型键槽，

$dz＝16$ mm，$L＝30$ mm

从动端：J 型轴孔、B 型键槽，

$d_2＝18$ mm，$L＝42$ mm

LT3 联轴器 $\dfrac{ZC16\times30}{JB18\times42}$ GB/T 4323—2002

型号	许用转矩 T_p/(N·m)	许用转速 n_p/(r·min)⁻¹		轴孔直径		轴孔长度			D/mm	A/mm	质量 m/kg	转动惯量 J/(kg·m²)	许用相对位移	
				d_1/mm、d_2/mm、d_z/mm		Y 型	J、J₁、Z 型						径向/mm	角向
		铁	钢	铁	钢	L/mm	L/mm	L_1/mm						
LT1	6.3	6600	8800	9	9	20	14	—	71	18	0.82	0.2	0.2	1°30′
				10,11	10,11	25	17	—						
				12	12,14	32	20	—						
LT2	16	5500	7600	12,14	12,14	32	20	42	80	18	1.20	0.0008	0.2	1°30′
				16	16,18,19	42	30	42						

型号	许用转矩 T_p/(N·m)	许用转速 n_p/(r·min)$^{-1}$		轴孔直径 d_1/mm、d_2/mm、d_z/mm		轴孔长度			D/mm	A/mm	质量 m/kg	转动惯量 J/(kg·m²)	许用相对位移	
						Y型	J、J₁、Z型							
		铁	钢	铁	钢	L/mm	L/mm	L_1/mm					径向/mm	角向
LT3	31.5	4700	6300	16,18,19	16,18,19	42	30	42	95	35	2.20	0.0023	0.2	1°30′
				20	20,22	52	38	52						
LT4	63	4200	5700	20,22,24	20,22,24	52	38	52	106	35	2.84	0.0037	0.2	1°30′
				—	25,28	62	44	62						
LT5	125	3600	4600	25,28	25,28	62	44	62	130	45	6.05	0.012	0.3	1°30′
				30,32	30,32,35	82	60	82						
LT6	250	3300	3800	32,35,38	32,35.38	82	60	82	160	45	9.57	0.028	0.3	1°00′
				40	40,42	112	84	112						
LT7	500	2800	3600	4J0,42,45	40,42,45,48	112	84	112	190	45	14.1	0.055	0.3	1°00′
LT8	710	2400	3000	45,48,50,55	45,48,50,55,56	112	84	112	224	65	23.12	0.134	0.4	1°00′
				—	60,63	142	107	142						
LT9	1000	2100	2850	50,55,56	50,55,56	112	84	112	250	65	30.69	0.13	0.4	1°00′
				60,63	60,63,65,70,71	142	107	142						
LT10	2000	1700	2300	63,65,70,71,75	63,65,70,71,75	142	107	142	315	80	61.4	0.660	0.4	1°00′
				80,85	80,85,90,95	172	132	172						
LT11	4000	1350	1800	80,85,90,95	80,85,90,95	172	132	172	400	100	120.7	2.122	0.5	0°30′
				100,110	100,110	212	167	212						

注:1. 表中联轴器质量、转动惯量是近似值。

2. 轴孔型式及长度 L、L_1 可根据需要选取。

3. 短时过载不得超过许用转矩 T_p 值的 2 倍。

附录二 滚动轴承

附表 2-1 深沟球轴承(GB/T 276—1994 摘录)

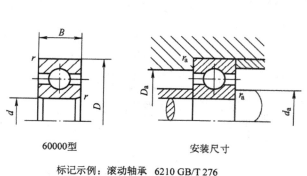

60000型　　　　　　安装尺寸

标记示例：滚动轴承 6210 GB/T 276

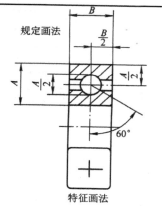

规定画法

特征画法

Fa/Cor	e	Y	径向当量动载荷	径向当量静载荷
0.014	0.19	2.30		
0.028	0.22	1.99		
0.056	0.26	1.71		
0.084	0.28	1.55		
0.1l	0.30	1.45	当 $\dfrac{F_a}{F_r}\leqslant e, P_r=F_r$	$P_{or}=F_r$
0.17	0.34	1.31		$P_{or}=0.6F_r+0.5F_a$
0.28	0.38	1.15	当 $\dfrac{F_a}{F_r}>e, P_r=0.56F_r+YF_a$	取上列两式计算结果的大值
0.42	0.42	1.04		
0.56	0.44	1.00		

轴承代号	基本尺寸/mm				安装尺寸/mm			基本额定动载荷 C_r/kN	基本额定静载荷 C_{0r}/kN	极限转速 /r·min⁻¹		原轴承代号
	d	D	B	r_a min	d_a min	D_a max				脂润滑	油润滑	

轴承代号	d	D	B	r_a min	d_a min	D_a max	C_r/kN	C_{0r}/kN	脂润滑	油润滑	原轴承代号
							(1)0 尺寸系列				
6000	10	26	8	0.3	12.4	23.6	4.58	1.98	20000	28000	100
6001	12	28	8	0.3	14.4	25.6	5.10	2.38	19000	26000	101
6002	15	32	9	0.3	17.4	29.6	5.58	2.85	18000	24000	102
6003	17	35	10	0.3	19.4	32.6	6.00	3.25	17000	22000	103
6004	20	42	12	0.6	25	37	9.38	5.02	15000	19000	104
6004	25	47	12	0.6	30	42	10.0	5.85	13000	17000	105
6006	30	55	13	l	36	49	13.2	8.30	10000	14000	106

轴承代号	基本尺寸/mm				安装尺寸/mm		基本额定动载荷 C_r/kN	基本额定静载荷 C_{0r}/kN	极限转速 /r•min^{-1}		原轴承代号
	d	D	B	r_a min	d_a min	D_a max			脂润滑	油润滑	
（1）0 尺寸系列											
6007	35	62	14	1	41	56	16.2	10.5	9000	12000	107
6008	40	68	15	1	46	62	17.0	11.8	8500	11000	108
6009	45	75	16	1	51	69	21.0	14.8	8000	10000	109
6010	50	80	16	1	56	74	22.0	16.2	7000	9000	110
6011	55	90	18	1.1	62	83	30.2	21.8	6300	8000	111
6012	60	95	18	1.1	67	88	31.5	24.2	6000	7500	112
6013	65	100	18	1.1	72	93	32.0	24.8	5600	7000	113
6014	70	110	20	1.1	77	103	38.5	30.5	5300	6700	114
6015	75	115	20	1.1	82	108	40.2	33.2	5000	6300	115
6016	80	125	22	1.1	87	118	47.5	39.8	4800	6000	116
6017	85	130	22	1.1	92	123	50.8	42.8	4500	5600	117
6018	90	140	24	1.5	99	131	58.0	49.8	4300	5300	118
6019	95	145	24	1.5	104	136	57.8	50.0	4000	5000	119
6020	100	150	24	1.5	109	141	64.5	56.2	3800	4800	120
（0）2 尺寸系列											
6200	10	30	9	0.6	15	25	5.10	2.38	19000	26000	200
6201	12	32	10	0.6	17	27	6.82	3.05	18000	24000	201
6202	15	35	11	0.6	20	30	7.65	3.72	17000	22000	202
6203	17	40	12	0.6	22	35	9.58	4.78	16000	20000	203
6204	20	47	14	1	26	41	12.8	6.65	14000	18000	204
6205	25	52	15	1	31	46	14.0	7.88	12000	16000	205
6206	30	62	16	1	36	56	19.5	11.5	9500	13000	206
6207	35	72	17	1.1	42	65	25.5	15.2	8500	11000	207
6208	40	80	18	1.1	47	73	29.5	18.0	8000	10000	208
6209	45	85	19	1.1	52	78	31.5	20.5	7000	9000	209
6210	50	90	20	1.1	57	83	35.0	23.2	6700	8500	210
6211	55	100	21	1.5	64	91	43.2	29.2	6000	7500	211
6212	60	110	22	1.5	69	101	47.8	32.8	5600	7000	212
6213	65	120	23	1.5	74	111	57.2	40.0	5000	6300	213
6214	70	125	24	1.5	79	116	60.8	45.0	4800	6000	214
6215	75	130	25	1.5	84	121	66.0	49.5	4500	5600	215

6216	80	140	26	2	90	130	71.5	54.2	4300	5300	216
6217	85	150	28	2	95	140	83.2	63.8	4000	5000	217
6218	90	160	30	2	100	150	95.8	71.5	3800	4800	218
6219	95	170	32	2.1	107	158	110	82.8	3600	4500	219
6220	100	180	34	2.1	112	168	122	92.8	3400	4300	220

(0)3 尺寸系列

6300	10	35	11	0.6	15	30	7.65	3.48	18000	24000	300
6301	12	37	12	1	18	31	9.72	5.08	17000	22000	301
6302	15	42	13	1	21	36	11.5	5.42	16000	20000	302
6303	17	47	14	1	23	41	13.5	6.58	15000	19000	303
6304	20	52	15	1.1	27	45	15.8	7.88	13000	17000	304
6305	25	62	17	1.1	32	55	22.2	11.5	10000	14000	305

轴承代号	基本尺寸/mm				安装尺寸/mm		基本额定动载荷 C_r/kN	基本额定静载荷 C_{0r}/kN	极限转速 /r·min⁻¹		原轴承代号
	d	D	B	r_a min	d_a min	D_a max			脂润滑	油润滑	

(0)3 尺寸系列

6306	30	72	19	1.1	37	65	27.0	15.2	9000	12000	306
6307	35	80	21	1.5	44	71	33.2	19.2	8000	10000	307
6308	40	90	23	1.5	49	81	40.8	24.0	7000	9000	308
6309	45	100	25	1.5	54	91	52.8	31.8	6300	8000	309
6310	50	110	27	2	60	100	61.8	38.0	6000	7500	310
6311	55	120	29	2	65	110	71.5	44.8	5300	6700	311
6312	60	130	31	2.1	72	118	81.8	51.8	5000	6300	312
6313	65	140	33	2.1	77	128	93.8	60.5	4500	5600	313
6314	70	150	35	2.1	82	138	105	68.0	4300	5300	314
6315	75	160	37	2.1	87	148	112	76.8	4000	5000	315
6316	80	170	39	2.1	92	158	122	86.5	3800	4800	316
6317	85	180	41	3	99	166	132	96.5	3600	4500	317
6318	90	190	43	3	104	176	145	108	3400	4300	318
6319	95	200	45	3	109	186	155	122	3200	4000	319
6320	100	215	47	3	114	201	172	140	2800	3600	320

(0)4 尺寸系列

6403	17	62	17	1.1	24	55	22.5	10.8	11000	15000	403
6404	20	72	19	1.1	27	65	31.O	15.2	9500	13000	404
6405	25	80	21	1.5	34	71	38.2	19.2	8500	11000	405
6406	30	90	23	1.5	39	8l	47.5	24.5	8000	10000	406
6407	35	100	25	1.5	44	91	56.8	29.5	6700	8500	407
6408	40	110	27	2	50	100	65.5	37.5	6300	8000	408
6409	45	120	29	2	55	110	77.5	45.5	5600	7000	409
6410	50	130	31	2.1	62	118	92.2	55.2	5300	6700	410
6411	55	140	33	2.1	67	128	100	62.5	4800	6000	411
6412	60	150	35	2.1	72	138	108	70.0	4500	5600	412
6413	65	160	37	2.1	77	148	118	78.5	4300	5300	413
6414	70	180	42	3	84	166	140	99.5	3800	4800	414
6415	75	190	45	3	89	176	155	115	3600	4500	415
6416	80	200	48	3	94	186	162	125	3400	'4300	416
6417	85	210	52	4	103	192	175	138	3200	4000	417
6418	90	225	54	4	108	207	192	158	2800	3600	418
6420	100	250	58	4	118	232	222	195	2400	3200	420

注:1.表中 C_r 值适用于轴承为真空脱气轴承钢材料。如为普通电炉钢,C_r值降低;如为真空重熔或电渣重熔轴承钢,C_r值提高。

2.表中 r_{amin} 为 r 的单向最小倒角尺寸;r_{amax} 为 r_a 的单向最大倒角尺寸。

圆锥滚子轴承

轴承代号	原轴承代号	内径 (mm)	外径 (mm)	宽度 (mm)	基本额定动载荷 C_r (kN)	基本额定静载荷 C_{or} (kN)	极限转速(r/min) 脂润滑	极限转速(r/min) 油润滑	重量 (kg)
30302	7302E	15	42	13	22.8	21.5	9000	12000	0.094
30203	7203E	17	40	12	20.8	21.8	9000	12000	0.079
30303	7303E	17	47	14	28.2	27.2	8500	11000	0.129
32303	7603E	17	47	19	31.9	29.9	9400	13000	0.17
32904	2007904E	20	37	12	13.2	17.5	9500	13000	0.056
32004	2007104E	20	42	15	25	28.2	8500	11000	0.095
30204	7204E	20	47	14	28.2	30.5	8000	10000	0.126
30304	7304E	20	52	15	30.5	28.4	8300	11000	0.17
32304	7604E	20	52	21	42.8	46.2	7500	9500	0.23
329/22	—	22	40	12	15	20	8500	11000	0.065
320/22	20071/22E	22	44	15	26	30.2	8000	10000	0.1
32905	2007905E	25	42	12	16	21	6300	10000	0.064
32005	2007105E	25	47	15	28	34	7500	9500	0.11
33005	3007105E	25	47	17	32.5	42.5	7500	9500	0.129
30205	7205E	25	52	15	32.2	37	7000	9000	0.154
33205	3007205E	25	52	22	47	55.8	7000	9000	0.216
30305	7305E	25	62	17	46.8	48	6300	8000	0.263
32305	7605E	25	62	24	61.5	68.8	6300	8000	0.368
329/28	—	28	45	12	16.8	22.8	750D	9500	0.069
320/28	20071/28E	28	52	16	31.5	40.5	6700	8500	0.142
332/28	30072/28E	28	58	24	58	68.2	6300	8000	0.286
32906	2007906E	30	47	12	17	23.2	7000	9000	0.072
32006X2	2007106X	30	55	16	27.8	35.5	6300	8000	0.16
32006	2007106E	30	55	17	35.8	46.8	6300	8000	0.17
33006	3007106E	30	55	20	43.8	58.8	6300	8000	0.201
30206	7206E	30	62	17.5	43.2	50.5	6000	7500	0.231
32206	7506E	30	62	20	51.8	63.8	6000	7500	0.287
33206	3007206E	30	62	25	63.8	75.5	6000	7500	0.342
30306	7306E	30	72	21	59	63	5600	7000	0.387

轴承代号	原轴承代号	内径	外径	宽度	基本额定动载荷 C_r	基本额定静载荷 C_{or}	极限转速（r/min）		重量
		（mm）	（mm）	（mm）	（kN）	（kN）	脂润滑	油润滑	（kg）
31306	27306E	30	72	21	52.5	60.5	5600	7000	0.392
32306	7606E	30	72	27	81.5	96.5	5600	7000	0.562
329/32	—	32	52	14	23.8	32.5	6300	8000	0.106
320/32	20071/32E	32	58	17	36.5	49.2	6000	7500	0.187
332/32	30072/32E	32	65	26	68.8	82.2	5600	7000	0.385
32907	2007907E	35	55	14	25.8	34.8	6000	7500	0.114
32007X2	2007117E	35	62	17	33.8	47.2	5600	7000	0.21
32007	2007107E	35	62	18	43.2	59.2	5600	7000	0.224
30207	7207E	35	72	17	54.2	63.5	5300	6700	0.331
32207	7507E	35	72	23	70.5	89.5	5300	6700	0.445
33207	3007207E	35	72	28	82.5	102	5300	6700	0.515
30307	7307E	35	80	21	75.2	82.5	5000	6300	0.515
31307	27307E	35	80	21	65.8	76.8	5000	6300	0.514
32307	7607E	35	80	31	99	118	5000	6300	0.763
32908X2	2007908	40	62	14	21.2	28.2	5600	7000	0.14
32908	2007908E	40	62	15	31.5	46	5600	7000	0.155
32008X2	—	40	68	18	39.8	55.2	5300	6700	0.27
32008	2007108E	40	68	19	51.8	71	5300	6700	0.267
33008	3007108E	40	68	22	60.2	79.5	5300	6700	0.306
33108	3007708E	40	75	26	84.8	110	5000	6300	0.496
30208	7208E	40	80	18	63	74	5000	6300	0.422
32208	7508E	40	80	23	77.8	97.2	5000	6300	0.532
33208	3007208E	40	80	32	105	135	5000	6300	0.715
30308	7308E	40	90	23	90.8	108	4500	5600	0.747
31308	27308E	40	90	23	81.5	96.5	4500	5600	0.727
32308	7608E	40	90	33	115	148	4500	5600	1.04
32909X2	—	45	68	14	22.2	32.8	5300	6700	—
32909	7007909E	45	68	15	32	48.5	5300	6700	0.18
32009X2	2007109X	45	75	19	44.5	62.5	5000	6300	0.32
33009	3007109E	45	75	24	72.5	100	5000	6300	0.398

轴承代号	原轴承代号	内径 (mm)	外径 (mm)	宽度 (mm)	基本额定动载荷 C_r (kN)	基本额定静载荷 C_{or} (kN)	极限转速(r/min)		重量 (kg)
							脂润滑	油润滑	
33109	3007709E	45	80	26	87	118	4500	5600	0.535
30209	7209E	45	85	19	67.8	83.5	4500	5600	0.474
32209	7509E	45	85	23	80.8	105	4500	5600	0.573
33209	3007209E	45	85	32	110	145	4500	5600	0.771
30309	7309E	45	100	25	108	130	4000	5000	0.984
31309	27309E	45	100	25	95.5	115	4000	5000	0.944
32309	7609E	45	100	36	145	188	4000	5000	1.4
32910X2	—	50	72	14	22.2	32.8	5000	6300	0.7
32910	2007910E	50	72	15	36.8	56	5000	6300	0.181
32010X2	2007110X	50	80	19	45.8	66.2	4500	5600	0.31
32010	2007110E	50	80	20	61	89	4500	5600	0.366
33010	3007110E	50	80	24	76.8	110	4500	5600	0.433
33110	3007710E	50	85	26	89.2	125	4300	5300	0.572
30210	7210E	50	90	20	73.2	92	4300	5300	0.529
32210	7510E	50	90	23	82.8	108	4300	5300	0.626
33210	3007210E	50	90	32	112	155	4300	5300	0.825
30310	7310E	50	110	27	130	158	3800	4800	1.28
31310	27310E	50	110	27	108	128	3800	4800	1.21
32310	7610E	50	110	42.5	178	235	3800	4800	1.89
32911	2007911E	55	80	17	41.5	66.8	4800	6000	0.262
32011	2007111E	55	90	23	80.2	118	4000	5000	0.551
33011	3007111E	55	90	27	94.8	145	4000	5000	0.651
33111	3007711E	55	95	30	115	165	3800	4800	0.843
30211	7211E	55	100	21	90.8	115	3800	4800	0.713
32211	7511E	55	100	25	108	142	3800	4800	0.853
33211	3007211E	55	100	35	142	198	3800	4800	1.15
30311	7311E	55	120	29	152	188	3400	4300	1.63
31311	27311E	55	120	29	130	158	3400	4300	1.56
32311	7611E	55	120	43	202	270	3400	4300	2.37
32912X2	—	60	85	16	34.5	56.5	4000	5000	0.24

轴承代号	原轴承代号	内径	外径	宽度	基本额定动载荷 C_r	基本额定静载荷 C_{or}	极限转速(r/min)		重量
		(mm)	(mm)	(mm)	(kN)	(kN)	脂润滑	油润滑	(kg)
32912	2007912E	60	85	17	46	73	4000	5000	0.279
32012X2	—	60	95	22	64.8	98	3800	4800	0.56
32012	2007112E	60	95	23	81.8	122	3800	4800	0.584
33012	3007112E	60	95	27	96.8	150	3800	4800	0.691
33112	3007712E	60	100	30	118	172	3600	4500	0.895
30212	7212E	60	110	22	102	130	3600	4500	0.904
32212	7512E	60	110	28	132	180	3600	4500	1.17
33212	3007212E	60	110	38	165	230	3600	4500	1.51
30312	7312E	60	130	31	170	210	3200	4000	1.99
31312	27312E	60	130	31	145	178	3200	4000	1.9
32312	7612E	60	130	46	228	302	3200	4000	2.9

参 考 文 献

[1] 杨可祯,程光蕴.机械设计基础[M].北京:高等教育出版社,1999.

[2] 陈立德.机械设计基础[M].北京:高等教育出版社,2000.

[3] 陈立德.机械设计基础课程设计指导书[M].北京:高等教育出版社.2000.

[4] 杨可祯,程光蕴.机械设计基础[M].4版.北京:高等教育出版社,2002.

[5] 王宏臣,刘永利.机构设计与零部件应用[M].天津:天津大学出版社,2009.

[6] 黄森彬.机械设计基础选择题集[M].北京:高等教育出版社,1997.

[7] 邹慧君.机械原理[M].北京:高等教育出版,1999.

[8] 文朴,等.机械设计[M].北京:机械工业出版社,1997.

[9] 濮良贵,纪名刚.机械设计[M].7版.北京:高等教育出版社,2001.

[10] 徐灏.机械设计手册.[M].2版.北京:机械工业出版社,2000.

[11] 赵汝嘉,朱家诚,叶方涛.机械设计手册(软件版)R2[M].北京:机械工业出版社,2003.

[12] 成大先.机械设计手册[M].4版.北京:化学工业出版社,2002.

[13] 卢玉明.机械设计基础[M].6版.北京:高等教育出版社,1998.

[14] 张富洲.机械设计课程设计[M].西安:西北工业大学出版社,1994.

[15] 邹慧君.机械原理课程设计手册[M].北京:高等教育出版社,1998.

[16] 张春林,等.机械创新设计[M].北京:机械工业出版社,1999.

[17] 余俊,等.滚动轴承计算——额定负荷、当量负荷及寿命[M].北京:高等教育出版社,1993.

[18] 龚桂义,等.机械设计课程设计指导书[M].2版.北京:高等教育出版社,1990.

[19] 王昌明.机械设计基础练习册[M].北京:高等教育出版社,1996.

[20] 孙桓,陈作模.机械原理[M].5版.北京:高等教育出版社,1996.

[21] 符颖示.机械基础知识[M].北京:高等教育出版社,1991.